煤矿安全公共治理研究

王义保　贾小杰　等著

U0337863

中国矿业大学出版社

内 容 提 要

　　矿难、疫情、雪灾、地震等重点行业、重点领域的安全问题日益引起国家和政府的高度重视。超越矿业安全技术和经济学研究的视域，运用政治学、管理学、公共政策学等学科交叉的方法，在分析煤矿安全公共治理概念范畴和框架基础之上，深入挖掘当前中国煤矿安全公共治理存在的危机管理意识缺失、安全监管绩效不高、安全文化建设不足、安全监管制度阙如等问题，提出煤矿安全生产领导责任意识淡薄、行业自身危险性、经济利益驱动和煤矿安监复杂性等是造成煤矿安全治理困境的主要原因。在借鉴国外煤矿安全公共治理经验的基础上，认为只有加强安全法律体系建设、健全安全绩效评估体系、强化安全危机管理观念、加强安全文化建设投入和完善安全监管公共政策等方面，才能有效地实现煤矿安全有效治理，实现国家和社会的和谐与长治久安。

图书在版编目(CIP)数据

　　煤矿安全公共治理研究 / 王义保等著. —徐州：中国矿业大学出版社，2017.9
　　ISBN 978-7-5646-3624-1

　　Ⅰ.①煤…　Ⅱ.①王…　Ⅲ.①煤矿—矿山安全—安全管理—研究　Ⅳ.①TD7

　　中国版本图书馆 CIP 数据核字(2017)第 171643 号

书　　名	煤矿安全公共治理研究
著　　者	王义保　贾小杰等
责任编辑	潘利梅
出版发行	中国矿业大学出版社有限责任公司
	（江苏省徐州市解放南路　邮编 221008）
营销热线	（0516）83885307　83884995
出版服务	（0516）83884895　83884920
网　　址	http://www.cumtp.com　**E-mail**：cumtpvip@cumtp.com
印　　刷	徐州市今日彩色印刷有限公司
开　　本	787×1092　1/16　**印张** 15.25　**字数** 260 千字
版次印次	2017 年 9 月第 1 版　2017 年 9 月第 1 次印刷
定　　价	56.00 元

　　（图书出现印装质量问题，本社负责调换）

目　录

绪　　论

伴随着经济社会的快速发展,特别是工业化进程的大力推进,中国已成为世界上最大的煤炭生产国和消费国。仅就产量而言,2014 年中国煤炭产量(38.7 亿吨)占世界煤炭总产量(79 亿吨)的 49%。"富煤、少油、缺气"是中国能源资源的现实状况,煤炭在中国能源结构中占有相当大的比重。因此,在未来较长一段时期内,煤炭仍将在中国的能源结构中继续处于主导地位。据不完全统计,目前中国拥有煤矿 11 000 余座,煤矿工人约 580 万名。煤矿安全生产不仅直接影响煤矿和矿工的安危,而且还是转变经济发展方式,推进经济社会繁荣发展的重要环节,也是全面建成小康社会,加快改革开放和现代化进程的重要保障。当前,中国经济社会的高速发展为煤炭需求持续增长提供了良好基础,煤炭行业,尤其作为核心基础的煤矿安全生产工作正面临着诸多挑战。

发展中国家,尤其以工业发展为引领的国家,其经济和社会的发展都离不开煤炭能源的支持。其中,安全问题是煤矿生产的重中之重,是任何国家和政府须要高度重视的问题。因此,切实做好煤矿安全生产监督管理工作,预防煤矿安全事故发生,对于保证煤炭行业安全发展,乃至维护经济社会的健康发展都具有重大意义。从煤矿安全生产的政治场景出发,充分运用政治学、管理学、公共政策学等多学科交叉的方法,通过实证研究探析煤矿安全生产中公共政策、政府监管、绩效评估和安全文化的建设情况,以分析中国当前煤炭安全生产现状,从而发现政府煤矿安全生产监管中存在的不足。进而在分析成因的基础上,提出有效的应对举措,促使政府在煤矿安全生产监管职能的履行和公众满意度之间取得平衡。改革开放近 40 年来,在经济社会快速发展的带动下,中国煤炭工业在产量和规模上均取得了迅猛发展。但与此同时,中国煤矿安全生产形势不容乐观,具体表现为,煤矿生产百万吨死亡率居高不下,煤矿事故死亡人数多,矿难反复、频繁发生等方面。这种情况给广大煤矿职工的生命健康带来极大威胁,不利于国民经济的持续健康发展,更在一定程度上危及着社会的和谐稳定。究其根源,矿难频发的原因是多方面、多层次的。中国煤炭行业长期以来形成的结构不合理、生产技术水平低下、安全资金和技术投入不足、法制不健全、从业人员安全素质欠缺、部分煤矿企业安全管理工作缺位、安全生产主体责任难落实等问题依然突出,与可持续发展的要求不相适应。

十八大以来,各级党政部门始终高度重视煤矿的安全生产工作。习近平总书记一再强调"发展绝不能以牺牲人的生命为代价",这也是安全生产工作的一条不可逾越的红线。据统计,2002 年是中国矿难死亡人数最多的一年,由矿难导致的死亡人数高达 7000 余人,与煤炭产量逐年猛增的现实相反,煤矿事故死亡人数在 2014 年骤降为 931 人。另外,2013 年煤矿安全重特大事故 14 起,相比 2002 年煤矿安全重特大事故 75 起下降了 81%。2005 年特别重大事故(伤亡人数 30 人以上)11 起,2014 年 0 起,并且从 2013 年 3 月到 2015 年 2 月,中国连续 23 个月没有特别重大事故发生。2015 年,百万吨煤死亡率从 2005 年的 5.8% 下降到 0.25%,下降率为 95.6%,是煤矿安全生产稳定好转的重要指标。然而,煤矿安全生产具有长期性、复杂性、反复性和突发性的特点,煤矿安全生产形势依然严峻复杂。中国是世界最大的产煤国,但其采煤百万吨死亡率也位列世界首位。相当一部分的煤炭开采企业在高额经济利益的驱动下,缺乏生产安全保障,甚至在不具备安全生产资质的条件下超负荷开采,因而导致煤矿事故的频发与高发。煤矿安全生产已然成为各级党政部门所要面临的重要问题,亟待解决。此外,各级党政部门的危机管理能力尚不成熟,在实践中存在着轻视预防,危机发生后处置不当的现象,甚至将危机管理简单地与危机处置等同起来,忽视危机预防的重要性。就矿难危机管理而言,预防产生的效益远大于补救。反思近年来多发的煤矿安全事故,不难发现,危机预防是危机管理中最为重要的环节。若仅重视事后的补救工作,缺乏对危机的预防管理,将致使政府在面对危机时处于被动状态,难以取得理想效果。

近年来,中国煤炭行业高发的安全事故给社会带来了巨大的负面影响。从矿难形成机理角度出发,能够在一定程度上避免技术落后、利益驱动、官煤勾结等矿业监管路径,防止陷入"头痛医头、脚痛医脚"的安全治理怪圈。从影响煤炭安全生产的各因素及其在矿难中不同序列偏好的角度,重新审视煤炭安全生产问题,即可发现公共政策供给不足与重点性管理缺失,是当前煤炭安全生产问题的原始症结所在。由此,在厘清矿难形成机理的基础上,制定出有效的公共政策,是当前防治煤炭安全生产问题的迫切选择和合理路径。本选题研究有助于预防和减少矿难的发生,并有助于推动各级党政部门主动做好矿难的防治工作。

其一,加强矿难危机安全治理的研究,有利于安全生产治理理论的完善。

现有研究将矿难危机分阶段管理作为研究焦点,形成了阶段管理理论和全面危机管理理论。两种理论的共同特点都是为了突显应急处置的重要性,尽可能降低矿难对人民生命财产所造成的损失。值得深思的是,虽然煤矿安全生产取得了显著成果,但当前矿难危机爆发的频率依然居高不下。因此,加强预防机制研究是矿难治理研究的重中之重。通过对影响矿难发生的各因素进行反思,建构应对矿难的行政监察、消除腐败、增强危机意识、增加技术和财政投入等机制,完善事前预防机制,以最大力度避免矿难发生。

其二,加强对矿难危机安全治理的研究,有利于煤矿安全行政监管体制改革理论的深入研究。制度经济学观点认为,制度是影响个人选择的最重要的因素。制度通过影响人们对各种行动方案的成本和收益的计算,影响个人的最终选择。制度为个人的行为提供了激励机制、机会结构和约束机制,个人选择就是在制度这只既有形又无形的手的指引下完成的。而长期的经济和社会绩效乃是无数的个人行为汇合起来的结果。① 制度是管理的重要手段。邓小平曾深刻指出,"制度问题更具有根本性、全局性、稳定性和长期性","人们过去发生的各种错误,固然与某些领导人的思想、作风有关,但是组织制度、工作制度方面的问题更重要。这些方面的制度好可以使坏人无法任意横行,制度不好可以使好人无法充分做好事,甚至会走向反面"。② 煤矿安全生产的规范与约束必须用制度去管人管事,做到事事有标准,环环有制度。中国煤矿安全生产的形势较为严峻,然而"矿难是社会本体论上的市场经济、政府、人、道德、法律等要素组合的非合理性所致"③,因此,合理化的煤矿治理,不能仅从解决某一矿难问题入手,而应探究其体制根源问题。

其三,研究矿难危机安全治理有利于从源头上控制甚至杜绝矿难发生。但是,在当前各级政府的危机管理实践中,习惯侧重于危机爆发后的应付,忽视了危机事件的预防预警工作,存在明显的"轻预防、重处置"的倾向。目前,我国施行了一系列针对煤矿安全的政策,如领导带班下井制度,在一定程度上起到了积极预防作用。但是在实践中仍存在一些问题,影响了矿难危机预防的实际效果。

其四,研究矿难危机安全治理有利于推动公共危机管理常态化。矿难事故

① ［美］道格拉斯·C.诺斯.制度、制度变迁与经济绩效［M］.上海:上海三联书店,1994:32.
② 邓小平文选(第2卷)［M］.北京:人民出版社,1994:333.
③ 池忠军.公共管理视域下重建矿山生产秩序的逻辑理路［J］.中国软科学,2006(3):64.

频发的危机状态已成为政府行政环境的常态。为尽可能避免矿难事故发生,矿难危机治理应成为政府的一项重要职能。将关注重点从矿难危机处置转向矿难危机预防。联合国前秘书长安南指出:"人们必须从反应的传统转变为预防的传统,从中长期看,最重要的任务是将拓宽和加强减少灾害的数量和损失放在第一位。预防不但比救助更仁道,而且成本小得多。"①

其五,研究矿难危机安全治理有利于社会主义和谐社会建设。矿难危机的应对需要协调社会各方面关系,而从危机预防角度研究矿难危机,需要在日常生产中协调好各种社会关系,处理各类矛盾。包括完善行政监察体制、整治腐败现象、增强矿工安全意识、增加安全技术和财政投入等。通过加强对矿难危机预防的重视,采取积极措施缓解各类矛盾和冲突,适时适度地疏导社会压力,避免因社会压力引发的公共危机。

国内外众多学者从不同研究方向和对煤矿安全治理问题进行了多方面的研究。综合起来看,中西方对于矿难危机治理研究存在较大的区别,具体包含以下两个方面。

美国、英国、波兰、澳大利亚、俄罗斯、日本、印度等主要产煤国当前的百万吨死亡率已接近于零。事实上,安全事故频发及其造成的惨重伤亡,也曾是上述国家在煤矿工业发展进程中所经历的阶段。由于发达国家煤炭工业起步较早,因此国外关于煤矿安全管理的研究也要早于国内。尤其是西方各国,在危机管理及煤矿安全方面积累了相当多的理论和实践经验。然而,国外关于安全问题的研究成果丰硕,但直接针对煤矿安全问题的研究还没有完全展开。威廉姆在研究美国事故频发历史的基础上,把参与安全立法博弈的利益团体放入同一个分析框架,进而剖析了参与立法博弈的不同方面的不同动机,得出了这样的结论:造成美国事故频发的因素是多方面的,正是因为各方面因素的相互影响才最终导致了事故的发生。② 范登堡则认为以下 6 个因素会影响安全管理:管理者的责任、奖励、沟通与反馈、选择、培训及参与。此外,他还就每个因素对降低员工伤害的影响程度作了进一步解析。③ 穆勒开展了对影响个体安全行为

---

① 林达. 美国人如何面对和悼念. 911. http://www. chinaelections. org/newsinfo. asp? newsid=128414,2006. 9.

② William Graebner. The coal-mine operator and safety:A study of Business Reform in the ProgressivePeriod[J]. Labor History,1976.

③ Alison Vredenburgh G. Organizational safety:which management practices are most effective in reducing employee injury rate[J]. Journal of Safety Research,2002.

因素的定性研究,研究认为:对企业的安全管理影响很大的是组织因素和社会因素,这两种主要因素对管理所起到的重要意义在其研究结论中也得到了具体的说明和体现。[①]霍夫曼和斯丹泽认为:导致发生不安全行为的原因是过大地增加了任务量。此外,由于时间、培训和资源不足等因素将引起工人工作表现不佳,进而引起事故发生。迪哲强调安全氛围的重要性,提出安全氛围协调角色的概念,并对危险环境条件的感知、安全政策和程序以及组织氛围与安全氛围有关的假设进行了阐述。图乐指出了与安全管理承诺相关的安全系统理念,主要从安全文化的角度得出论证。格勒对矿工开展了深入的研究,强调了自我管理行为的重要性,并通过自我管理以提高安全技能以促进提高工作的安全程度。拉斯姆森等人为了验证管理对工厂安全的影响,对工厂职能进行社会技术系统建模。美国劳工部所属的矿山安全与健康管理局,于2004年提倡通过"建立安全文化、改进作业技术、重视安全培训等"系列手段来提高煤矿的安全生产水平,并要求经营者实施危险管理技术以降低事故的发生率。美国学者罗森塔尔认为,危机是对一个社会系统的基本价值和行为准则架构产生严重威胁,并且在时间压力和不确定性极高的情况下必须对其作出关键决策的事件。当代西方学术界从研究方法、范围及方向等多方面对危机管理理论进行研究,他们重视对统计学、政治学、社会学、管理学等与危机管理问题密切相关的多学科的交叉和综合,初步形成了包括危机的监测和预控、危机的分析决策、危机的处理处置、危机的善后工作在内的一系列完整体系,以作为政府常规管理公共危机的一般模式。由于世界范围内恐怖主义的威胁及西方国家无法根除的社会矛盾,西方学者对危机管理的研究视角从自然领域逐步转向社会领域,从重视政治稳定性问题的研究转向构建危机预警系统和数学模型的研究,由定性化研究转向定量化研究,重视利用计算机和实证来模拟危机的发生和发展是发展趋势。由于生产技术和管理落后,美国煤矿工业在19世纪末20世纪初曾出现过安全事故频发的状况。针对这一现象,William Graebner从多个角度分析了各个利益团体的不同行为动机,认为多种因素的融合造成了美国煤矿的悲剧。20世纪初,美国变革了侵权法:由原本的企业利益本位转向个人利益本位,由原本的过错责任转向无过错责任,大幅增加了矿工损害赔偿金。正是由于法律制度的转变,促使矿工在受到安全威胁时,可以通过法律行动保护自身免受伤害。

---

① Jane Mullen. Investigating factors that influence individual safety behavior at work[J]. Journal of Safety Research, 2004.

经过这些法律和措施的实施,美国煤矿事故的发生率到 1960 年时已经明显下降。美国专家在总结经验时,罗列出避免安全事故发生的三大法宝:执法、培训及技术。其中,执法是最强力的措施。严刑峻法得以贯彻,是美国预防矿难危机的关键所在。

冷战时期以赫尔曼、H. 艾斯克斯坦等学者为代表,拓宽了危机管理研究的领域,取得了大量研究成果。戴恩斯的《灾难中的组织行为》、赫尔曼的《国际危机》、艾里森的《决策的本质》都是当时的权威著作。在国际上,关于公共危机管理理论的著作主要包括以下几本:罗森塔尔的《危机管理:应对灾害、暴乱与恐怖主义》、罗伯特·希斯的《危机管理》、劳伦斯·巴顿的《组织危机管理》及威廉·L. 沃的《应对危机四伏的生活:突发事件管理导论》等。这些著作均深入探讨了政府在处理公共危机方面积累的机制方法,也提出了建立公共危机预防机制的相关建议,但这些建议角度各异,不够深入。此外,西方学者对矿难危机也进行了一定程度的研究。澳大利亚学者约翰·布雷韦斯特在编著的《惩罚还是说服:煤矿安全的执行》一书中,通过实地调查、收集资料,总结出"矿难一般是由于人们错误或无法预知的状况引起"的结论,并提出对违法者采取惩罚性和教育性相结合的方法加以规治,从而减少矿难的发生。俄亥俄州立大学历史系教授 K. 奥斯丁克尔在《19 世纪的政府煤矿监管运动》一书中,论述了 19 世纪 70 年代大工业形成与发展阶段中,美国各州政府为实现其在煤矿健康与安全条件方面的调整所进行的斗争。与此相关的重要论著还包括:理查德·P. 莫克里编写的《煤炭领域的社会契约:美国矿工联合会健康福利基金的起落》、卡蒂珊·塞尔泽著的《在进步时代的煤炭开采安全》、威廉姆·C. 阿普尔顿和乔·G. 贝克合著的《工会在烟煤深矿安全方面的作用》等。这些论著从不同角度对煤矿安全和工人健康进行关注,有助于我们更全面地认识和深入研究美国煤矿安全的治理理论。

综上所述,国外学者对美国矿难治理进行了一定程度的研究。一方面,他们往往从工会主义的角度论述了其对美国煤矿安全所起的重要作用。另一方面,他们强调了政策、法规的执行对矿难危机治理的重要作用。近年来,正是由于对煤矿产业重大安全事故预防工作的高度重视,美国、澳大利亚等国家对于矿业安全的理论研究相对较少,他们更多地是将研究重点放在理论框架的建构上,这就形成了中外研究矿业安全问题的一个显著差别。国情不同,所面临的具体情况也必然不同。我们不能对别国的经验照抄照搬,而应该在借鉴经验的基础上,发展出中国特色的矿难危机治理理论。

通过对近年来相关学术成果的梳理,不难发现,关于中国煤矿安全生产方面的文献颇多,众多专家学者分别从自己的研究领域出发,对矿难发生的原因和治理展开了分析研究。其观点主要包括以下几种:

一些煤矿技术专家从煤矿安全生产技术方面进行了深入研究,认为矿难事故频繁发生的直接原因是煤炭生产中的安全技术问题。只有进行科学技术创新,才能从根源上消除矿难发生的潜在隐患。钱鸣高院士在《对中国煤炭工业发展的思考》中,呼吁运用科技力量控制煤矿安全的影响因素,以经济、环保、高产高效为原则,促进煤炭工业健康发展。国家自然科学基金重大项目"深部岩体力学基础研究与应用"首席科学家、中国矿业大学何满潮教授认为,目前中国矿难频发的根本原因是深部开采的地质环境恶化,只有凭借科学技术的不断创新解决这一内因,矿难发生率才能得以降低。另外,矿难频发不仅是由于管理和投入的不足,而且更是出于对科学研究和科学认识的不足。科学问题是矿难频发的重要原因之一,为了从根本上减少矿难的发生概率,除了通过加强管理,增加对煤矿的安全投入以外,还必须要有科学的态度和精神,寻求理论上和技术上的突破和创新并使其应用到煤矿安全生产中,才能从根本上让死亡的恶魔远离煤矿。[①] 相桂生认为,深入研究国外应急避难室的工作原理、作用机理、历时经验等在中国推广、使用矿井应急避难室,可以减少矿难的损失。[②] 此外,张玉周、蒋子刚、邓谷鸣等学者分别从矿难救生球系统、瓦斯透水矿难防治技术、矿难救援机器人、强化储量动态监管、人工智能嗅觉系统等技术角度,对矿难防治做出了多方面研究。另外,近年来出版的诸多关于矿难防治的技术性著作,较好地普及了矿难预防与技术治理的知识,如《建国以来煤矿百人以上事故案例汇编 1949～2006》(国家煤矿安全监察局编,中国矿业大学出版社,2007)、《最新全国 270 例典型矿难剖析》(王纪国,安徽文化音像出版社,2011)等。

针对矿难事件近年来频繁发生的状况,一些专家从煤矿安全公共管理角度进行研究。如丁运年、葛家理认为,完善煤炭行业市场化管理体制,厘清和保护矿业产权,加强矿业社会组织的监督功能,减少或杜绝官员煤矿管理中以权谋私行为,成为矿难治理的一种路径。[③] 在借鉴美国非营利组织管理专家里贾纳

---

① 薛娇.解析深部矿难——访国家自然科学基金重大项目首席科学家、中国矿业大学何满潮教授[J].中国科技奖励,2005(11):55-59.

② 相桂生.应急避难室在矿难救援中的应用[J].劳动保护,2006(4):92-93.

③ 丁运年 葛家理.我国煤炭行业潜在危机与现实矿难的成因和对策[J].中国安全科学学报,2007(3):94-99.

·赫茨林杰教授所提出的 DADS 法基础上,张中强对中国实施 DADS 法的环境进行了分析,设计出煤矿安全监察部门 DADS 法的内容,从而为提高监管力度提供了有益帮助。创新与完善矿业安全管理中的制度安排,杜绝公职人员运用公共权力和公共资源谋取私利的行为,是控制矿业安全生产问题的有效途径。还有一些学者对国家煤炭安全监察体制的改革与创新进行了探讨。池忠军在《矿难的秩序分析框架与公共管理的回应》中指出,把握现象背后的本质,昭示对其治理路径的选择,不能仅依赖技术和企业内部管理,公共管理更具有综合性和整体性。如果忽视公共管理的视角,事故频发、治理整顿、再频发的状况有可能是周期性的。因此,从矿难的秩序分析框架入手,审视公共管理所面对的挑战,寻找其回应挑战的前瞻性建构理路是治理矿难的根本。[1] 王绍光曾在《煤矿安全生产监管:中国治理模式的转变》一文中指出:"在非国有化和市场化的背景下,中国的全能主义国家的接替者,不应该是一个哈耶克式的守夜人政府,而应该是一个监管型政府。"[2]显然,矿难的发生反映出市场秩序与政府公共管理彼此之间的矛盾与冲突。因而构建理性公共管理模式,强调政府公共管理责任,对于遏制和减少矿难发生具有重要的现实意义。

健全煤炭安全生产管理的法律法规,厘清并保护煤矿安全生产边界与权利,加强煤矿社会组织的监督与功能,是矿难治理研究的一个重要路径。廖建求、周敬玫在《矿难的法律治理:一种法经济学的路径》中指出,近年来,中国频频发生的矿难事故与采矿中违法主体的违法行为具有密切联系。由于目前中国规制采矿的配套法律不完善,在追求利益最大化的过程中,行为主体所采取的某些违法行为可能引发重大矿难事故。刘超捷指出,煤矿安全立法虽已形成了一些法律法规,但还存在着法律内容滞后、法律空白、法律之间的相互矛盾等许多问题。应尽快修改《矿山安全法及其实施条例》,制定《安全生产法实施条例》,及时梳理其他与煤矿安全有关的法律法规,保证立法的协调一致,在适当的时候制定专门的《煤矿安全法典》。[3] 因此,完善相关法律制度,加强法律规范,是预防和减少矿难事故发生的重要途径。欧阳杉将中国矿山安全事故频频发生的主要原因归结为,法律将矿山安全监察权交予各地行政部门行使,使安全监察受地方利益制约,效果较差。而且,矿山安全培训缺乏统一规范的制度,

① 池忠军. 矿难的秩序分析框架与公共管理的回应[J]. 中国行政管理,2006(2):22-25.
② 王绍光. 煤矿安全生产监管:中国的治理模式转变[J]. 比较,2004(13):79-110.
③ 刘超捷. 我国矿山劳动安全立法初论[J]. 河北法学,2005(9):4-7.

遏制矿难,须从构建有效的监察制度和安全培训制度入手。一方面就安全培训而言,由效力等级较高的行政法规而非地方政策规定实施。在安全培训的机构组成、培训对象、培训内容、培训时间和考核事宜方面,要在行政法规中加以明确的统一规定。另一方面在监察机制上,打破监察权的垄断,使得工会和矿业协会参与矿山安全检查和安全事故调查。

以经济学生产模型为机理,研究和分析安全生产事故致因原理,进一步揭示引发安全事故的经济学规律是煤矿安全治理研究的又一重要途径。熊惠平在《"穷人经济学"的矿权解读:矿难生成的利益博弈》中认为,应当重点关注对于矿工等弱势群体的人文关怀,追求社会有序发展。在矿难生成的利益博弈中,寻求国家、集体与个人、中央与地方、矿主与政府部门以及官员之间的利益均衡,有效维护矿工的各项权益。方晓波在《矿难背后的经济学思考》中认为,从经济学的角度考察,矿难实质是对企业人力资源管理的负外部性行为缺乏有效限制。企业以较低的风险,将本应由自己承担的生产安全成本,转嫁给劳动者和社会其他利益主体,以实现利润最大化。

矿难治理的非技术性预防是在中国矿难事件频发的情况下日益成为学者们所重视的一个重要途径。刘广华指出,要改善对煤矿安全生产教育培训认识不到位、立法不健全、内容缺乏针对性、覆盖面不足、投入不足的现状,通过安全生产教育培训提高从业人员的整体素质,从而保障安全生产。[①] 有学者针对矿难中的管理因素、渎职腐败现象、煤矿安全生产教育培训、矿难中的人才危机、工会维权、中外比较的方法等方面进行了深入探究。钟开斌认为,完善煤矿工会制度建设、提高矿工的组织化水平和维权能力,健全矿工维权组织,引入劳工权益保护组织对矿工权益保护状况进行密切监控,是有效地降低矿难发生率的关键性举措之一,是中国矿难治理的一个独特思路和重要的战略举措。[②] 李树财认为,从伦理学角度唤醒人们对生命的珍视,健全伦理观念处理各种利益集团之间的冲突,采取切实有效的措施遏制矿难发生,才能实现真正的和谐社会。[③] 王天龙在《最优贿赂、腐败与矿难事故的内生性》中认为,构建一个存在贿赂和腐败行为的矿难事故模型,引入时间因素,将矿难事故的概率内生化,可以看出最优贿赂额、资源矿安全生产标准、官员腐败被查处的概率、腐败成本、资

①　刘广华,闫斌.浅析煤矿安全生产教育培训在安全生产中的作用[J].煤,2011(4):55-58.
②　钟开斌.会维权:中国矿难治理的战略举措[J].国家行政学院学报,2007(1):102-105.
③　李树财.矿难频发的伦理关照[J].淮阴师范学院学报(哲学社会社学版),2007(4):449-453.

源矿收益等一系列因素都将影响矿难事故的发生,因此把握这些因素遏制矿难就有了目标。

中外比较的方法分析矿难的预防与治理也是一个重要途径。何进军、刘春英、庾莉萍等学者也对国外预防矿难的有效经验进行了介绍。杨君在《美国法治矿难的成功经验及借鉴》中认为,美国百余年来法治矿难的成功经验证明,完备的立法、严格的执法、有效的培训以及新技术的采用和推广是其基本经验,利用美国遏制矿难的法治经验,是中国遏制矿难的重要借鉴。发达国家矿山安全生产立法较完善,管理较先进,其预防和治理的理论和方法是我们学习借鉴的重要方面。

相较于美国、日本、德国等发达国家在煤矿安全危机管理方面所拥有的成熟管理体系,中国相关矿难危机管理研究仍暴露出诸多不足。总体看来,矿难危机治理已经引起了国内社会各界的广泛关注,相关理论研究也得到了丰富,为遏制矿难危机提供了重要指导,然而仍然存在以下几个方面的问题。

尽管国内学者在煤矿安全危机管理的法制建设、信息系统建设、危机预警系统建设等方面基本达成了共识,但由于实证性研究不足,目前还尚未形成以中国实际情况为基础的原始资料与基本数据库,相关研究仍停留在"是什么"的研究层面。即使有学者尝试进行"怎么办"的研究,但其成果也通常呈现出孤立单一的特征,缺乏普遍性和公信力。这种情况直接决定了中国煤矿安全公共危机管理研究的薄弱基础,进而制约了危机管理理论的全面深入发展,致使中国煤矿安全公共危机管理在操作层面上进展缓慢。因此,在今后很长一段时期内,中国煤矿安全公共危机管理研究的一项重要任务是,立足于国内煤矿安全公共危机管理的现状,加强实证性研究,建立煤矿安全公共危机资料数据库,并且在此基础上对已获取信息加以分析,进而总结出行之有效的危机应对策略。

煤矿安全危机的生成及应对将涉及社会的诸多领域、多个阶层,当前的理论研究领域略显单一,研究范围狭窄。当前,中国对公共危机管理的研究主要停留在政府层面与宏观角度,难以普遍适用于多样复杂的煤矿安全公共危机。因此,在进行相关理论研究时,首先必须把握好宏观与微观、整体与局部的关系。其次需要建立健全普遍高效的煤矿安全公共危机管理机制体制,形成预防、化解和善后的矿难危机应对体系。

煤矿安全公共危机事件往往十分复杂且变化多样,显示出需要相关学科交叉研究。这一特点要求我们,必须综合运用政治学、经济学、管理学、社会学、生态学、心理学等多学科理论,探究煤矿安全公共危机事件。然而,国内学者往往受制于自身独立的专业、学科和研究领域,难以达到融合多学科以深入研究的要求,致使研究方法单一、研究视角狭窄等问题,直接制约着煤矿安全公共危机管理研究领域的拓展与创新。

综观国内外研究现状,不难发现,从某一专业角度,如法律制度、经济学、博弈论、安全管理、安全监察、安全监管、安全技术等,学者们阐述了各自观点并得出相应结论。但这些研究倾向于生产技术研究、煤矿监管研究以及法律制度研究,且大多是层次单一的纵向研究,缺乏对煤矿安全事故错综复杂的综观原因进行有力探索与总结。另外,值得注意的是,从煤矿安全公共政策执行的视角,探究促进煤矿安全政策普遍高效的机制与措施,也是煤矿安全公共危机管理研究的薄弱环节,同样是亟待强化的研究重点。

第一章　煤矿安全公共治理概述

安全是一切工作的首要前提。作为一种高危行业,煤矿生产的安全工作尤为重要,特别是在中国这样一个产煤大国,安全工作更是煤矿生产的重中之重。为保证煤矿生产安全,扭转当前矿难频发的严峻形势,中国于 2003 年组建国家煤矿安全监察局,并逐步建立起地方煤矿安全生产监督管理机构,以全面深入监督和管理各煤矿的安全生产工作。通过各部门以及社会各方力量的共同努力,中国煤矿安全生产形势日趋好转。但必须加以重视的是,中国煤矿重特大事故多发的现状仍然难以从根源上消除,因此煤矿安全生产形势依然严峻。

第一节　煤矿安全公共治理的范畴

同许多发展中国家一样,中国安全事故的发生率较高。重大安全事故的发生将直接造成矿工及周边群众的生命财产损失,给邻避群众的生活带来诸多负面影响。究其根源,部分行政机构对经济高速增长的片面追求,导致其对安全生产工作的轻视甚至忽视,加之监管工作难落实,相关法律法规不健全和执法力度不到位,是安全事故频发的重要原因。煤矿安全公共治理的根本任务是预防和减少矿难事故的发生率。通过科学的应急处置,有效应对安全事故,最大限度地消除事故可能造成的损失。有效地处理危机、提供公共产品、维护社会秩序,是任何一个国家的政府都不可避免的重要问题,也是政府的首要职责和必备行政能力之一。[①]

一、煤矿安全公共治理的概念

20 世纪 70 年代以来,在西方社会经济、社会管理的推动下,公共行政理论和公共管理研究进行了范式变革。一种新型行政概念产生,主要内容包括:①强调政府、企业、团体和个人的协同作用,抛弃传统公共管理的强制和垄断性

---

① 平川. 危机管理[M]. 北京:当代世界出版社,2005:23.

质。② 政府能够充分运用各种统治工具和管理工具,而不仅是提供服务与执行任务。③ 政府应尽其职责,而非疲于应付。④ 重视网络社会中,各种组织的系统合作和平等对话。公共治理应当是这样一种民主、多元、合作、祛意识形态的治理式公共行政。根据上述治理理论产生的时代背景及其呈现的特点,结合中国当前实际情况,可以推论出:中国公共治理是在中国共产党领导下,高举法治大旗,由立法机关、行政机关以及司法机关紧密配合,在正确认识与处理政府与市场、社会与公民之间关系的基础上,选择科学有效的治理工具,采取有力得当的治理措施,大力推动社会发展与规范,构建社会主义和谐社会的全过程。就煤矿安全而言,煤矿安全公共治理是指建构以政府为主,企业、社会组织、居民、媒体等社会力量共同参与的矿难危机治理机制和平台,通过经济、行政、法律和思想并用的综合方式,形成对矿难危机事前、事中、事后全面有序、合理高效的系统治理过程。其中,矿难公共治理特别强调政府、企业、团体和个人的协同作用,通过各方协调配合,形成应对矿难的有效机制,以减少甚至消除矿难发生的可能。"公共官员日益重要的角色就是公共服务,亦即要帮助公民表达并满足他们共同的利益需求,而不是试图通过控制或者'掌舵'使社会朝着新的方向发展,并为公共利益承担起应有的责任。"①加强对矿难公共治理研究,可以为煤矿安全事故的预防和处置提供重要的理论支撑与现实支持。具体而言,一方面,加强矿难公共治理研究,能够实现及时预测预警,快速传递信息,遏制煤矿事故发生,满足煤矿安全管理体制改革的需要。另一方面,加强矿难公共治理研究,能够避免相关人员财产损失,保障经济社会稳定发展。另外,加强矿难公共治理研究是发展煤矿安全监察理论的需要。煤矿安全监察在中国起步相对较晚,基础十分薄弱,加强矿难公共治理研究有助于夯实煤矿安全监察理论的基础,推动安全监察理论发展。

当前,中国正处在工业加速发展时期,是各类安全事故的"易发期"。社会生产规模和经济总量的急剧扩大,增加了事故的发生几率。同时,企业生产集中化程度的提高和城市化进程的加快,更是扩大了安全事故的波及范围,加深了其危害程度。其中,煤矿安全生产问题尤为突出,党和政府也始终高度重视煤矿安全生产工作。特别是在国家煤矿安全监察局成立以来,通过健全煤矿安全法律法规体系,建立垂直管理的国家煤矿安全监察体制,开展煤矿整顿关闭

---

① [美]珍妮特·V. 登哈特,罗伯特·B. 登哈特. 新公共服务[M]. 北京:中国人民大学出版,2004: 43-141.

和瓦斯治理等专项工作,以此着力加强煤矿安全基础管理,使得全国煤矿安全形势实现了持续稳定好转。2002 年以来,全国煤矿事故连年下降,2002 年和 2009 年死亡人数分别为 6995 人和 2631 人,降幅达 62.4%。2002 年和 2009 年百万吨死亡率分别是 4.94 和 0.892。2014 年,煤矿事故死亡人数为 931 人,百万吨煤的死亡率为 0.25(见图 1-1)。

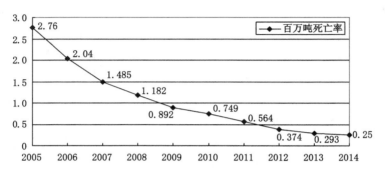

图 1-1　2005～2014 年煤矿百万吨死亡率统计图

但是,在煤矿事故总量大幅下降的同时,重特大事故仍然难以有效遏制,煤矿安全生产形势依然严峻。1949～2009 年全国煤矿共发生特别重大事故(一次死亡 30 人以上)251 起,死亡人数累计达 14411 人。尤其是 2001～2005 年期间,共发生 43 起特别重大煤矿事故,累计死亡人数为 2634 人。根据国家煤矿安全监察局网站相关统计数据,2005～2015 年煤矿重大事故、特别重大事故情况见图 1-2、1-3、1-3。虽然煤炭产量从 2002 年的 10 亿吨猛增到 2014 年 38.7 亿吨,煤矿的安全生产也呈现出持续好转的趋势,但是,已发生的煤矿安全事故仍造成了人民生命财产的巨大损失。相比于美国、印度、澳大利亚、俄罗斯等产煤大国,中国煤矿安全生产所面临的形势依然严峻。

煤炭行业作为高危行业,些许松懈或麻痹就极有可能导致安全事故发生,任何国家都无法完全避免矿难的发生。在中国,矿难的生成原因更是复杂多样,既有安全技术与装备水平不高、监测预警机制不健全等客观因素,也有安全意识不足、安全监察不到位、监管不力等主观因素。因此,矿难治理也应从多方面多角度着手,针对引发矿难的各种因素,相应地加以解决,从而减少甚至避免矿难危机的生成。

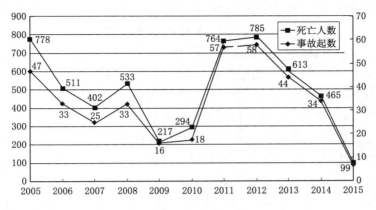

图 1-2　2005～2015 年煤矿重大事故统计图

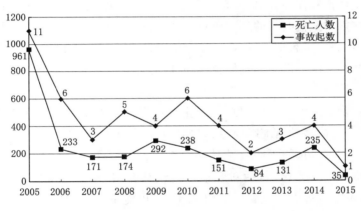

图 1-3　2005～2015 年煤矿特别重大事故统计图

二、煤矿安全公共治理机制分析

煤矿安全公共治理机制是煤矿安全公共治理过程中最为重要的功能要求，也是各国在矿难治理中关注的焦点。煤矿安全公共治理机制就是要建立矿难危机预防的有效机制、完善矿难公共治理的过程控制、健全矿难公共治理的法规体系。

按照系统论的观点，机制是指系统内各子系统、各要素之间相互作用、相互联系、相互制约的形式和运动原理及内在的、本质的工作方式。煤矿安全危机公共治理机制可以定义为：在政府的主导下，矿难危机预防与治理系统各构成要素之间相互协作,为预防与治理矿难而紧密配合,从而形成的和谐运作过程和形式。其一,预防机制是指在认识事故产生规律和发生特性的基础上,利用管理、技术等手段,通过增强抵御事故产生的能力,从源头上消除其生成的环境条件,为制止其发生而制定的应急活动行为规程①。具有完备管理系统的矿难危机治理体系,由涉及政府、企业、社会组织、媒体、公众等诸多因素构成。政府在预防与治理矿难过程中处于核心主导地位。在积极引导企业、公众等社会力量,共同治理矿难的过程中,政府的主要作用包括:倡导提高社会公众的安全意识,完善安全法律法规,完善监察监管机制。其二,企业在矿难预防与治理机制中处于主体地位。安全生产是企业发展的生命线,企业必须积极配合政府的引导和监管工作,主动建立和发展企业良好的安全文化,以配合政府的监察监管,改进自身存在的问题和不足,完善监测预警体系,为企业安全预警和政府的安全监察提供依据和保障。另外,企业须编制完善的应急预案,并积极加以演练,促使企业在面对危机时能够从容应对。其三,社会公众应当在政府的引导与教育下,自觉形成危机意识,从而在全社会中营造良好的危机预防氛围。其四,各类媒体应当积极配合政府的宣传教育,从而对社会公众和企业起到积极的引导作用。

煤矿安全公共治理力求对可能发生或已经发生的矿难危机作出准确的预警和监测,并采取多种措施以预防、应对和管控危机。在危机治理过程中,应重视危机监测和危机预防等防范性功能。矿难公共治理模式一方面注重危机管理者对危机环境的分析,包括对政治、经济、社会、自然等环境的分析和监察。另一方面,及时发现引发危机的关键因子,尽可能早地加以解决。在整个过程中,危机公共治理可分为监测、预警、管控三个阶段。一是监测。所谓监测,是指建立科学完善的矿难危机观测体系,尽可能对各种危机做到早觉察、早发现、早观察、早处理,将危机的损害降低到最低水平。因此,监测是危机管理的首要工作,其主要作用是发现危机的存在,以此为防范危机提供依据。其中对于矿难危机的监测,最重要的方面是对煤矿的安全监察。国家实施煤矿安全监察体制改革后,建立了全国统一、垂直管理的国家煤矿安全监察体制,设立了国家煤矿安全监察局、省级煤矿安全监察局及区域性煤矿安全监察办事机构,以此对全国各类煤矿安全生产工作施行全面监察。近年来,全国煤矿安全监察机构严格遵循《安全生产法》《矿山安全法》《煤矿安全监察条例》等法律法规,以及相

---

① 黄典剑,李文庆.现代事故应急管理[M].北京:冶金工业出版社,2009:128.

关方针政策,认真履行安全监察职责,在一定程度上优化了煤矿安全生产形势。但由于中国生产力水平和社会经济文化等因素的制约,煤矿安全生产所面临的形势依然严峻。特别是在部分生产技术落后地区,煤矿生产基础薄弱,煤矿事故多发易发,煤矿安全监察工作开展步履艰难,煤矿安全监察执法还面临许多困难。因此必须在认真分析、深入研究的基础上,寻求有效的解决办法和措施。第二是预警。危机预警是降低社会危机发生的突然性和意外性,减少危机管理者在危机中被动态势的重要手段。由于灾害和事故在一定程度上具有可预见性,并且危机的发生遵循着一定的规律,因此掌握了这种规律,便可以有效预防和控制安全事故的发生。安全预警主要是对预警对象的监测与评价,其重点在于预警指标的建立与评价。通过完善预警机制,利用先进的信息技术,为矿难的预防提供技术保障,可以更好地监测和预控预警对象的动态,进而为安全监察部门有效预防矿难提供强力支持。就煤矿安全预警而言,造成矿难发生的一个重要因素,是对煤矿安全监察监管力度不足。因此,矿难安全预警必须注重监察监管机制的完善,形成良好的监察体系,从而对影响矿难发生的安全因素进行排除,预防矿难的发生。第三是管控。危机的管控是指根据监测、预警情况,制定与实施危机应急预案,加强对员工的危机教育培训,力图做好矿难的过程管理工作,尽可能减少矿难对生命财产所造成的损失。因此,管控治理阶段是危机管理的关键。矿难危机应急预案是针对可能发生的矿难事故,为保证迅速有效地开展救援行动,降低事故损失而预先制订的有关计划。应急预案根据层面的不同,由国家总体预案、地方政府预案、企业应急预案等组成,各层面应该根据自身职责要求,做好相应的预案建设工作。首先,国家应指导预案体系的建设,加强总体预案的建设。其次,地方政府应当更加注重本地区的实际情况,做好公共危机预防预案,并对本地方的企业预案做好指导和监督。最后,企业应当积极配合政府的指导,在做好本单位预案完善工作的同时,做好矿难危机的管控工作。

三、煤矿安全公共治理的法律规制

根据国家煤矿安全监察局网站统计显示,十余年来我国在煤矿安全公共治理方面先后出台了6部法律法规,制定近30部部门规章,制定修订400余项煤矿安全标准和行业标准,基本形成了一套较完备的煤矿安全生产法律法规、规章制度和标准规程体系。主要有2000年颁布的《煤矿安全监察条例》,2001年颁布的《国务院关于特大安全事故行政责任追究的规定》,2002年颁布的《中华人民共和国安全生产法》,2004 年颁布的《安全生产许可证条例》,2005 年颁布的《国务院关于预防煤矿生产安全事故的特别规定》,2007 年颁布的《生产安全事故报告和调查处理条例》,2010 年 7 月 19 日发布的《国务院关于进一步加强企业安全生产工作的通知》(国发[2010]23 号)。由国家安全生产监督管理总局(国家煤矿安全监察局)颁布的规章主要有:2001 年 9 月 28 日,《煤矿安全规程》。2003 年 5 月 9 日,《安全生产违法行为行政处罚办法》。2003 年 6 月 13 日,《煤矿安全监察员管理办法》。2003 年 6 月 20 日,《煤矿安全监察行政复议办法》。2003 年 7 月 2 日,《煤矿安全监察行政处罚办法》。2003 年 7 月 4 日,《煤矿安全生产基本条件规定》。2003 年 7 月 4 日,《煤矿建设项目安全设施监察规定》。2003 年 7 月 14 日,《煤矿安全监察罚款管理办法》。2004 年 5 月 17 日,《煤矿企业安全生产许可证实施办法》。2004 年 10 月 20 日,《安全评价机构管理规定》。2004 年 11 月 3 日,修订后的《煤矿安全规程》。2004 年 12 月 28 日,《安全生产培训管理办法》。2005 年 1 月 6 日,《煤矿瓦斯治理规定》。2005 年 1 月 6 日,《国有煤矿瓦斯治理安全监察规定》。2005 年 7 月 22 日,《劳动防护用品监督管理规定》。2006 年 1 月 17 日,《生产经营单位安全培训规定》。2006 年 11 月 1 日,《安全生产标准制修订工作细则》。2006 年 10 月 25 日,《关于修改〈煤矿安全规程〉第六十八条和第一百五十八条的决定》。2006 年 11 月 22 日,《安全生产领域违法违纪行为政纪处分暂行规定》。2007 年 1 月 31 日,《安全生产检测检验机构管理规定》。2007 年 7 月 20 日,《〈生产安全事故报告和调查处理条例〉罚款处罚暂行规定》。2007 年 10 月 8 日,《安全生产行政复议规定》,同时废止原国家安全生产监督管理局(国家煤矿安全监察局)2003 年 6 月 20 日公布的《煤矿安全监察行政复议规定》。2007 年 11 月 30 日,《安全生产违法行为行政处罚办法》,自 2008 年 1 月 1 日起施行。2007 年 12 月 28 日,《安全生产事故隐患排查治理暂行规定》,自 2008 年 2 月 1 日起施行。2009 年 4 月 1 日,《生产安全事故应急预案管理办法》,自 2009 年 5 月 1 日起施行。2009 年 4 月 22 日,《关于修改〈煤矿安全规程〉第一百二十八条、第一百二十九条、第四百四十一条、第四百四十二条的决定》,自 2009 年 7 月 1 日起施行。2009 年 5 月 14 日,《防治煤与瓦斯突出规定》,自 2009 年 8 月 1 日起施行。原煤炭工业部 1995 年 1 月 25 日发布的《防治煤与瓦斯突出细则》同时废止。2009 年 7 月 1 日,《安全评价机构管理规定》,自 2009 年 10 月 1 日起施行。2004 年 10 月 20 日公布的《安全评价机构管理规定》同时废止。2009 年 9 月 21 日,《煤矿防治水规定》,自 2009 年 12 月 1 日起施行。原煤炭工业部 1984 年 5 月 15 日颁发的

《矿井水文地质规程》(试行)和 1986 年 9 月 9 日颁发的《煤矿防治水工作条例》(试行)同时废止。2010 年 1 月 21 日,《关于修改〈煤矿安全规程〉部分条款的决定》,对第四十八条、第五十条、第一百三十二条、第一百三十七条、第一百四十八条、第一百七十六条、第二百零一条、第二百零九条、第二百五十三条、第二百七十三条、第二百七十四条、第二百八十五条进行了修订。2010 年 9 月 9 日,《煤矿领导带班下井及安全监督检查规定》,自 2010 年 9 月 7 日起施行。《煤矿安全规程》自 2016 年 10 月 1 日执行。这些法律法规为煤矿安全公共治理提供了制度保障和行为规范,法律法规的完善系到国家和社会的生命财产安全,关系到每个煤矿工人的切身利益,关系到国家能源经济发展和社会稳定的大局。

健全煤矿安全公共治理法律法规引起了国家和政府多方面的广泛关注和高度重视。中国煤矿安全生产事故的造成原因很多,如果从物质技术层面说,有广大煤矿地质现实条件差、煤矿生产设备与技术落后的重要原因,如果从制度规范因素层面而言,安全生产法律法规建设也不容小觑。安全生产法律法规建设与煤矿安全绩效息息相关,煤矿安全生产事故是煤矿安全相关法律规制不足的集中体现和多种复杂性因素作用的结果。实现中国煤矿安全生产治理状况的全面好转,很必要的一项重要工作是要完善煤矿安全生产法律法规和提升其规制的效率和作用,从而普及煤矿安全生产法律法规的教育作用,提高矿工的法律安全意识和遵法守法素质,提高煤矿的安全法律规制水平。然而,事实是一系列有关煤矿安全的法律、法规及其他规范性文件的出台,在煤矿安全监督管理与规制过程中的效果并不理想,矿难事故屡次发生屡禁不止。煤矿安全事故的发生率之高是能源经济发展的障碍和困境,同时也带来了经济价值和实现人的价值的现实冲突。

第二节　煤矿安全公共治理魔咒

充分认识中国矿难公共治理存在的怪圈,有助于针对性地解决这一问题,进一步完善治理体系,使之在矿难危机治理方面发挥应有的作用。显然,危机预防与治理是公共危机管理的重要内容,是降低危机生成概率,控制事故损失的关键,也是开展其他危机处理工作的基础环节。因此,建设完善的预防与治理机制,能够极大减少甚至避免事故发生,也能在事故发生后将损失降到最低。中国矿难多发的现状充分地暴露出矿难危机预防与治理机制的不健全。通过对煤炭企业进行问卷调查和访谈,能够发现企业安全生产过程中存在的种种问题,针对性地做好矿难治理工作,完善矿难危机预防与治理机制,具有积极推动作用。

调研单位之一是山西省晋中市国投昔阳能源有限责任公司。该公司是由国家开发投资公司的全资子公司国投煤炭有限公司、澳大利亚神特中国投资有限公司和昔阳县丰源煤业有限责任公司合资组建的大型中外合资企业。公司主要经营范围包括煤炭投资、煤炭开采、能源、电力生产加工销售。本次调查采取分层抽样的方法选择样本,共发放问卷样本总数 100 份,共回收有效问卷 87 份,回收率为 87%。其中,高层管理人员 3 人,一般管理人员 53 人,一般职工 31 人;具有大学及以上学历 18 人,大专学历 37 人,中专及高中学历 24 人,初中及以下学历 8 人。选取的样本具有煤炭企业的代表性。

调研单位之二是山东省枣庄市的 C 煤矿。C 煤矿地处山东省枣庄市,成立于 1976 年 1 月,曾是某监狱所属煤矿,现由枣庄市某煤炭有限公司以外部劳务输出的形式承包经营。该公司积极探索安全生产和经营管理的新思路,打破国有企业传统的经营管理和用人模式,充分放权,将压力分散给各承包人。以区区 800 人之力,创造了原本 3000 人才能达到的产出水平,实现了高效运作。其独创的"C 管理模式",得到了上级主管部门的充分认可和肯定。该公司注册资金 5051 万元,固定资产 8662.71 万元,其前身 X 煤矿是具有 50 年开采历史的国有煤矿,于 2003 年 12 月破产关闭,改制成立了枣庄市某煤炭有限公司。该公司坚持煤与非煤同步并举的方法,积极发展煤炭生产、洗选加工业,其煤炭主导产品是"八级冶炼肥精煤",是国内独有优质煤种,被誉为"工业味精"。同时该公司的"走出去"战略顺利实施,在枣庄市 C 矿从事煤矿安全生产承包经营,并开工建设了 Y 煤矿,于 2008 年 10 月份组织生产。公司矿井于 2007 年 4 月份停止生产后,积极利用其产品优势和市场信誉开展煤炭洗选加工,利用现有和新建厂房对附近优质原煤进行洗选加工,年入洗能力达 20 余万吨。在发展煤炭生产加工业的同时,按照建设"大非煤"的战略构想,非煤产业采取跟进主业"走出去"发展的思路,制定了"三年十亿"目标规划,形成了以机械加工制造为主导的非煤产业链。调研小组在 C 煤矿,就煤矿安全生产治理的相关问题,随机采访了煤矿负责人、中层和一线矿工,同时发放问卷 70 份,回收 56 份,其中 53 份为有效问卷。针对国发〔2010〕23 号文、国家安监总局令第 33 号文《关于煤矿领导带班下井的安全监督检查规定》(以下简称《规定》)的作用调查,50% 的受访者认为该政策对促进煤矿安全生产很有帮助,27% 的受访者认为有一定作用,14% 的受访者认为有帮助,但作用不大,4% 的受访者认为没有作用。

在调查该单位是否向从业人员宣传、告知过《规定》时,70%的答案是主动宣传过,17%的回答是必要时告知,6%的回答是很少告知,7%的回答是不清楚。《规定》实施后,煤矿企业、煤矿企业负责人和其他煤矿从业人员的安全生产意识大大提高的回答占36%,有所提高的占57%,变化不大的占4%,不清楚的占3%。关于单位的主要负责人是否都能够按照《规定》要求按时到岗、与矿工同下井等问题的调查结果显示,57%的回答是全体领导都能做到,27%的回答是部分领导能够做到,9%的回答是少数领导能够做到,几乎没有领导做到的占7%。关于单位所在地区,煤矿安全监察机构及其煤矿安全监察人员,对《规定》执行情况的调查结果显示,经常检查的回答占75%,检查过的占16%,没检查过的占4%,不清楚的占5%。关于单位领导每月带班下井工作计划的完成情况进行公示,并接受群众监督的调查结果显示,公示占73%,偶尔公示占10%,不公示占8%,不清楚的占9%。关于遇到无领导带班下井的情况下,矿工态度调查结果显示,拒绝下井的占38%,偶尔拒绝占11%,没有拒绝占34%,不清楚占17%。关于《规定》中提及的发生事故时,对煤矿和负责人惩罚是否合理的调查结果显示,72%的受访者认为惩罚合理,11%的受访者认为偏轻,5%的受访者认为偏重,不了解如何处罚的占12%。

一、煤矿安全公共治理意识缺失

改革开放近40年来,人民生活水平愈发富足,但危机意识和忧患意识却愈发淡薄。长期以来,由于人们一直生活在相对安全的环境之中,从而导致公众普遍缺乏危机意识。随着社会系统的整合和社会阶层的分化,各种破坏性大、突发性强的灾难性事件时常发生。危机意识的缺失使得民众在面对突发性危机事件时极易引发危机的扩大和社会的恐慌,这也为政府的处理危机设置了障碍。在安全生产调查问卷中,有45%的受访者认为:有些矿工在明知有生命危险的情况下继续下井,其主要原因是存在侥幸心理,认为矿难不会突然发生。第一,在填写问卷的三位高层管理者中,只有一人认为企业管理层危机意识很强,并能够采取措施做好预防。另外两人则认为,管理层具有危机意识,但未能采取积极有效的危机预防措施。调查显示,危机预防意识的缺乏与准备不足对矿难的发生起到直接的触发作用。第二,大多矿工缺乏危机预防意识,只是简单地将矿难当作偶然、无规律的突发情况。第三,管理人员同样缺乏危机预防意识,忽视了生产安全的投资和建设。

成熟的危机理念对政府管理来说至关重要,但目前中国政府还未形成成熟的危机理念。由于政府对公共危机的紧急程度和威胁性认识不够充分,对公共危机的发生存有侥幸心理,极易导致政府对非常态性管理的忽视,通常处于被动应付状态。在危机处理过程中,及时决策能够有效降低危机的损害,甚至可以将危机转化为时机。这正是政府公共危机管理的核心,同时也体现了政府的公共服务能力和管理能力。"危机决策,是指决策者在有限的时间、资源等约束条件下,确定应对危机的具体行动方案的过程。"[①]当危机情况发生时,决策环境随即发生巨大变化。此时,决策者需要在信息有限、变化迅速、时间紧迫的环境下,对危险情况迅速作出分析判断,并结合应急预案和实际情况,制定切实可行的应急救援措施,快速展开救援行动,尽量减少损失。因此,在思想意识上重视煤矿安全危机治理,在危机发生时作出及时有效地系列决策,是对政府的一次重大考验。当前各级政府在危机管理中习惯于重视危机的处理,侧重于危机爆发后的应付。往往体现在危机事件发生后,各级地方政府虽能迅速地加以处置,但却忽视了危机事件的预防预警工作,明显存在"轻危机预防、重危机处置"的倾向。对预防预警是缺乏足够重视。致使地方政府在危机事件发生时,总是处于被动的临时反应状态,而非主动出击,从容应对。

安全文化是人类为防范生产、生活风险,实现生命安全与健康保障、社会和谐与企业和谐发展,所创造的安全精神价值和物质价值的总和。企业安全文化是多层次的复合体,由安全物质文化、安全行为文化、安全制度文化、安全精神文化组成。目前中国十分重视对安全文化的研究,从全国范围来看,一方面企业安全文化建设尚未普及,另一方面安全文化宣传教育虽有一定成果,但全民安全文化素质的提高需要缺乏足够的引导和培育。在安全生产调查问卷中,三位高层管理者都认为,企业对安全文化重视不足,且相关措施欠缺。与此相比,西方发达国家煤炭的百万吨死亡率比较低,除了机械化程度高以外,完善的企业安全培训制度与之有着很大的关联。从培训经费看,美国企业培训经费一般占员工工资总额的10%左右,欧洲国家是5%,中国是1.5%。据美国有关机构统计,美国企业培训的投资回报率一般在33%左右。[②] 由此可见,中国煤矿企业对待安全文化建设的态度,大多仅停留在思想或口头上,而有关安全文化建设的投入极少,不利于矿难危机的预防。

---

① 卓立筑. 危机管理:新形势下公共危机预防与处理对策[M].北京:中共中央党校出版社,2011:102.

② 张传毅,李泉. 安全文化建设研究[M].徐州:中国矿业大学出版社,2012:7.

　　煤矿安全预警的主要职能包括对煤矿生产过程进行监测、识别、诊断、评价和预控。其整个活动具有独立的规律、活动计划、执行过程、信息网络及程序规范,旨在寻求事故生成与生产运行之间的关系,以指导现有煤矿安全管理组织,保证和改善其常规职能,并进一步产生新的管理职能,形成防错纠错新机制。在煤矿瓦斯重大灾害预警系统的预警机制及保障机制方面,学界仅在矿山危险源辨识及评价方面取得了一定成果,但尚未达到成熟应用的阶段。此外,中国矿难预警信息系统也存在一些问题,主要表现在风险信息报告的标准、时限、程序和责任不规范,缓报、漏报、瞒报的现象时有发生,统一要求和标准的缺乏。应急信息系统之间缺乏通连,难以实现信息共享,缺乏综合性信息分析平台。另外,中国预警信息系统在信息的收集汇总综合预测和评估方面,都存在一定的不足。

二、煤矿安全治理效率不高

　　目前中国建立了"国家监察、地方监管、企业负责"的安全监察监管体制。"煤矿安全监察是国家煤炭安全监察机关及其安全监察人员为实施国家有关煤矿安全的法律、保障煤矿安全、保护国家和人民财产不受损失、保护人民的生命安全而对煤矿生产经营管理中的有关煤矿安全的各种行为进行监督、检查,并对违法行为进行处理的活动。"[①]中国在中央和地方分别设立了国家煤矿安全监察局、省煤矿安全监察局和煤矿安全监察分局,形成了从中央到地方垂直管理的国家煤矿安全监察体系。其中中央层面设有国家安全生产监督管理总局,隶属于国务院,负责全国安全生产行政监管。在地方均设有安全生产监督管理局,分属于各级政府,因而煤矿安全生产的监督管理工作由各地政府负责。

　　对煤矿进行安全监察监管旨在贯彻安全生产方针及安全法规,在坚持管理、装备、培训并重原则的基础上,保证煤矿职工安全,保证国家资源和财产不受损失,保证煤炭工业战略目标圆满实现。但是,目前中国煤矿企业依然存在重效益轻安全的现象,导致重大事故不断发生,这反映出中国煤矿安全监察监管工作还存在诸多问题,监察效果欠佳。

　　当前中国矿难多发的原因与煤矿安全生产监察体制存在的问题密不可分。据调查问卷显示,72.4%的受访者认为煤矿安全监管部门未能有效监管,是当前矿难事故频发的主要原因。这在一定程度上体现了中国煤矿安全监察监管

---

①　景国勋,杨玉中,张明安.煤矿安全管理[M].徐州:中国矿业大学出版社,2007:653.

体制亟待改进的现状。煤矿安全监察、监管体制存在问题主要包括以下几个方面。一方面,双重煤矿监管体制致使煤矿安全监管不力。在中国,安全生产监管领域存在着垂直管理与属地管理双重体制的格局。主要表现为:国家煤矿安全监察局的直属机构,负责对煤矿行业进行安全监察。同时,地方各级政府也设有安全生产监督管理机构,对地区各行业包括煤矿行业在内的安全生产进行行政监管。这种双重监管的模式致使监管责任不明确、监管职能重复和交叉,是导致中国煤矿安全生产监管不力的重要原因。另一方面,地方政府虚假监管导致煤矿安全生产行政监管乏力。地方政府不仅承担着管理本地区公共事务的职责,而且担负着执行中央宏观政策的职能。实现煤矿的安全生产是全社会的诉求,也是中央政府的宏观目标,而地方政府的配合和支持是实现煤矿安全生产的关键性因素。为保障煤矿企业的安全生产,中国煤矿安全生产行政监管体制要求地方政府在煤矿安全监管中积极发挥作用。但是,值得注意的是,保证本地方的经济利益是地方政府一切工作的出发点,因此地方政府可能有选择性地执行中央政府的政策。这种情况致使地方政府在煤矿安全监管中,不能完全发挥其作用,导致煤矿安全生产行政监管力度不足。

煤矿安全执法的效果取决于执法队伍本身的能力和素质。当前中国监察队伍的综合素质不够理想。一方面,安全监察执法人员素质参差不齐,总体执法水平不高,执法权威性和公信力均有待提高。另一方面,执法人员数量不足,执法环境不甚理想。此外,监察机关权力有限,并缺少一套详细且行之有效的监察体系。因此,监察人员在执法过程中,可能陷入无章可循的境地,难以准确、公正地行使监察权力,导致监察力度不足。针对中国煤矿安全的实际情况,要达到全面有效的监察水平,必须保证监察人员的数量和质量。

完善相关法律制度是安全监察有效进行的保障,安全监察的法律是进行安全监察执法的根本依据。而中国现行的有关安全监察的法律制度仍存在一些问题,严重影响了安全监察的顺利开展。首先,煤矿安全执法的指导思想落后。目前,煤矿安全执法的指导思想并没有完全实现依法治理。其次,煤矿安全监察立法不足。一是煤矿安全监察的法律法规体系不健全,部分现实急需的法律法规尚未制定出台,特别是欠缺与《安全生产法》配套的行政法规、行政规章。二是相关法律法规的清理工作不到位。新的法律法规又不断出台,而部分不适应的法律法规没有得以及时废止,致使执法和司法部门在运用相关法律法规时容易混淆。三是重视实体性法律立法,忽略程序性法律立法。使得相关法律主体难以通过法定程序行使权力、履行义务,并在权利受到侵害时难以得到救济。

四是立法过程中缺少基层职工的参与。目前立法大多是国家机关立法、专家立法,在某种程度上职工的利益和诉求难以得到充分体现。最后,煤矿安全监察执法中存在诸多问题。目前安全执法的重点集中在事故处理上,而对事故发生前的安全监察执法力度重视不足。主要体现为:第一,在安全监察中,部分监察员只注重表面现象,形式主义严重。第二,监察的保密性不强,使得监察工作难以切实发现事故隐患。第三,对基层职工参与监察工作重视不足,处在生产一线的基层职工,多关注自身的生命安全,因而对煤矿中存在的事故隐患有着更为现实和准确的了解,但在实际监察过程中,这些掌握大量信息的基层职工往往得不到应有的重视。

三、煤矿安全治理供给不足

资金和技术投入是实现煤矿安全治理的物质保障。煤矿安全的保证离不开资金的支持,无论是安全技术和设施的引进,还是安全技术的学习和培训,都离不开资金的支持。著名美国管理学家德鲁克提出,"成绩存在于组织外部。企业的成绩是使顾客满意;医院的成绩是使患者满意;学校的成绩是使学生掌握一定知识并在将来用于实践。在组织内部,只有费用"[①]。纵观历史,在中国煤矿产业发展的低潮期,由于经济利润不足,企业缺乏对安全生产的投入。随着中国社会主义市场经济体制的不断完善,煤矿企业已成为自主经营的市场主体。一方面为追求经济利益最大化,煤矿企业大多将资金投入到扩大企业规模上,而缺乏对安全生产投入的远见。另一方面,对安全生产的投入,通常偏重追求短期效果的硬件设施,而对安全教育和培训等长期投入缺乏重视。

中国煤矿的安全科技水平与工业发达国家相比差距甚远,长期处于较低水平,是造成中国重特大事故频发的根源之一。中国煤矿安全科技落后主要表现在:其一,安全科研机构的装备水平较差,科研人员创新能力不足。据统计,中国现有的相关实验研究与检测装备,20世纪70年代至80年代的产品占总量的65%,20世纪90年代的产品占总量的27%,仪器设备的完好率平均在40%~70%之间。其二,科研和技术开发经费严重不足。2006年中国全部公共安全投入为5.6亿元人民币,同年,美国仅就国家职业安全健康研究院和事故伤害预防与控制中心的投入高达1.4亿美元。此外,造成重特大事故隐患的部分技术

---

① 转引自吴建男.谁是"最佳"的价值判断者:区县政府绩效评价机制的利益相关主体分析[J].管理评论,2006(4):48-49.

问题尚未得到及时解决,新技术的推广和应用也未形成常态合理的推广机制。据调查问卷显示,21%的受访者认为,当前矿难事故频发的主要原因是科技投入不足。需要指出的是,这种看法主要来源于一般管理人员和一般职工,而三位高层管理者并未将科技投入不足看作矿难事故频发的主要原因。一方面高层管理者与一般职工对矿难发生所关注的侧重点不同,另一方面也说明,高层管理者对科技的投入未使一线职工的安全需求得到切实保障。

煤矿安全教育和培训工作是煤矿安全管理工作中十分重要的内容,是一项经常性的基础工作,在煤矿安全管理中占有重要地位。通过调查和分析事故发生的原因,可以总结得出职工对安全生产的认识和态度,与事故发生率之间存在着密切联系。职工有关安全生产的受教育和培训程度越高,事故发生的概率越低。根据有关资料统计,在煤矿事故中因"三违"造成的事故,占所有事故的80%以上,而80%"三违"又是由于缺乏安全培训,职工安全意识淡薄引起的[①]。由此看来,在煤矿企业对职工的安全教育和培训过程中,仍存在问题。第一,部分企业对安全培训的重要性认识不清。以人为本是构建和谐社会重要原则。就安全生产培训而言,首先要以人的生命安全为本,加强对全民特别是广大从业人员的安全生产教育。但是在实践中,部分企业对安全生产培训重视不足,个别生产经营单位负责人对安全培训工作认识不到位,主动性不强,特别是重效益、轻安全教育的思想严重,因而忽视了安全生产教育培训工作。第二,缺乏矿长安全培训。安全工作是一项系统工程,需要自上而下重视与支持。同样,安全教育离不开领导的重视、支持和参与。但是,相当数量的企业管理者主动参加安全培训的意愿不强。究其原因,一是工作繁忙,二是积极性不高,三是对安全生产工作缺乏正确认识。第三,培训的方式和内容与实际需求不相适应。安全生产信息化、煤矿生产条件的复杂化对职工素质的要求越来越高。目前,安全技术培训内容、方式难以适应生产现场的需求。安全监管人员和特种作业人员所需的高质量、高水平安全培训难以满足。

四、煤矿安全危机管理有待完善

有效的监控预警和事故发生后的应急救援和处置在做好煤矿安全治理所需的应对策略和资源准备具有同样重要的现实意义。应急处置的高效与否取决于能否制定科学、规范、具有针对性和可操作性的应急预案。针对可能发生

① 杨荣生.当前安全形势下的煤矿安全培训[J].能源与环境,2005(3):86~87.

的重大事故及其影响和后果,对应急机构、人员、技术、装备、设施、物资、救援行动及其指挥与协调预先做出详细安排,从而按照预案规定的程序和方法,及时实施应急处置。所谓预案,是指政府或企业根据实际情况,搜集相关信息,在分析其后果及应急能力的基础上,预测未来可能发生的安全事故,提前制订相应的救援对策。就煤矿事故应急预案而言,应明确应急救援范围,使应急预案能够成为应急培训和应急演练的工作指南,提高社会与企业的应急风险防范意识。并且,制订应急预案有利于安全事故发生时,及时做出高效的应急措施,尽可能降低事故损失。因此,安全事故应急预案是煤矿安全事故的应对基础。

中国高度重视安全生产及其应急管理工作,从中央到地方的应急预案框架体系已基本形成。"所谓应急预案,是指针对未来可能发生的公共危机事件,为保证迅速、有序、有效地开展应急与救援行动、降低危机带来的损失而预先编制的相关计划或方案。"[①]但必须充分认识到完善预案工作的艰巨性和长期性。在预案制订中,一是需要进一步加强企业对应急预案的重视。二是预案的内容制定粗糙,对救援力量部署、救援方案、注意事项等内容表达模糊、混乱不清,规范性、可操作性、科学性不强,预案总体质量不高。三是事故应急救援步骤制订格式化,事故现场设定过于简单。四是公司层面与下属单位指定的预案脱节,或各级预案指定的侧重点不突出,应急预案中的分级有些不切实际等。在预案的应用中,其一,有些企业与当地政府之间缺乏有效沟通,使其预案与当地政府的预案不能有效衔接。其二,编制者对应急预案较熟悉,但其他人员不甚熟悉,导致实践中对指挥部署理解不透,执行不到位。其三,单位情况改变后,预案缺乏及时更新。当人员、装备发生变化时,并未及时对预案进行更新修订,造成预案在客观因素的变化过程中逐渐"贬值"。其四,后勤保障难以落实,导致现场的后勤保障达不到预案的要求。其五,对应急救援的效果缺乏有效评估,难以对预案进行及时修改。其六,指挥上盲目冒进或撤退,影响救援效果,甚至导致救援行动陷于瘫痪。

在健全矿难危机预案后,必须严格按照应急预案,组织相关人员,进行全面细致地培训演练。加强矿难危机培训演练具有重要的实践意义。一方面,有助于提高团队凝聚力,增强团队成员彼此之间的沟通、共享、协作能力等,促使团队效能持续改进。另一方面,通过演练,及时发现应急预案中存在的问题与不足,有利于完善应急预案,使之具有更强的现实性与可操作性。此外,值得注意

---

①　胡税根,米红,等.公共危机管理通论[M].杭州:浙江大学出版社,2009:211.

的是,矿难危机培训演练,能够促进事故相关人员明确各自在事故进程中应尽的职责。当前国内应急救援队伍存在三个方面的缺陷:一是专业救援队伍单队单能,不能充分发挥应急救援力量的作用;二是专业救援队伍之间分部门、分灾种建设,协调联动欠缺;三是专业救援队伍与兼职救援队伍之间缺少沟通合作,专兼结合的水平需要提高。[①] 因此,预案培训应包括:政府应急主管部门培训、社区居民培训、企业全员培训、专业应急人员培训。预案演练则是指,对预案按照一定程序开展的现实模拟,包括矿难发生后的应对措施和流程模拟。演练应急预案是危机管理工作的重要内容,也是预案管理工作的重要环节。加强预案演练,一是能够促进救援队伍的应急救援技术水平和整体应对能力。二是能够验证预案的合理性,测试预案能否有效应对现实危机。三是能够检查有关部门和组织对预案熟悉程度,以及对各自职责是否明确。调查问卷显示,只有16.1%的受访者表示该企业具有健全的预案并进行了充分的培训演练。 并 且在访谈过程中,受访对象对预案的实施流程和演练的形式也不甚了解。由此可见,矿难危机培训演练亟需加强。

第三节　煤矿安全治理困境探因

多年以来国内各界专家学者在煤矿安全治理问题上做出大量研究,取得了突破性的进展,在于煤矿安全公共治理理论的创新性进步。研究发现,煤矿行业的危险性、领导安全责任意识淡薄、经济利益的驱动以及监管体制的复杂性,是在实践中阻碍煤矿安全治理健康发展的重要原因。

一、煤矿行业自身危险性

煤矿生产无法保证井下作业的绝对安全,在面临未知风险时人们多选择避免下井以规避风险。在调研过程中,一位拥有丰富经验的矿长指出:煤矿生产单位基本能够严格执行监管制度,带班下井,进行一线监管是领导工作的重要组成部分。一方面要深入井下,全面细致地了解一线工作,另一方面要加强井下作业管理。值得注意的是,在实践中,从个人意愿角度出发,无论领导还是矿工,均对下井持消极态度。这是由井下复杂多变的工作环境,以及人对于未知安全风险本能的恐惧造成的。归根结底,是因为煤矿生产的极端危险性。首

---

① 王宏伟.公共危机管理[M].北京:中国人民大学出版社,2012:140.

先,在需求层面,中国煤炭需求量持续增加,需求量与供给能力的差异直接刺激着生产速率的提升,生产的不断加速无疑将为安全生产带来巨大压力。在开采条件层面,在中国,能够适应露天开采条件的煤矿数量十分有限,现有矿井大多处于深部、高温、高压、高瓦斯、大倾角、特厚、特薄等恶劣条件下,因此开采难度相对较大,致使灾害治理难度不断提升。在科技攻关层面,煤矿安全生产相关科技研究,特别是因煤与瓦斯(二氧化碳)突出而冲击地压等关键课题亟待突破。在生产力水平层面,中国煤矿生产发展水平极不平衡,集中表现为,最先进与最原始的煤矿在中国同时存在,其中低于平均生产水平的煤矿数量占总量的80%以上。在法制观念层面,部分煤矿负责人法制意识薄弱,个别地区监管监察工作难落实,且非法生产现象屡禁不止。在办矿发展层面,跨地区、跨行业办矿企业逐年增多,因而人才、技术、经验的欠缺问题十分突出。

二、领导安全责任意识淡薄

安全责任是实现安全生产的重要保证,安全生产的实现离不开安全责任的落实。安全生产管理制度,本质上就是为了强调职能部门、领导及劳动者理应承担的责任。传统安全管理在某种意义上,缺乏对责任理念的传播和引导,亟需采取新的方式方法加以改进。值得注意的是,当前,国家安全生产监督管理总局对安全生产,尤其是对安全责任建设给予了高度重视,并在此基础上,对安全责任建设做出了总体部署和详细规划。其根本目的和重要意义在于,落实安全生产主体责任机制,突出针对性和实效性,构建安全责任建设长效机制,从而进一步引领和推动安全生产工作。"职、责、权一致是行政组织的一项基本原则。在行政组织中,职务、责任、权限三者是互为条件、相互平衡、三位一体的。每个层级、部门、单位乃至每个行政人员,都必须有职、有责、有权相称、权责统一。"[①]但在实践中,安全责任建设的效果不甚理想,特别是在具体工作的落实过程中,仍然存在大量安全责任意识淡薄的现象,尤以部分领导轻视甚至忽视安全责任意识现象最为突出。就煤矿生产企业而言,作为安全生产的责任主体,实行法人代表负责制,其安全生产第一责任人是掌握生产经营决策权的企业法人代表。领导安全责任意识的强弱在很大程度上影响,甚至在某种意义上决定了企业安全生产的氛围。部分领导仅就推广安全文化开展工作,却对维护与创新安全文化关注较少。一方面,部分领导对安全生产工作认识不清,安全责任

---

① 张永桃. 行政管理学[M]. 北京:高等教育出版社,2005:101.

意识不强。领导的重视程度对安全文化建设具有至关重要的作用,领导只有高度重视安全文化建设,营造良好的安全文化氛围,才能促使煤矿安全生产状况进一步改善。而在实际工作中,部分领导片面追求生产进度,轻视安全工作,对长期的安全规划和安全投入缺乏足够重视。另一方面,部分领导虽在主观上具有良好的安全责任意识,但实际上缺乏系统的安全生产管理知识,或缺少相应的总结归纳,难以准确切入安全生产管理要点。导致安全责任建设陷入格式化、僵硬化,难以深入安全责任体制机制的具体设计中。

三、经济利益的魔力驱动

侥幸心理是指偶然意外地获取利益或规避风险,可引申为贪求不止,企求非分,期望意外获得成功或免除灾害的心理活动,如侥幸过关、心存侥幸等。通过心理学研究证实,侥幸心理反映在人的各种思维活动中,属于人的本能意识。一般情况下,以潜意识的状态存在,不足以支配人的行为活动,只有在人自控能力较差,潜意识状态孕育膨胀以后,将影响到人的行为活动。因此,可以推论得出:侥幸心理是指人们忽略事物本身特质,无视事物发展本质规律,甚至与维护事物发展而制定的规则背道而驰,期望事物能够按照自身需求或好恶发展。在中国众多煤矿生产企业中,煤炭的开采量和经济增长量是衡量业绩的唯一标准。面对巨大的经济利益,部分企业侥幸认为,即便不完全按照安全生产标准进行开采,或监管监察存在轻微疏漏,事故也不总会发生。尤其在中小煤矿中,部分投资者素质低、法律意识淡薄、决策管理欠规范。特别是部分县级煤矿矿主完全出于经济利益,参与矿厂投资,企图从中谋取高额利润。因此,"矿产资源产权模糊,私营煤炭企业和地方政府勾结,超限度开采,高密度开采,超负荷经营是造成煤炭采掘业事故发生的重要原因。"①值得警醒的是,虽然当前已不再把 GDP 作为衡量地区经济发展最重要的指标,而提倡将人均收入、就业率、物价指数、环境质量等纳入政府及其官员的绩效考核体系,但上述指标均是定性的,很难作横向对比。这也反映出中央政府对地方政府的工作缺乏科学完备的政绩考核体系。以山西省为例,该省 80% 地区的财政收入源于煤炭开采。其中,吕梁地区的 10 个贫困县,其煤炭收入占政府财政总收入的 70%～75%。对于这些经济落后的地区而言,经济发展的迫切性与安全生产的重要性,使当地政府陷入两难境地。这种状况直接造成了某些地方政府与违规生产企业结成

---

① 王英平,杨思留.浅析政府对煤炭企业的监管责任[J].煤炭经济研究,2009(06):79.

密切的利益团体,导致煤矿生产"重效益,轻安全"的恶性循环。

四、煤矿安全监管体制复杂性

"国家监察、地方监管、企业负责"是中国煤矿安全生产监管工作的总体格局。首先,《煤矿安全监察条例》规定,在监管层面地区煤矿安全监察机构、煤矿安全监察办事处应当每 15 日分别向国家煤矿安全监察机构、地区煤矿安全监察机构报告一次煤矿安全监察情况。但是由于工作任务繁重,人员不足,致使部分煤矿安全监察机构的工作人员多选择相对熟悉的煤矿,开展低水平的重复监察,而对处于偏远地区的煤矿企业疏于管理,甚至以罚款代替监察,敷衍了事。"对于国家下达的'整顿关闭、整合技能、管理强矿'的政策视而不见;对于一些已经责令停产整顿、关闭的煤矿,地方政府会进行暗中保护,煤矿企业以停代关;煤矿安全监察各项政策制定的过程有一定的技术要求和专业知识要求,政策过于模糊也会影响到实际的执行。"[①]在地方监管层面,严重存在政企不分、职能交叉、多头管理等问题。更为严重的是,地方监管工作受当地政府制约。尤其在煤炭资源丰富的贫困地区,煤矿生产是拉动当地 GDP 的主力军,在促进经济增长、带动相关产业发展、提供就业等方面起到不可替代的作用。因此,为了追求政绩,地方政府对煤矿生产放任自流,煤矿安全监管工作严重缺位。更有甚者,官煤勾结、腐败滋生等问题使得煤矿安全监管工作难上加难。日积月累,这种"雷声大雨点小"式的监管就失去了煤矿安全监察监管的意义。从制度层面、博弈论角度、法律角度、政府职能角度、政策科学角度及权力寻租角度,学者程旭敏曾全面阐述了政府管理对于保障煤矿安全的失灵。[②]　其次,在西方国家,新闻媒体被认为是除行政、立法、司法三大权力之外的"第四种权力",这就体现了新闻媒体在西方国家发展中的重要舆论监督作用。同时,中国学术界也认为,新闻媒体在"舆论监督"方面具有重要作用。值得注意的是,大众媒体并不仅起到"舆论监督"的作用,同时也具有传播信息、关注社会事件、提供必要指导等作用。煤矿安全生产事故作为突发公共事件,大众媒体的相关报道往往承担了更多的责任。当矿难事件发生时,不同利益团体为维护自身利益展开角逐,其关系将愈发复杂。此时,由于大众媒体的巨大影响力,能够在一定程度上决定事件进程。最后,身在生产一线煤矿工人,本应成为带班下井政策执行的

---

① 肖恩敏. 对我国矿难事故频发的公共政策失灵分析[J]. 广西大学学报,2006(11):75.

② 程旭敏. 矿难频发的成因及对策研究综述[J]. 山东煤炭科技,2009 (4):181.

监督主力,但在中国从事煤矿生产的工人,大多由于生活所迫,安全意识普遍较低。根据调研显示,部分矿工对于是否出台带班下井政策并不重视,并且对于自身应当履行的监督权力不甚了解。由此可见,促进煤矿领导带班下井制度顺利执行,一方面要加强领导对自身的要求,另一方面要赋予矿工监督权力,以激发矿工主动监督安全生产的意识,增强其监督能力。

第四节　国外煤矿安全公共治理

国外一些国家政府高度重视保证矿工安全,尤其是美国、澳大利亚等发达国家,做出大量有益探索,并取得了显著成果。因为矿难事故的频发不仅关系到矿工的生命安全,更在极大程度上影响着人们对政府保护公民能力的判断。治理矿难以保护矿工人身安全是世界各国政府需要履行的义务。通过对美国和澳大利亚矿难管理与预防经验的分析与总结,可以发现众多成功经验和先进方法,正是中国煤矿安全公共治理的不足之处。

一、煤矿安全治理法律规制健全

法律是实现安全生产的保证。1891 年美国历史上第一部有关管理煤矿安全的法规通过,标志着美国开始以联邦法规约束采矿活动。1910 年矿业局(Bureau of Mine)经国会批准成立,主要负责煤矿安全的科研工作,但并不具备安全监察权。1941 年联邦监察员在国会授权下,可以进入煤矿进行安全监察。1947 年国会批准了第一部针对煤矿安全的联邦法规。1952 年美国出台《联邦煤矿安全法》,提出在部分煤矿进行年度监察,并给予矿业局有限强制执行权,如在即将发生紧急危险时下达撤出命令的权力。1969 年 3 月尼克松总统提出了修改安全法的意向,美国国会于同年颁布了新的《联邦煤矿安全法》,即通常所说的《煤炭法》。与之前联邦政府对采矿业实行的法规相比,这一法规更加全面、更加严格,同时也赋予矿业局更多权力。《联邦煤矿安全法》对井工矿和露天矿提出安全监察要求,即每年应对每座露天矿进行两次监察,对每座井工矿进行四次监察。此外,该法规对所有违规行为处以罚款,并制定了与故意违法行为相应的刑事处罚条例。

以立法和行政为基本手段严格监管。澳大利亚是世界第四大产煤国,也是世界最大的煤炭出口国。作为一个矿业大国,澳大利亚的煤矿安全工作被誉为世界之最。由于安全管理措施得当,澳大利亚煤矿行业的伤亡事故鲜有发生。

澳大利亚联邦政府、州政府、矿山公司、矿山各级安全管理部门,是进行安全管理工作的主体。澳大利亚并没有全国统一的有关职业安全与健康的法律法规,而是由每个州根据本州的具体情况,制定相应的、针对各个行业的法律法规。此外,澳大利亚重视法律法规的修订工作,以此保证安全生产发展的需要。而且,澳大利亚实行严格的煤矿安全监察制度。一方面,政府对企业进行严格的监察和指导,对违反法律法规的矿业经理人进行严格的法律制裁,并注销营业执照。另一方面,对于发生死亡事故的煤矿,煤矿经营者将被处以 100 万澳元的罚款。如有煤矿经营者未能履行安全责任,并因此造成严重后果,将面临终身不得从事该行业的严厉处罚。

经验表明,煤矿企业作为特种行业,强化监管力度是确保其安全生产的第一道防线。首先,建立详细完备的安全管理法律法规,保证有法可依。各国均制定了矿业安全相关法律法规,其基本原则为:经常化的安全检查原则,事故责任追究原则,"突袭制"安全检查原则,矿井设备供应者与安全检查人员连带责任制原则。其次,建立权威高效的矿山安全监察机构,健全详尽的安全监察运行机制。一些国家设立了具有权威性、独立性的安全监察机构,并设有安全监察员,以及专门的监督系统。安全监察员在行使监察权时,拥有独立的执法权,在对企业进行安全监察时,有权对企业违规行为加以处罚,责令企业纠正。再次,讲求安全监察的手段和技巧。对安全生产技术中,具有关键性、代表性的问题,采取企业与监督机构共同协商的方式研究解决。对矿场应加以改进的事项,监督机构一般应提前与矿场负责人交流,达成共识后,矿场须按协定完成。再次,打造一支业务精良、思想稳定的安全监督队伍。矿场安全监督员的待遇较高,注重强化培训与在职训练,不断充实其安全知识和技能。最后,严格把控矿山企业生产许可。根据煤炭安全生产的需要,出台相应政策,严格把控矿山生产行业准入制度,关停未达标的矿山企业。

国家对煤炭行业实行特殊的行业扶持政策也是预防矿难的重要途径。鉴于矿山行业,特别是煤炭行业的特殊性,大多国家和地区均对该行业实施重点补助政策。如日本每年都会针对煤矿安全,特别是对安全培训、安全技术开发、安全成果转让、安全装备及工程提供政府财政补贴,并对国内的煤炭产品实行价格保护政策。部分国家还设有矿山安全基金,对矿山安全措施、设备及安全培训等进行补贴,以鼓励发展本地矿业,确保矿业安全生产。反思中国的矿业安全生产状况,矿难预防与治理同治理矿难的先进国家相比,还存在一定差距。中国有关煤矿安全生产的法律法规不完善,对安全违法行为的处罚力度不够,难以对违规行为起到震慑作用。中国矿山安全生产监管部门能力不足,监管不力,执法不严。因此,中国在矿难危机治理的进程中,要积极参考和借鉴国外的成功经验与管理技术,从而完善中国矿难公共治理工作。

二、加强新技术推广应用

技术是实现安全生产的基础。美国煤矿安全生产的实践证明,技术是实现煤矿安全生产的关键。煤矿安全生产新技术的应用和推广,在很大程度上减少煤矿安全事故发生的可能性。技术在煤矿安全方面的贡献主要包括:煤矿开采机械化和自动化的实现。其一方面提高了煤矿生产效率,另一方面,使工人避免直接接触危险的开采工作,从而减少矿难的发生。此外,信息化技术的发展,及其在安全生产中的应用,一方面可以模拟煤矿安全生产中的突发事故,辅助制定应急预案,提前做好事故的预防工作。另一方面,为煤矿安全生产的信息沟通提高效率。技术进步是搞好安全生产的基础。澳大利亚矿山基本上都建立起了集中监控系统,并在矿井生产中实行井下一条龙工作系统,并对如矿井主通风机、提升绞车、主胶带等固定的主要设备实现无人操作的集中控制。由甲烷、一氧化碳等气体检测探头构成的矿井安全监控系统,通过调度中心实现集中监控。部分先进的矿井还配备有移动检测巡视机器人。

新技术应用的实践证明了矿业安全预防的重大意义。计算机模拟技术可以预见并相应地减少煤矿开采中突发的意外险情;信息化技术的广泛采用,可以增强对安全事故和隐患的预见性、矿山开采的合理性和计划性;矿山集中监控系统以及井下流程化生产线作业模式,提高了生产安全系数和生产效率。另外,国际上推广和采用的技术包括:一是安全健康方面,一般由专业技术中心对全国矿山提供直接支持,努力推动采矿业在矿山安全健康问题上紧跟现代技术发展的步伐。二是技术革新方面的支持,包括矿山危机应急技术、开采安全相关技术、设备维护技术等。为保证各种采矿设备避免发生爆炸、火灾、电气短路、车辆碰撞或其他意外事故,各国普遍建立起对各种设备的定期监测机制。

三、重视安全教育培训体系建设

国外一些政府高度重视安全培训工作,认为这是保证矿工自身安全关键所在,也是矿山得以安全生产的根本保障。一些国家在煤矿安全法律中对培训工作做出了具体规定,如德国的出台《企业基本法》第 81 条规定矿主的责任之一就是要求和组织员工参加煤矿安全的培训课程。同时,各国的安全生产监察部门有权对矿山从业人员进行督促、检查、指导,以及直接进行各种类型的培训。其中,必须强调培训内容的时效性和形式多样化。矿山从业人员的培训工作,应由政府矿山安全与监察机构举办或直接督促,常见的矿工安全健康教育与培训项目有强制性安全技术培训、安全监察员及矿山安全专业人员培训、教育现场服务等。此外,还需大量出版各种培训刊物、教程、影片和其他培训资料。

完善的安全教育培训体系是矿难预防的首要步骤,是实现煤矿安全生产的重要环节。在美国,对煤矿工作人员进行培训,被认为是比监察更加重要的环节。《1977 年联邦矿山安全与健康法》规定,对从事采矿业的管理人员和工人采取强制性安全培训。而未通过培训的人员,被禁止进入煤矿企业工作,并对无证上岗者给予严厉处罚。对安全生产进行培训的主体为政府、矿山企业经营者以及其他社会组织等,培训的形式多种多样。严格完备的培训制度,不仅能够保证煤矿工作人员具备安全生产所需的基本技能,而且培养了煤矿工作人员良好的安全意识,从根源上降低了煤矿安全事故的发生概率。在澳大利亚,人的生命安全与身体健康被视为人权的核心与基石。其国民受到良好的安全教育,培养了良好的安全习惯,因此普遍具有强烈的安全意识和较高的安全素质,为澳大利亚的安全生产工作奠定了坚实基础。究其根源,他们良好的安全文化和安全素质,得益于政府、企业和社会的高度重视。其一,在澳大利亚劳动力受教育程度普遍较高的基础上,政府仍十分重视对从业人员的进一步培训,每年都会为培训投入大量资金。煤矿企业的业主及工人只有经过培训,并拿到相应证书后才有资格上岗。其二,企业同样重视对员工的安全培训和教育,把安全教育作为企业培训的重要内容。其三,澳大利亚的学校和其他社会机构,注重培养公民的安全意识与安全习惯,有利于在全社会中营造良好的安全文化氛围。

第五节　煤矿安全治理魔咒消解

梳理和总结中国煤矿安全生产过程中存在的问题及其生成原因,借鉴国外成功经验和先进技术,能够为完善中国矿难危机公共治理提供有益思考。强化煤矿安全危机治理意识、完善煤矿安全监察体系、加强煤矿安全法律法规体系建设、完善煤矿安全保障体系、建立危机信息监测评估和预警机制和加强预案建设与演练评估。

一、加强煤矿安全法律法规体系建设

中国安全生产法制建设当前取得了很大进展,先后颁布了《中华人民共和国安全生产法》、《中华人民共和国矿山安全法》、《矿山安全监察条例》、《特别重大事故调查程序暂行规定》等重要的法律法规。安全生产监察管理部门也先后颁布了一批安全生产规章和安全技术标准。各省、自治区、直辖市在此基础上,根据实际工作需要,相继制定了地方性安全规章。然而,加强相关法制建设仍然是当务之急。

做好立法调研工作提高煤矿安全立法质量,应尽量避免立法理想化,从而使立法符合客观实际。保证煤矿安全立法工作彼此协调,体系统一,要注重规范性法律文件在内容相互协调,避免出现自相矛盾的情况。加强法律法规的可操作性。避免法律条文教条化倾向,并相应增加大量具体可操作的措施。在立法过程中,务必注重加强调研,与实际相结合,促使立法具有较强的针对性。另外,立法中要详细规定行为模式和法律后果,保持法律规范的完整性。此外,煤矿安全立法质量的提高,应始终坚持立法民主。在制定和修改煤矿安全生产法律法规的过程中,充分发挥工会的积极作用,广泛听取一线职工的意见或建议。煤矿安全监察执法部门务必要做到有法必依、执法必严、违法必究。具体要对煤矿开办、生产和关闭等各个环节做到严格依法监管、监察,特别要严把办矿准入关,设置煤矿生产准入门槛。在做好重大安全事故预防、巩固煤矿安全整治效果工作的同时,重视煤矿安全隐患的发现与治理工作,避免潜在矿难发生。加强对煤矿企业安全法律法规遵守情况的监督监察,推动煤矿安全执法工作重心前移。改进执法监察方法,有重点地开展监察工作,特别应重点监察煤矿安全生产过程中的薄弱环节。安全监察工作必须深入煤矿生产的第一线,让广大职工参与其中。对监察中发现的问题,要严格依法处理;对责令整改的问题,须对整改期限做出明确规定,并对整改效果进行持续监察。对事故的处理工作要严格落实,构成犯罪行为的,应依法追究其刑事责任。此外,对隐瞒事故者要追究其相应的责任。隐瞒事故是严重违反安全生产法律法规的行为,通过定期对煤矿企业进行核对、抽查的方式,掌握煤矿的安全生产情况,谨防煤矿企业瞒报隐瞒矿难事故。

二、加强资金技术和培训教育投入

煤矿生产安全的保障,在很大程度上依赖于资金的投入。资金的制约是当

前完善中国矿难危机治理的关键问题。解决安全生产的资金问题，可以建立和完善安全生产风险抵押金制度。部分煤矿业主为了逃避责任和经济损失，在矿难发生后，将抢险救灾及事故善后工作全部推于地方政府。为了避免此类情况，应对存在安全隐患或本身危险性较大的企业，收取一定数额的资金，作为风险抵押金，以备抢险救灾和善后处理使用。加大对企业安全费用提取的监督力度。2004年5月21日，经国务院批准，财政部、发改委和国家煤矿安监局联合下发了《煤炭生产安全费用提取和使用管理办法》以及《关于规范煤矿维简费管理问题的若干规定》两个文件。文件规定，安全费用不再从维简费中列支，而是由企业根据类型、规模大小和地质状况等煤矿的实际情形确定提取比例，依据原煤的实际产量进行单独提取，提取的安全费用专项用于煤矿安全生产设施改善。较2004年5月之前，维简费和安全费用的提取比例有大幅提高，并且是按原煤产量提取，而不再依据煤炭销量提取。安全费用在规定的范围内由企业自行提取，专户存储，专项用于安全生产。这将有助于改变企业安全投入不足的现状。为了保证企业安全费用的正常提取，要对此加大监督检查力度，督促企业贯彻落实安全费用"企业提取、政府监管、确保需要、规范使用"。此外，进一步提高对伤亡事故的经济赔偿标准。向受安全生产事故伤害的员工或家属支付赔偿金，使企业的伤亡事故赔偿标准高于安全投入成本，由此建立一种促使业主自觉增加安全投入、防范伤亡事故的机制。

　　煤矿安全生产技术保障是一项以强制性和公益性为主导的事业，完全按照市场机制调节必然会导致保障失效或缺位。目前中国高风险行业相关的安全领域后继乏人，关键技术装备的科技研究，从人才基础到资金支持均有所欠缺。首先要在社会中形成安全科技共识。利用各种公共媒体，加大安全生产宣传教育力度，促使良好科学氛围的形成。通过树立大安全观和安全科技文化观，形成适应时代的全民安全科技文化意识，倡导、弘扬安全文化，传播、发展安全文化。其次创新安全科技理念，丰富安全科技理论。尽管在学科体系上，安全科学技术已经成为一级学科，但仍需通过创新不断加以充实。再次整合国家安全科技研究力量，形成安全科技研发机构体系。整合安全生产研究力量，优化结构、集中力量进行关键领域公关，在事故诊断分析、应急救援等领域形成行之有效的技术规范。最后，完善国家安全科技标准，以技术标准促进安全生产科技水平的提高和产业升级，实施技术标准战略。建立和完善安全科技支撑载体。整合现有的安全科技技术，通过争取国家财政的支持，建立安全基金，编制安全科技发展纲要和计划，实施科技奖励政策，加强项目管理，加强基础性安全科学的研究,加速关键性安全科技开发,加速新技术成果的推广、产业化、工程化和安全科技装备的更新换代,大力开展安全科技创新,与国外安全科技研究机构协作开发安全技术和产品,推动中国安全科技水平的稳步发展和提高。根据不同专业的特点,选择一些实力较强的科研、设计院所,高等院校成立若干专业安全科技中心。各安全科技中心的职责是,进行各专业重大灾害事故发生机理、防治理论与技术研究,开展基础研究、公益性安全项目研究和共性的重大安全科技的攻关,协助建设安全示范工程,安全技术装备的研发及其推广和工程化;围绕本专业范围,为国家局提供技术支持,包括本行业安全技术标准的制定、安全技术、事故调查分析等方面的支持;与企业合作,进行安全技术开发,为企业解决安全生产技术难题。

安全培训与教育在实际煤矿生产过程中,有助于将安全管理工作落到实处。不同矿井和多种灾害的差异,以及矿长矿工文化素质和专业素质的差异,对煤矿安全技术培训和考核提出了更高要求。传统管理理论认为,管理人员的能力应该包括两个部分:基本能力和专业能力。专业能力因具体的工作要求以及个体专业和学识的不同而不同,基本能力一般而言包括基本管理能力、管理决策能力、管理调节能力、处理事务的能力、处理人际关系的能力等。[1] 既要满足经济社会发展对煤炭工业稳定和发展的需要,也要保证煤矿安全生产形势的持续好转,需要有针对性地、分层次地开展煤矿矿长安全技术培训和考核。通过培训和考核,逐步提高煤矿矿长的安全管理水平和技能。这要求我们在对矿长的安全培训和考核中不断探索和创新,分段分级开展矿长培训和考核,以适应新形势下的新要求。安全管理干部,是指企业任命的拥有一定管理权限和管理责任,专门从事安全工作计划、组织、指挥、调节和控制的管理人员。为了适应社会经济、科学技术发展的需要,提高企业现代安全管理水平,对现有安全管理人员进行学历教育,显得极为重要。安全专业人员的学历教育发展的结果将为社会提供组织、设计、管理社会各种安全活动的高级专业人才。加强对职工的安全技术培训。企业员工安全技术培训,是指在企业生产过程中,有目的、有计划、有组织地培训职工的生产劳动技能和熟练技巧,传授科学技术知识、企业管理知识和安全管理知识。这是企业有目的、有计划地培养和训练安全专家和劳动后备军。企业员工安全技术培训的基本任务,是根据企业生产发展额需要,培养和打造一支掌握现代生产技能和紧急事故处理技能,懂得管理现代经

---

① 张康之,李传军,等.公共行政学[M].北京:经济科学出版社,2002:57～58.

济和现代科学技术的职工队伍,从而保证完成各项生产经营任务,以适应现代企业制度的需要。

三、强化煤矿安全治理观念

煤矿安全治理思想意识与安全观念淡薄,各项安全规章制度得不到完全落实,安全文化体系不完善,以及良好安全文化氛围的缺失是造成煤矿重特大安全事故时有发生的重要原因。安全观念是安全生产系统稳定运行的决定因素,是安全生产的有效管理手段,而安全观念建设则是预防安全事故的基础工作。2010年,国家安全生产监督管理总局出台了《国家安全监管总局关于开展安全文化建设示范企业创建活动的指导意见》,将安全文化建设列为安全工作的重点,力图加强各个行业的安全思想与文化建设。

为了不断提高从业人员的安全意识与危机意识,普及安全事故预防、避险、自救、互救等相关知识,必须加强宣传教育工作。其中,政府应当发挥核心主导作用,通过传统媒体、网络新媒体、自媒体等媒介和渠道,充分运用口耳相传、书面报告、邮件信息传递等方式方法,开展广覆盖、深层次的危机宣传教育工作,以此提高公众危机意识。通过报刊杂志等传统新闻媒体途径,通过开设专题、专栏、专版甚至专刊,刊登安全生产相关的政策、规章、研究成果等文章和信息,以便于各煤矿生产单位组织员工学习讨论。组织专家和一线应急管理人员,共同编写有关矿难危机治理的文献材料,其中特别要注重理论与实践的相互融合,从而向从业人员,乃至全体民众宣传安全事故预警、防范及紧急救援的相关知识,强化其安全危机意识。安全管理部门有效利用电视台、广播电台、网络等现代信息媒体,以近年来已发生的煤矿安全事故为案例,深入剖析事故成因、梳理应对过程、总结不足,在此基础上,进一步宣传各类安全应急预案,增强全民煤矿安全危机意识。采用报告会、论坛、讲座等现场交流途径,深入机关、学校和相关单位,举行以安全危机治理为主题的讲座、报告会和论坛,通过对典型案例的分析,促使相关人员接受有关安全危机治理的教育。一方面可以树立危机管理中表现突出的单位或个人为典型,向公众宣传。另一方面对危机管理的成功案例与失败案例进行对比分析,以此突出安全危机治理的极端重要性,从而加强安全危机治理的宣传教育。通过公共传播途径加强安全事故的预防、预警、处置和救援工作。一方面可以通过制作和张贴宣传海报开展公众宣教工作。另一方面在主要公共场所设立固定宣传阵地,以简明的标语,向公众宣教。为做好安全危机治理的宣教工作,各级应急管理指挥部门应成立专职宣教的工作小组,在制订详细宣教工作流程的基础上,明确责任、扎实工作,把安全危机治理宣教工作落到实处。此外,必须对督促检查工作加以重视,积极开展对宣教工作的评估,以确保宣教工作的效果。

煤矿生产企业的平稳发展,离不开安全文化建设的支撑。煤矿生产企业的安全文化,是由安全物质文化、安全行为文化、安全制度文化、安全精神文化等多个方面组成的复合体。首先,要建设稳定可靠的安全物质文化。即加大安全投资,加快隐患消除,确保现有装置安全运行。另外,加紧安全技术研究,尽早采用新技术、新成果以提高设备的安全可靠程度。其次,加强对现场安全生产的管理,创造安全舒适的作业环境,建设规范有序的安全行为文化。再次,制定安全生产的各项规章制度,并敦促全体员工遵守,以此培育良好的工作习惯。最后,加强安全精神文化建设,制定安全行为准则,促进各类安全准则、制度内化为全体员工的自我要求。此外,必须加以重视的是,一要进一步修订、充实和完善国家、地方、企业现有的安全制度,并积极将其落到实处。二要组织人员编写企业安全制度汇编。三要制定相应的安全奖罚条例。只有对安全管理的经验加以梳理和总结,积极开展安全知识、安全技术的普及工作,及时更新和整理三级安全教育内容,才能建设形式多样的煤矿安全生产文化。

四、健全煤矿安全治理长效机制

只有建立有效的煤矿安全治理长效机制,不断完善煤矿安全监察过程,才能充分发挥治理主体的积极性和主动性,进而实现高效的煤矿安全治理。"从必要性和紧迫性方面而言,煤矿安全监管应建立包括自我约束、预防为主、持续改进等原则来改善煤矿安全形势。"[①]完善煤矿安全治理体系,建立有效的监管与激励约束机制,是加强煤矿安全治理长效机制建设的关键。完善煤矿安全治理机构是实现煤矿事故监察管理促进煤矿安全的组织保障。构建一个由煤矿安全管理机构与煤矿安全监察机构组成,目标统一、职能多样的煤矿安全保障组织,即煤矿安全监事会,特别是要推动安全监察与安全管理工作相互分离,煤矿安全监察机构不应继续执行具体的安全管理工作,而要依法独立行使其安全监察及执法职能。在政企分离的基础上,逐步建立健全与社会主义市场经济体制相适应的煤矿安全监察管理体制,这也是煤矿安全监察体制改革的一个重要

---

① Bowles S, Gintis H. The Evolution of Strong Reciprocity:Cooperation in Heterogeneous Population[J]. Theoretical Population Biology,2004,65(1):17-28.

指导思想。安全监察手段的转变是煤矿安全监察部门职能转变的需要。

通过设立地方煤矿工业管理机构,为煤矿的安全生产提供指导和服务,而煤矿生产企业应积极配合相关部门的管理与监察工作,切实做好安全生产工作。地方政府应根据国家相关法律与政策,结合本地实际安全生产状况,制定针对性较强的地方安全政策,对煤矿安全生产工作进行积极引导与严格监督。在地方煤矿安全监察部门层面,地方煤矿安全监察部门担负本地区安全监察职责,包括对煤矿安全生产实施重点监察、定期监察和专项监察。其一,依法对煤矿企业的设施安全情况、安全生产条件、以及煤矿生产单位的法律法规执行情况进行监察。其二,依法查处和关闭不具备安全生产资质的矿井。其三,负责职业卫生安全许可证的颁发管理。其四,及时向有关部门及地方政府反映问题并提出建议。综上,地方政府、地方煤矿安全监察部门、以及煤矿生产单位须互通信息、相互协作。只有三者相互配合、相互监督,形成合力,才能为达成地方煤矿安全生产的目标与任务提供不竭动力。从垂直层面来看,中国的煤矿安全生产由国家煤矿安全监察局宏观监察,而省级煤矿安全监察局根据具体问题具体分析的原则,对本省的具体情况进行科学分析,从而制定相应的煤矿安全监察规章制度,并指导和督促下级煤矿安全监察部门的工作。而没有从体制上理清重特大煤矿安全生产事故与煤矿安全生产监管体制之间的关系,垂直管理为主的煤矿安全生产监管体制难以形成对煤矿安全生产监管的合力,煤矿安全监察机构与各级人民政府的权责不合理①。煤矿安全监察执法权主要包括:颁发矿长安全资格证、管理煤矿安全生产许可证、煤矿特种作业资格证,煤矿安全奖惩权,对煤矿违法行为处罚权等。其中,保证监察工作的透明度在监察权行使过程中十分重要。一方面,可以通过亮证监察,增强监察工作的透明度。即在监察过程中,监察人员主动向监察对象出示证件,并说明监察工作内容,接受监察对象监督。另一方面,形成对日常监察的记录制度,详细记录煤矿的监察工作情况。

建立煤矿安全监察激励与约束机制。一方面,在进行煤矿安全监察时,政府要求煤矿安全员完全投入安全监察工作,实现煤矿安全生产。另一方面,煤矿安全监察员要求政府给予相应报酬。因此,从静态角度看,政府在制定监察员激励措施时,必须将监察员的反应考虑在内。这种反应在政府和监察员之间信息不对称时尤为突出。从动态角度看,政府行为必然触发监察员的应对行

---

① 赵德淳.论我国煤矿安全生产监督机制的完善[J].理论界,2011(11):186.

为。在实际工作中,完善煤矿安全监察的激励与约束策略十分关键。一是建立激励机制、承担风险机制,促使激励与风险大致平衡。建立奖惩机制,对给出合理安全建议,保证煤矿安全状况良好的监察员加以奖励,并且将监察员的业绩与晋升、福利待遇挂钩。煤矿安全的委托—代理分析是建立煤矿安全监察激励与约束机制的基础理论。根据社会契约理论,委托—代理关系是指在建立或签订合同前后,参与市场的双方掌握的信息不对称的一种契约关系。其中,掌握信息较多(或具有相对信息优势)的市场参与者称为代理,掌握信息较少(或具有相对信息劣势)的市场参与者称为委托。由此可见,委托—代理关系,事实上就是处于信息优势与信息劣势的市场参与者双方,彼此之间的相互关系,这种关系也适用于政府与监察员二者之间。

五、完善煤矿安全应急管理

完善煤矿安全预警机制,强化突发事件的识别、评价和预控等工作,是当代煤矿行业避免事故发生、加强煤矿安全应急管理的重要选择。加强煤矿安全应急信息管理,是促进煤矿安全生产的重要手段。有利于及时分析和掌握煤矿企业的安全生产现状,能为决策机构提供科学依据,同时也有利于促进安全生产信息的公开。加强煤矿企业安全信息管理,要加强各级煤矿安全相关机构的信息管理工作。煤矿安全监察机构以及煤矿企业的管理者,应高度重视安全信息管理工作,真正认识到安全信息管理工作的重要性,把安全信息管理工作视为安全生产及监察工作的重要方面。完善安全信息机构建设。安全信息机构主要负责煤矿安全信息的收集、整理和分析,以保证各级决策者实现决策的科学性。完善安全信息机构的建设,首先要明确安全信息机构的职责,为安全信息机构职能的发挥提供空间和便利。其次要增大对煤矿安全信息机构的投入,通过引进高素质的人才和先进的现代化设备,使信息机构人才资源不足和设备陈旧老化的局面得到改善。

完善煤矿安全危机预警机制,把握事故发生的一般规律、明确预警活动的准确计划、清晰预警活动的执行目标、规范预警运行信息网络及程序,以降低事故的发生概率,是当代煤矿强化安全应急管理,保障工人和企业生命财产安全的重要举措。"一个完整的预测预警流程应该是:对危险要素持续地进行监测并对警兆进行客观分析,作出科学的风险评估;如果风险评估的结果显示公共危机不会发生,则返回继续监测,如果风险评估的结果显示公共危机可能发生,则向社会公众发出警示信号;当社会公众采取有效的响应行动后,预测预警的流程结束。"①煤矿安全事故的发生,主要由人、机、环境三要素不相适而导致。因此,在煤矿企业的管理过程中,安全预警的管理对象主要涉及人的不安全行为、物的不安全状态以及不良环境的因素。第一,监测与评价人的行为,以此明确并预控人的行为和结果。事故的发生概率及其严重程度,在很大程度上取决于人的不安全因素。因此,对于人的行为监控,可以通过提前发现人为因素造成的安全隐患,并及时加以纠正,以避免事故的发生。第二,定期评估设备状态,预控设备的运行过程与结果。评估生产设备的运行状态,是对安全设施完好情况、生产设备运行状况、设备工作状况,及其与事故发生之间的关系进行监测、分析。通过对设备状态的监察和评价,及时发现存有安全隐患的设备,对其加以及时处理,保证生产设备和安全设备健康运行。第三,对生产环境进行监测与评价,以明确生产所面临的不安全因素。联合国1997年发表的《有效预警的指导原则》(Guiding Principles for Effective Early Waring)指出,预警的目标是:赋予受灾害及致灾因子威胁的个人及社区以力量,使其能够有充足的时间、以适当的方式采取行动,减少个人伤害、生命损失、财产或周边脆弱环境受到破坏的可能性。② 对矿业生产环境的监测,包括对烟尘、声音、光照、毒气和岩石等关键因素进行严密监控,时刻掌握环境变化,并及时对可能造成的危害加以应对。

编制科学的煤矿安全治理应急预案,能够在煤矿安全事故发生后,迅速指导应急救援行动按照既定方案有序进行,实现应急行动的科学、快速、高效。学习事故预防的方法,并在安全生产出现一定风险状态时及时发布预警,进而采取措施控制不安全因素,以避免安全事故的发生。编制应急预案要对本单位的危险因素,可能发生的安全事故及其危害程度进行全面分析,对本单位的事故隐患及其数量、种类,进行科学判断,预测其发生的形式和危害程度,针对事故危险源进行风险评估,研究确定相应的防范措施。预案制定要遵循精确细致的原则,通过调查研究,结合企业的实际情况,针对性、预见性地设定危机预案,建立应急预案体系。在建立应急预案管理体系的各个阶段和流程中,都需要相应的人员与措施加以应对,即危机信息收集、危机处理、危机预案指导、危机预案实施与效果评估都应由专人负责。应急预案能否有效实施,在极大程度上取决

---

① 汪大海.公共危机管理[M].北京:北京师范大学出版社,2012:82.

② Philip Hall. Early Warning Systems:Reframing the Discussion[J]. The Australian Journal of Emergency Management,2007,22(2):33.

于预案编制和预案培训演练。应急救援行动的培训和演练,需以事先制定的预案为依据,从而提高各类应急人员操作设备,实施救援的熟练程度,提高应急救援的有效性。通过预案的培训和演练,可以发现预案中不完善或不切实际之处,为预案的调整、完善提供依据。矿难应急预案应确定应急培训计划,包括对应急救援人员、员工应急响应的培训等。同时,还需对应急培训加以总结,应包括对培训时间、培训内容、培训师资、培训人员、培训效果、培训考核记录的总结等。应急演练是检测事故应急管理工作的度量标准,是评价应急预案准确性的根本方法。预案的演练过程,也是参加人员得以学习和提高的过程。

第二章　煤矿安全公共治理系统分析

第一节　煤矿安全公共治理系统分析的提出

为了更好地对我国煤矿安全公共治理的情况进行分析,必须了解煤矿安全公共治理相关的概念和理论。只有认清这些基本概念和理论,才有利于进一步分析问题和解决问题。

一、煤矿安全公共治理的意蕴

（一）治理的概念

"治理"（govern 或 governance）概念来自于古希腊,最初的意思指的是操纵、引导或控制。一直被用于与政府管理范畴的政治活动中。在国内外的研究中不难发现,对于"治理"的理解有很多分歧,最具有典型意义和权威性的定义来自于全球治理委员会在《我们的全球伙伴关系》一文中的说法。他们认为"治理是各种公共的或私人的机构管理其共同事务的诸多方式的总和,是使不同利益和冲突得以调和且可以采取联合行动的一种持续的过程,不仅包含有一定的权利迫使人们服从的正式制度和规则,同时也包含组织或私人接受符合其意愿的各种非正式的制度安排"。① 因此,治理可以看作是一个持续着的动态过程,其手段并不是依靠强势的控制而主要依靠协调。它应用非常广泛,不仅可以用在政府公共生活领域,而且可以用在私人领域。

国外大部分学者在对治理问题进行研究时并不主动对治理的概念进行界定,而是让读者依据文章的内容和相关理论的阐述自己去作出相应的概念判断与解释,因此国外学者对治理的界定并不清晰。但是,也有直接做出界定的学者,例如凯特指出,"治理可以看作是国家与社会的各种力量进行直面合作的过程中形成的一个网状的管理系统"。斯托克（G. Stoker）,他认为"治理的主体可

---

① 彭澎.政府角色论［M］.中国社会科学院出版社,2002:44.

以是政府,但也不局限于政府。治理一词的提出是对政府权威做出的一种挑战,它意味着政府已经不可能是国家唯一的权力中心,治理的主体可以多元化,可以接受在行使权利的过程中得到公众认可的一切公共和私人机构"。萨拉蒙指出,"治理可以看成是一种行为模式,它是建立在政府和非政府组织之间的错综复杂合作关系的基础上"。

不同于西方学者,我国学者在学术研究中大多习惯以定义基本概念为出发点,因此关于"治理"概念的讨论在我国有关治理研究的文章和著作中是相当丰富的,以下略举几例:俞可平认为,治理是指在一个既定的范围内运用权威维持秩序,满足公众的需要,其目的是指在各种不同的制度关系中运用权力去引导、控制和规范公民的各种活动,以最大限度地增进公共利益。① 以政治学为视角来看,我们把治理看成是一种政治过程,具体包括规范政治权威的基础、管理政治事务的方法和优化配置公共资源等。治理对在某个特定的领域内用来维护公共秩序中政治权威的效果及对公共权力的运作十分注重。换句话说,治理可以看作是某种管理方式,它具有四个方面的特点:治理是过程,不是规则和活动;治理过程的基础不是控制,而是协调;治理的主体广泛,并不单指公共部门,私人部门也包含在内;治理的存在方式是持续的互动,并非正式的制度。

贺雪峰认为,治理是为了维护某种公共秩序而进行的包括协调、合作、从上到下的管理和从下而上的接受的活动或行为。治理对于乡村政治团体的探讨十分重要,这主要是因为在农村的政治系统是一种村民自治的社会民主形式,这种形式从本质上来说就是治理的问题或者说是中国"善治"是否可以最终实现的问题。

杨荣认为,"治理"的概念还未完全成熟,还需要不断地发展和完善,由"公司的治理"到"公共领域的治理"的跨越就能证明这个词具有超常的延伸性。他认为,治理可以理解为一种制度上的创新与改革,主要是对公共领域的跨越,它突破了传统意义的思维方式,告别了国家和公民社会、私人领域和公共领域、经济和市场等完全对立的研究方式,将最优化的管理看成是双方的相互合作、协调与互动,寻求一种新的管理模式,对公共事务进行更加有效的管理。②

综上,治理是在一定范围内为了调和各类矛盾、协调各方利益,达到社会正常和有序运转的目的,运用权威对各种冲突进行管理以维持秩序,满足公众的

① 俞可平.治理和善治引论[J].马克思主义与现实,1999(5):38.
② 刘邦凡.电子治理引论[M].北京大学出版社,2005:4.

需要的过程。

（二）煤矿安全公共治理的概念界定

在梳理了"治理"概念之后，我们试着从煤矿安全公共治理的主体、煤矿安全公共治理的依据和煤矿安全公共治理的内容三个层面对"煤矿安全公共治理"的概念加以分析和界定。

第一，煤矿安全公共治理的主体。

矿难的治理最主要的对象是矿难，面对我国矿难频发，死亡率居高不下的状况，不禁让我们反思：仅仅依靠政府监管部门的治理，是否能完全保证取得良好的效果？因此，为了遏制矿难频发的现状，最大可能地减少矿难的发生，维护社会秩序。本书根据美国印弟安纳大学政治理论与政策分析研究所的奥斯特罗姆教授夫妇提出的多中心治理理论"打破政府作为唯一管理的主体和单一权力中心的现状，实现管理主体和权力中心的多元化，形成多中心的治理模式。"[1] 将煤矿安全公共治理的主体定位于政府、企业、职工、第三方组织。

对于政府监管部门和第三方组织这两类治理主体来说，在对矿难的治理上，各有其利弊。政府监管部门比第三方组织在治理活动中更具有权威性。但缺陷是，第三方组织在对矿难进行治理的过程中比政府监管部门更具有灵活性。两种治理主体可以在优势上相互补充，结合矿工、企业等主体的优势，构建一个更加有效的煤矿安全生产治理体系。但是，不得不引起我们注意的是，政府监管部门的治理和第三方组织的治理，在煤矿安全公共治理的依据、煤矿安全公共治理的程序等方面有着很大的差别，因此在研究和分析上要有所区分。

第二，煤矿安全公共治理的依据。

一切行为的前提和基础都要求必须具有合法性的依据，煤矿安全公共治理行为也不例外。目前关于煤矿安全公共治理依据的主要看法包括以下两个方面：首先，煤矿安全公共治理的依据仅包括国家的相关法律；其次，煤矿安全公共治理的依据除了包含国家法律，还包含一切相关的各种地方法规、行政规章制度、各项政策等其他规范性条例。在煤矿安全公共治理的过程中，为了使政府的各项治理行为更加合法化，必须有明确的煤炭安全生产相关的法律法规、地方性政策和行业规章制度等强大的规范性文件为支撑。

第三，煤矿安全公共治理的内容。

煤矿安全公共治理的主要内容的包括：第一，对煤矿安全生产过程中的各

---

① 于水多. 中心治理与现实应用[J]. 江海学刊,2005(5):105～110.

项法律法规的制定和监管机构的设置;第二,依据煤矿安全生产相关法律法规要求,对煤矿企业的市场准入的管理;第三,在日常的生产过程中,依据相关安全生产法律法规、国家行业标准、安全规程等对企业的制度落实情况和开采情况进行监督与检查,对违反相关政策和法律法规的煤矿企业要依法做出处理和处罚;第四,负责矿难发生后的事故调查工作。

综上所述,所谓煤矿安全公共治理,是指政府监管部门和其他治理主体为了遏制矿难的发生,而依据国家的安全生产法律法规和相关政策,对煤矿安全生产过程中的各项行为进行的干预和控制,以保证安全生产的正常进行,减少矿难的发生。

二、系统分析的含义及基本原则

(一)系统分析的含义与原则

系统论最早由美籍奥地利生物学家贝塔朗菲提出,在系统论的基础上,美国兰德公司提出了系统分析方法,该方法适用于各种对象,运用了现代技术和科学的方法对构成系统的各个要素之间的作用关系进行分析,通过比较来选择最优方案,为决策者提供可靠的决策依据。系统分析法可以看作是根据客观事物所具有的系统特征,从事物的整体出发,着眼于整体与部分、整体与结构、结构与功能、系统与内外环境等方面的相互联系与相互作用,以求得整体最优的现代科学方法。

在一个系统中,系统可以看作是多个要素组成的一个整体,这些要素之间相互作用、相互依存。整个系统会随着内部的每个要素的变化而不断变化,同时也会受到系统外部环境变化而产生变化。在对系统进行分析的过程中,要遵循以下几个原则:

第一,整体性原则。规定一切系统都是一个整体,整体性是元素性的对立面,但整体不仅仅是各个部分的总和,而且是各个部分的有机结合;只有有机结合的整体才能产生整体效应,才能产生超越部门之和的效应。

第二,有序性原则。所有的系统都是按一定秩序和等级组织起来的,一个系统对更高一级系统来说是一个要素,而一个要素对更低系统来说又必然是一个系统。因此,煤矿安全公共治理应当在明确各个系统之间等级、层次关系观念的基础上,合理利用等级和层次的功用,并规定相应的治理主体的权力和责任。

第三,结构性原则。规定不同的结构具有不同的质,每一个系统的性质不但决定于它的组成要素,而且决定于它的结构方式;结构方式存在差别,即使组成要素相同,两事物的性质也会有很大差异;所有事物都有其特殊组成要素和独特的结构方式,因此,每个事物的质也会有所不同。煤矿安全公共治理应当从自身的目的出发选择适当的治理方式,在煤矿安全公共治理过程中基本因素发生变化时,就应当相应调整治理结构。

第四,动态性原则。一个系统的质如果进入其他系统中就会具有不同的质;任何系统都永远处在动态之中,只有动的程度和幅度不同,而没有动与不动的区别。所以,分析一种现象就必须研究其生成和变化过程,并在生成变化所形成的运动中准确地把握其质。因此,煤矿安全公共治理应当注重各系统的界限及其移动变化,根据条件的改变相应地制定对策,并做出努力来改造煤矿安全公共治理的内外环境,实现煤矿安全公共治理与其环境的动态平衡,提高煤矿安全公共治理的质量。

第五,反馈原则。信息反馈对于保持系统的稳定具有至关重要的意义,反馈将系统活动过程的信息作为投入返回系统,直接导致系统活动过程或产出的变化。因此,应当建立有效的反馈机制,根据信息反馈随时校正煤矿安全公共治理对策的努力方向,调整煤矿安全公共治理主体的行为方式,以使煤矿安全公共治理主体能够适应开放、动态、复杂组织所必然出现的更大的差异和更高级的组织发展运动形式。

（二）系统分析法在矿难公共治理中的应用

戴维·伊斯顿在《政治生活的系统分析》中指出:"政治生活理所当然地是一个系统,这是无须争辩的。因为一个社会中的政治互动构成了一个行为系统。"①对于煤矿安全公共治理来说,作为政治生活的一个部分,完全可以将整煤矿安全公共治理过程作为一个整体,运用系统分析方法来进行研究。系统分析法作为研究煤矿安全公共治理问题的基本方法之一,其优点在于:

首先,将煤矿安全公共治理体系作为系统目标进行研究,其整体性的特点克服了片面孤立分析法的封闭性,改善了以往仅仅对煤矿安全公共治理制度、煤矿安全公共治理技术、安全投入、人员管理等单一目标作为研究重点进行研究的局限性。

其次,用系统分析法对矿难的治理进行研究,可以对整个煤矿安全公共治理过程进行动态分析,从而克服了静止研究的局限性,更适应于对矿难形成机

---

① 　戴维·伊斯顿.政治生活的系统分析[M]北京:华夏出版社,1989:27.

理进行分析,从而提出具体的治理方法与步骤。

再次,按照系统分析结构性、有序性原则要求,我们将形成事故的各个原因按照事故形成过程进行结构安排,使各要素之间的因果关系更加清晰。

最后,根据系统分析的反馈性原则,我们可以将事故发生后的原因对管理层进行反馈,以便总结经验教训,为今后矿难的治理提供依据,预防导致矿难的各种因素的形成,减少矿难的发生。

三、煤矿安全公共治理的目的与政府责任

(一)我国煤矿安全公共治理的现状

近年来,矿难的频发生受到了我国政府的高度关注,并采取了一些积极的措施。首先,国家于 1988 年将煤炭部并入能源部,接着于 1993 年将能源部取消,重新恢复了煤炭部的设置。其次,于 1998 年撤销了煤炭部,同时在国家经贸委下设煤炭局。再次,1999 年国家煤炭安全生产监督管理局成立,与 1998 年设立的煤炭局平级。接着,又于 2001 年将煤炭局取消,相关职能和部门合并于国家经贸委。于 2003 年撤销国家经贸委,设置能源局,归国家开发委统一领导。最后,于 2005 年形成了"国家监察、地方监管、企业负责"的模式。煤炭安全生产的管理工作在不断摸索中前进,矿难的治理措施也在不断地完善。由图 2-1 可以看出,2002~2011 年间我国矿难事故死亡的人数总体呈下降趋势,这更加表明煤矿企业的安全生产情况在逐步改善。

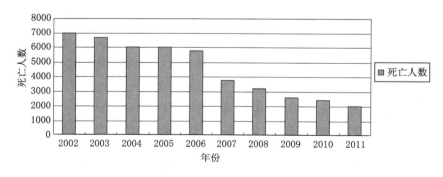

图 2-1 2002~2011 年我国矿难事故死亡人数情况统计图①

虽然我国煤矿的企业管理水平在不断提高,煤炭开采的技术和水平也在不

断地改进,煤炭生产行业的整体安全状况在不断好转,矿难的发生次数与死伤人数逐年下降。由于我国的经济发展一直过分依赖于资源的消耗,尤其是对于煤炭资源来说这一现象更是显著。这也是导致煤炭价格过高的主要原因,再加上我国缺乏对资源利用的合理规划,造成某些资源集中地区的经济过度依赖于煤炭生产。尤其是面对官员的绩效考核时,GDP 的指标一直作为评价干部政绩的重要因素,造成地方政府过分强调煤炭生产总量而忽视了安全生产。部分企业依然存在着设备设施老化、安全管理水平落后、职工缺乏安全意识等状况,整体形式并不乐观。

在我国,矿难的特点与其他国家有明显的差别,主要表现为:第一,发生在我国的矿难主要分为运输事故、顶板和瓦斯爆炸;第二,大多数矿难都出现在采掘工作的过程中,因此采掘工作面的危险系数最高;第三,在所有矿难中,由于设备设施技术装备的不断完善和企业管理的不断科学化,自然条件引起的事故并不多见,事故大多是由于生产过程中的操作不当引起;第四,事故发生的比例与地区煤炭的产量成反比,即煤炭产量较高的地区事故发生的比例小;地区煤炭产量越低,发生事故的比例越大;第五,乡镇煤矿的安全系数较国有煤矿安全系数低,事故发生的可能性大;第六,矿难的发生受地质条件、技术装备、管理方式、安全投入等条件的影响,因此,区域不同安全生产水平有很大差异。

因此,在对矿难的治理过程中,要结合以上现状和特点开展,针对不同性质的原因,有针对性地提出治理及整改措施,以有效预防我国矿难的发生。

(二)煤矿安全公共治理的目的

煤矿安全公共治理的目的就是要通过合理的方式和方法,对煤炭生产企业进行管理、监督和检查,以保证煤炭企业的规范生产,最大限度地防止矿难的发生,以保障矿工的生命安全、维护社会稳定和矿区的生态环境。具体来说,包括以下几个目的:

第一,保障矿工的生命健康。虽然随着我国煤矿安全公共治理措施的不断完善,每年由于矿难而死亡的人数在不断减少,但是与美国和澳大利亚等国家比起来,我国的煤炭安全生产形势仍然十分严峻。"1949 年建国至今,中国煤矿死亡百人以上的事故共发生 19 起,其中有 8 起就发生在本世纪初的 5 年间,而在这 8 起事故中,又有 6 起发生在 2004 年至 2005 年短短的 13 个月里。而美国虽然每年的煤炭产量为世界煤炭总产量的五分之一,近几年每年因矿难死亡的人数都未超过 10 人。"①加强对矿难的治理,目的是要保证各项安全生产法律法规、安全生产方针政策、地方政府的各项决议、行政规章等在企业能得到及时的落实,保障企业在政策许可的范围内进行生产,从而使矿工的生命安全得到有效保障。

第二,维护社会稳定。在我国经济飞速发展的今天,煤炭的需求量不断加大,强大的需求迫使开采量的上升,煤炭安全生产事故也因此从未间断。每一次矿难的发生,都要求政府必须花费更多的成本用于救援、医疗与抚恤金赔偿。因此,我们不得不将对煤矿安全公共治理列入政府治理的范畴,将矿难的治理归于法律的管束之下,预防矿难的发生,避免国家在人力、财力和物力上的损失。同时,每一次矿难的发生都会给矿工家庭带来不可弥补的精神伤害,这些伤害并非可以用金钱就能完全弥补,如果不能得到妥善处理,可能会形成一定程度上的不稳定因素。因此,加强对矿难的治理,强化政府的监管行为,避免矿难的发生,对维护社会稳定有着十分重要的意义。

第三,保护矿区的生态环境。在资源开采中将破坏周围的生态环境已经是众人皆知的事实。尤其当矿难发生后,对环境的污染及破坏更是让人担忧。首先,由于对煤炭的不当开采会引发矿难,同时,极易诱发地质灾害。"地下空城"的出现恰恰可以证明这点。其次,煤炭的开采在一定程度上会造成空气污染。"在我国煤炭产量高的省市,大气污染现象十分严重,仅次于美国 20 世纪 60 年代的水平。"②再次,煤炭的生产要经历采煤、洗煤、选煤的过程,这些都需要大量的水资源作为支撑,会排出大量的污水。据统计,在我国每年因煤炭开采而产生的废水排放占全国工业废水的 10% 以上,但经过加工处理的污水总量仅为 4.23%,在一定程度上对周围的水资源造成严重的破坏。③ 因此,在对矿难进行治理过程中,可以规范企业的开采行为,尽可能地减少在开采过程中对生态环境的破坏,促进矿区生态环境的协调发展。

(三)煤矿安全公共治理的政府责任

第一,明确政府在煤矿安全公共治理中的权利和义务,规范权利的运作模式。在煤矿安全公共治理的过程中,如果不对政府的权责加以规范,明确权限的标准,将很容易产生政府的不作为和乱作为行为。使得政府工作人员执行政

① 邹艳萍.我国煤矿生产安全的经济法规制研究[D].湘潭:湘潭大学,2007.
② 胡友彪 赵淑英.煤炭过度开采对生态环境的破坏及防治措施[J].江苏煤炭,2003(4).
③ 王志宏 肖兴田.矿产资源开发对环境破坏和污染现状分析[J]辽宁工程技术大学学报,2001
(3).

策的过程中出现敷衍搪塞行为,放松对煤矿企业的管理和监督,加大矿难发生的可能性。因此,要明确政府在煤矿安全公共治理过程中的权利和义务,防止出现安全管理中的漏洞。同时,适度把握政府对煤矿安全生产管理的干预范围,避免因为政府干预过度而引起的市场缺乏生机与活力,产生权钱交易,造成官媒勾结,放松对企业安全生产管理的监管,最终导致矿难的发生。

第二,注重煤矿安全公共治理过程中相关法律法规的制定及执行。在我国煤矿安全公共治理过程中,国家已经制定了大量的相关法律法规与政策,它们之间虽然有很多相同之处,但是在本质上依然还是有很大的差别。在研究的过程中我们发现,企业在现实的生产管理中,以政策取代法律的问题十分常见,不少地方政府为了地方 GDP 的增长,明知道企业的安全措施不健全,在政策的贯彻与执行过程中仍然为企业放行,更甚至要求企业超负荷生产。这些都是与国家的法律法规相违背的,都可能导致矿难的发生。因此,要求我们明确地方政策与法律之间的区别,避免相互抵触情况的出现。无论是对于政府还是企业来说,都要严格遵守法律法规的要求,在法律的规定内开展各项活动,不能超越法律。除此之外,随着煤矿开采技术的不断改良和设备的不断精湛,现行不少的法律法规、政策和行业标准等与当前的煤矿企业生产状况已经完全不适应。因此,要及时不断地将执法中碰到的问题进行反馈,加大对政策和法律的修订。

第三,划清煤矿安全公共治理过程中的责任主体。在对矿难的治理过程中,政府和企业都应该有相应的责任和义务。政府要负责制定煤矿安全生产的相关法律法规,管理和监督煤矿企业的生产行为,对于违规生产的企业要进行相应的惩戒与处置。作为煤矿企业,应该制定严格的规章制度,规范企业的生产经营行为。俗话说无规矩不成方圆,对煤矿企业来说,如果没有严格的制度来做约束,企业就犹如一盘散沙,甚至变成安全隐患滋生的温床。在众多矿难发生的案例中,我们能很容易发现企业和政府责任的缺失。因此,在日常管理中,政府要严格履行职责,对企业进行监督与管理。对于违规企业要严惩不贷,不能仅仅停留在对企业的停业整顿,责任人的罚款降职等层面。政府和企业都要在事故发生后对事故原因进行认真彻查,从自身应该承担的责任上进行反思和剖析,挖掘事故发生背后的深层次原因,明确责任主体并提出改进措施,进而为以后的安全管理工作打好预防针。

第二节 煤矿安全公共治理系统分析模式构建

对煤矿安全公共治理的系统分析模式进行深入研究,可以为矿难的治理提供一定的理论基础,在一定程度上减少矿难的发生,保护矿工的生命安全,维护社会的和谐与发展。在本章,我们结合我国煤矿事故发生的规律,在借鉴煤矿安全公共治理及系统分析理论的基础上,提出煤矿安全公共治理的系统分析模式,从而达到有效控制和预防煤矿事故反复发生的目的。

一、煤矿安全公共治理的因素归纳

为了进一步明确我国煤矿安全公共治理的重点,我们通过对典型案例的梳理和对矿难形成机理的实地调查研究,找出了我国矿难频繁发生的各种原因。同时,通过对2个城市安全生产监督管理局的工作人员和矿企管理人员共18人进行访谈,我们对我国煤矿安全公共治理工作的现状、矿难形成的影响因素及今后应如何加强对矿难的治理等方面的问题有了一定的了解,并且取得了较为翔实的资料。通过调查,了解了可能会导致矿难发生的各种因素,理清了各种因素之间的作用机理,进而得出了矿难屡禁不止的直接原因、间接原因和本质原因。

(一)造成矿难发生的本质原因

在对"导致矿难频繁发生的本质原因是什么?"这一问题进行访谈过程中,18个访谈对象中有17个认为,政府监管方面的缺失和矿企内部安全管理的不善是导致矿难频发的根本原因或本质原因。政府管理失误包括煤矿企业的市场准入、日常监察、事后追究等管理上的失误,造成企业重生产轻管理,加大了矿难发生的可能性。煤矿企业的管理失误主要指的是:在煤炭生产过程中,企业的经营或管理者的盲目指挥与随意决策、生产活动的组织缺乏规范、企业安全制度不健全、安全保护措施不执行、安全教育与培训不落实、企业安全管理人员工作态度不认真、玩忽职守、敷衍塞责等。例如:2005年8月,在广东省梅州市大兴煤矿发生了一起重大透水事故,造成121名矿工死亡,损失共达4725万元人民币。[①] 这一事故发生的根本原因是该煤矿在停产整顿未验收合格情况下

---

① 赵铁锤,等.建国以来煤矿特别重大事故统计分析及案例汇编(1949~2009)[M].北京:煤炭工业出版社,2010:72.

违规进行生产,且企业安全管理制度混乱,加上政府有关部门对大兴煤矿安全生产监管不力,工作人员的玩忽职守和失职渎职,造成企业安全生产管理过程中出现很多问题,最终引发矿难。事实上,不单这一次事故如此,纵观我国历年来发生的矿难,每个事故背后的深层次原因都是由于政府和企业在安全管理中的失误,因此,在矿难的治理过程中重视政府和企业在安全管理中出现的问题就显得越来越重要。

(二)影响矿难发生的间接因素

在对"导致我国矿难频发的间接原因有哪些?"这一问题进行调查时,所有人的看法不一,多数集中在以下几个方面:第一,人员素质的原因。包括:政府监管部门工作人员的缺陷与煤矿企业职工的缺陷。在政府监管部门工作人员的缺陷中主要表现为执法不严、责任意识不强、基本业务不熟练等。对于煤矿企业职工层面的缺陷,大多表现在对煤矿安全生产的管理经验和管理知识的不足,不少管理者对于煤炭开采过程中行为的危险程度把握不清,对具体的操作流程不熟练、对于安全隐患不重视,安全意识缺乏。第二,技术的原因。包括:矿井设计、开采设备与设施的配置、通风系统的设计、开采技术、机械的安装、井下照明、设备维护、防护设施、报警设备等所存在的技术上的不足。第三,身体和精神的原因。身体因素包含职工个人由于身体疾病和先天缺陷对井下工作的不适应、身体疲惫、酒醉等;精神方面的因素主要包含以下三个方面:首先,思想意识不足、抵触情绪、单方故意等。其次,精神压力:焦虑、压抑、惶恐等。再次,性格缺陷:偏执、倔强等。第四,周围环境的影响:首先,自然环境方面表现为矿井中瓦斯含量过高、空气湿度大、粉尘含量高等;其次,生产环境方面表现为机器噪音过大、井下照明不足、通风不畅等。第五,制度原因:安全监督管理机构设置不合理、人员素质低下、执行力不足、政策之间相互抵触,不易操作等。除此之外,还包括在事故救援制度的建设方面存在着的明显不足,事故发生后应急措施跟不上,不能有效控制事态的变化,减少事故损失。第六,执行力因素:政策执行流于形式、实际工作开展中投机取巧或拒不执行等。

这些因素在很多案例中也有体现,在人员因素方面:例如,在 2010 年 3 月,位于山西省的华晋焦煤集团王家岭煤矿发生了一起重大透水事故,事故原因是由于王家岭煤矿没有对企业职工进行必要的安全培训,职工安全生产知识缺乏,在突发问题时现场指挥能力或操作能力差,更缺乏紧急应变与自我保护能力,发现透水征兆后未及时采取撤出井下作业人员的措施,造成了大量的人员伤亡。2011 年 11 月,河南省义马煤业股份有限公司千秋煤矿发生一起重大事故,事故原因是安监人员责任意识淡薄,对该矿的监督流于形式,使得企业违法施工,间接导致了矿难的产生。物质方面:2009 年 11 月,黑龙江省龙煤矿业集团鹤岗分公司发生了一起瓦斯爆炸事故,经调查后发现由于该矿设备落后、电机车线老化,间接导致事故发生。河南省伊川县国民煤业有限公司于 2010 年 3 月发生了一起瓦斯爆炸事故,事故原因是国民煤矿井下通风系统紊乱,设施与设备陈旧,违规无风操作。这些物质方面的隐患都对矿难的发生起着至关重要的作用,是引发矿难的间接因素。环境方面:在我国,资源分布不平衡,资源大多都集中在我国的西部与北部地区,自然条件极其恶劣、开采难度大、交通十分不便。且由于地质环境恶劣,在开采的过程中极易诱发地质灾害,随时都有可能引发瓦斯爆炸、透水事故、火灾、粉尘爆炸、顶板事故等。制度因素:在 2011 年 10 月,贵州黔南州荔波县安平煤矿发生了一起重大瓦斯爆炸事故,经调查发现,该矿在生产管理中未建立瓦斯管理制度,瓦斯浓度由 0.2％突然增大到 1.28％后,不能根据制度采取任何处理措施,且企业未对职工进行必要的安全培训与应急演练,导致事故发生后未能及时采取应急措施,在一定程度上加大了事故的损失。再如,2011 年 10 月,河南省神马集团平禹煤电公司发生的一起矿难中,企业安全生产责任制不完善,违法生产严重,企业未建立考勤制度,下井人员无序,未制定应急救援预案、没有职工培训管理措施。执行力因素:在上述王家岭矿难中,虽然国家制定了《煤矿防治水规定》,但是该矿并未严格执行,致使掘进工作面探放水措施出现问题,导致了事故的发生。例如:河南省洛阳市伊川县国民煤业有限公司矿难发生后,事故小组调查发现,该矿属于整顿技改煤矿,早已收到河南省政府的整改通知,要求其停止一切开采活动。但煤矿企业的经营者并未认真执行政府的规定,仍然继续组织开采活动,加大了隐患发生的可能,最终导致了矿难的发生。信息方面:在华晋焦煤公司王家岭矿透水事故中,该矿某工作面经常发现巷道积水的问题,但一直无人将隐患信息进行上报和处理,没能采取有效措施消除隐患,最终导致了事故的发生。

(三)导致矿难发生的直接条件

在对于"导致我国矿难频发的直接原因是什么?"这一问题进行调查后发现,访谈对象的意见大多集中在以下几个方面:第一,人的不安全行为,即矿工在煤炭开采过程中出现的违规操作行为和煤矿企业管理人员的错误指挥行为。第二,物的不安全状态,即在煤炭开采的过程中,由于缺乏对设备设施的更新与维护,导致开采设备过于陈旧或老化。第三,不安全的生产环境,指的是不利于正常开展煤炭开采活动的环境,即能导致或诱发事故发生的环境因素。在对

2011 年我国矿难的直接引发因素的统计中也可证明这一点(见表 2-1)。通过对 2011 年的 57 次矿难分析后发现,由人的不安全行为间接引起的矿难一共发生了 31 次,占事故的 54.4%;由于物的不安全状态而产生的事故一共有 13 次,占 22.8%;不安的生产环境引起的有 37 次,占事故的 64.9%。值得注意的是,每次事故并不是其中的一种原因引起的,可能由 2 种或 3 种原因共同引起。

表 2-1　　　　　　　　　2011 年矿难直接引发因素统计

日期	事故简况	直接引发因素
2011/1/10	贵州遵义市务川县石朝乡青龙煤矿发生透水事故,4 人死亡	不安全的生产环境
2011/2/16	湖南耒阳市小水镇州里村煤矿发生瓦斯突出,3 人死亡	人的不安全行为 物的不安全因素 不安全的生产环境
2011/2/27	重庆涪陵区小溪煤矿发生煤炭垮塌,3 名矿工死亡	人的不安全行为 不安全的生产环境
2011/3/3	湖南郴州市嘉禾县水花岭煤矿发生瓦斯爆炸,2 人死亡	人的不安全行为
2011/3/5	辽宁阜新市阜蒙县伊马图西部煤矿发生瓦斯爆炸,5 人死亡	人的不安全行为 不安全的生产环境
2011/3/9	贵州省毕节市普底乡广木煤矿发生煤与瓦斯突出,9 人死亡	人的不安全行为
2011/3/16	曲靖市富源县戛拉煤矿发生煤与瓦斯突出事故,9 人死亡	物的不安全因素 人的不安全行为
2011/3/17	辽宁丹东市凤城县黄金良煤矿发生瓦斯爆炸,4 人死亡	人的不安全行为 不安全的生产环境
2011/3/22	乌鲁木齐鹤翔公司巴波萨依煤矿发生冒顶事故,3 人死亡	不安全的生产环境
2011/3/24	吉林白山市浑江区通沟煤矿发生瓦斯爆炸,13 人死亡	不安全的生产环境 人的不安全行为
2011/3/28	贵州六盘水市淤泥乡罗多煤矿发生煤与瓦斯突出,8 人死亡	不安全的生产环境 人的不安全行为 物的不安全因素
2011/4/3	云南曲靖市宣威县宝山乡包村煤矿发生瓦斯爆炸,6 人死亡	不安全的生产环境
2011/4/6	云南东源罗平煤业公司阳光煤矿发生瓦斯突出,6 人死亡	人的不安全行为 不安全的生产环境
2011/4/15	云南宣威市杨梅山煤矿发生煤与瓦斯突出事故,12 人死亡	不安全的生产环境
2011/4/24	黑龙江双鸭山市宝清县广城煤矿发生透水事故,4 人死亡	人的不安全行为 不安全的生产环境
2011/4/26	黑龙江省鸡西市滴道区桂发煤矿发生瓦斯爆炸,9 人死亡	不安全的生产环境 物的不安全状态

续表 2-1

日期	事故简况	直接引发因素
2011/4/29	青海省海北州祁连县多洛煤矿发生瓦斯爆炸,5人死亡	不安全的生产环境 物的不安全状态
2011/5/3	湖北恩施州建始县银智煤矿发生顶板事故,3人死亡	不安全的生产环境 人的不安全行为
2011/5/9	新疆塔城地区乌苏市八丛龙煤矿发生顶板事故,3人死亡	不安全的生产环境 人的不安全行为
2011/5/17	湖南湘煤集团一平硐煤矿发生瓦斯突出,8人死亡	不安全的生产环境 物的不安全因素
2011/5/17	云南省昭通市威信县南风煤矿发生煤与瓦斯突出,7人死亡	物的不安全因素
2011/5/22	四川自贡市荣县新胜煤矿发生瓦斯爆炸,6人死亡	人的不安全行为
2011/5/22	湖南娄底市中连乡民兴煤矿发生煤与瓦斯突出,7人死亡	物的不安全因素
2011/5/29	贵阳市乌当区朱昌镇富宏煤矿发生透水,12人遇难	人的不安全行为 不安全的生产环境
2011/5/30	湖南省郴州市嘉禾县行廊镇定里煤矿发生顶板,3人死亡	不安全的生产环境
2011/6/1	云南省昭通市昭阳区小水井煤矿发生顶板垮塌,4人死亡	不安全的生产环境
2011/6/3	湖南娄底市双峰县双桥煤矿发生煤与瓦斯突出,2人死亡	人的不安全行为 不安全的生产环境
2011/6/4	广安市化鳌市鑫福公司天池煤矿发生瓦斯爆炸,4人死亡	不安全的生产环境
2011/6/5	吉林省舒兰市宝源煤矿发生一起瓦斯爆炸,4人死亡	不安全的生产环境
2011/6/20	湖南省衡阳市耒阳市都兴煤矿发生透水事故,5人死亡	不安全的生产环境 人的不安全行为
2011/6/21	辽宁抚顺矿业集团老虎台煤矿发生透水事故,3人死亡	不安全的生产环境
2011/6/21	安徽铜陵市铜陵县汪冲煤发生冒顶事故,3人遇难	不安全的生产环境
2011/7/7	新疆哈密地区巴里坤县鑫源煤矿发生爆炸,4人死亡	人的不安全行为
2011/7/12	重庆奉节县岩湾乡板桥沟煤矿发生瓦斯爆炸,4人死亡	人的不安全行为
2011/7/15	湖南省郴州市临武县水东煤矿发生一起瓦斯突出,6人死亡	不安全的生产环境
2011/7/16	重庆市奉节县康乐镇三根煤矿炮烟引发窒息,3人死亡	人的不安全行为
2011/7/20	贵州遵义市遵义县富强煤矿发生煤与瓦斯突出,2人死亡	物的不安全因素
2011/8/14	贵州省六盘水市过河口煤矿发生煤与瓦斯突出,10人遇难	不安全的生产环境
2011/8/18	贵州省毕节中城公司肥田煤矿发生煤与瓦斯突出,7人死亡	人的不安全行为
2011/8/20	四川省宜宾市兴文县永安煤矿发生煤与瓦斯突出,3人死亡	人的不安全行为
2011/8/29	四川省达州市大竹县曾家沟煤矿发生透水事故,12人遇难	不安全的生产环境 人的不安全行为

续表 2-1

日期	事故简况	直接引发因素
2011/9/16	山西省朔州市山阴县元宝湾煤矿发生透水事故,11 人死亡	不安全的生产环境 人的不安全行为
2011/9/24	云南省曲靖市东山镇祠堂坡煤矿发生顶板事故,5 人死亡	物的不安全因素
2011/9/29	湖南省衡阳市盐湖镇七一煤矿发生瓦斯爆炸,7 人死亡	不安全的生产环境
2011/9/29	陕西煤业集团下峪口煤矿发生煤与瓦斯突出,3 人死亡	人的不安全行为
2011/10/4	贵州省荔波县安平煤矿发生煤与瓦斯突出,14 人死亡	不安全的生产环境 人的不安全行为 物的不安全因素
2011/10/11	黑龙江省鸡西市鸡东县金地煤矿发生透水事故,13 人被困	人的不安全行为 不安全的生产环境
2011/10/12	重庆巫山县麒麟煤矿发生透水事故,1 人死亡	人的不安全行为
2011/10/12	贵州毕节永跃煤矿发生煤与瓦斯突出,2 人死亡	不安全的生产环境
2011/10/15	重庆市石柱县老鹰堂煤矿发生煤层燃烧,4 人死亡	人的不安全行为
2011/10/16	陕西省铜川市耀州区田玉煤矿发生瓦斯突出,11 人遇难	人的不安全行为
2011/10/17	重庆市奉节县大树镇富发煤矿发生瓦斯爆炸,13 人死亡	不安全的生产环境
2011/10/29	湖南省衡阳市长江镇霞流冲煤矿发生瓦斯爆炸,29 人死亡	不安全的生产环境
2011/11/3	河南省义马煤业集团千秋煤矿发生冲击地压,10 人死亡	不安全的生产环境 人的不安全行为
2011/11/10	云南曲靖市师宗县私庄煤矿发生煤与瓦斯突出,34 人死亡	不安全的生产环境
2011/11/15	湖北省宜昌市秭归县冷家湾煤矿发生瓦斯突出,6 人死亡	不安全的生产环境 物的不安全因素
2011/11/18	内蒙古锡林郭勒盟塬林煤矿采煤工作面发生顶板,4 人死亡	不安全的生产环境

经过对 2011 年矿难形成的特点进行研究发现:首先,导致我国矿难发生的根本原因是政府和企业的管理失误。其次,由于人员、制度、物质、环境、信息、执行力等方面缺陷的存在,间接导致了矿难的发生。再次,煤矿企业职工的不安全行为,开采设备、设施的不安全状态,不安全的生产环境等是间接引起矿难产生的三个条件。

二、煤矿安全公共治理的系统分析模式提出

经过上一节的分析我们知道了引起矿难产生的本质原因、间接原因和直接原因。接下来,我们必须明确矿难发生的机理,提出相应的治理措施,以对我国今后的矿难的治理提供一定的帮助。

（一）煤矿安全问题的形成机理

经过分析，我们对矿难发生的机理有了一定的了解。即我们可以把矿难的产生过程看作是一个事件链：煤炭的生产过程中可能会出现的政府管理和企业管理的失误，是导致矿难发生的根本原因。管理失误产生人员、物质、环境、信息、制度和执行力的缺陷，而这些人员、物质、环境、信息、制度和执行力的缺陷又引起了职工的不安全行为、设备和设施的不安全状态以及不安全的生产环境，最终导致了矿难的发生。煤矿安全问题形成机理分析模式如图2-2所示。

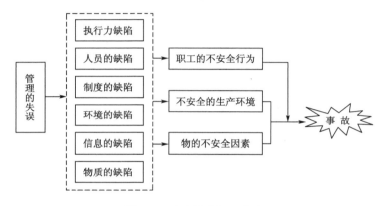

图 2-2　矿难形成机理模式

在此我们有必要强调两点：第一，98％的矿难是可以通过先进的开采技术、科学的管理方法来避免的。还有2％不能避免的矿难是由于自然环境中的突发状况、无法预测和控制的因素而导致的。因此，我们所研究的煤矿安全公共治理的系统分析模式仅针对于98％的可避免事故。

第二，在煤矿安全公共治理的系统分析模式中，我们分析了治理矿难所必须治理的的人员、物质、信息、环境、制度及执行力等六个方面的缺陷，但这并不意味着必须完全具备这六种因素才可能会引发矿难。在某些情况下，只需要两种或两种以上因素就可以诱发矿难的产生。因此，我们在实际的操作过程中，需要具体情况具体分析，尽量做到灵活运用。

（二）煤矿安全公共治理的系统分析模式

矿难的治理从另外一种角度上可以看作是一个政治过程。借用戴维·伊斯顿在政治生活的系统分析中的理念，我们也可以将矿难的治理看作是一个治理政策、治理行为、治理措施的输入加工与治理效果的输出和反馈的过程。从煤矿安全公共治理的输出中分析治理的效果。好的治理政策、治理行为、治理措施必定会大大改善矿难多发的状况,得到社会的认可。反之,则必定会从中产生出新的治理诉求,再次将这些治理诉求反馈到煤矿安全公共治理过程的系统中,重新进行调整。如此循环往复地对矿难的治理政策、治理措施、治理行为等进行调整或者更新,可以使矿难的治理行为更加合理。基于此,笔者提出了煤矿安全公共治理的系统分析模式,如图 2-3 所示。

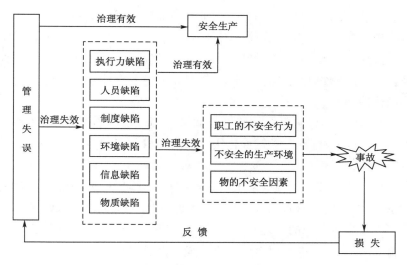

图 2-3 煤矿安全公共治理的系统分析模式

该模式认为,在矿难的治理过程中,我们可以将煤矿安全公共治理,首先要对政府和企业的管理失误进行治理。对政府和企业的管理失误的有效治理,则会避免矿难的产生。反之,由于政府和企业在安全生产管理中的失误,将使人的缺陷、物质的缺陷、环境的缺陷、信息的缺陷、制度的缺陷、执行力的缺陷等问题产生。再次,对这六种缺陷的有效治理,也可以避免事故的发生。但如果治理失败,将会产生不安全的生产环境和物的不安全因素,加上职工不安全行为的触发,则可能过会引起矿难的发生。事故发生后首先产生的损失并不是最终的损失,我们必须通过救援对事故损失进行挽救,救援完成后的损失叫做最终损失。但是,并不是对事故的最终损失进行统计完就算煤矿安全公共治理过程的结束。事故发生后,我们要对事故的发生和救援进行认真分析,总结整个事故发展过程中的经验和教训。将事故的教训反馈到政府管理层或者企业管理层,从而为今后矿难的治理提供帮助。

三、煤矿安全公共治理的系统分析模式解析

为了能够更好地理解和运用煤矿安全公共治理的系统分析模式,下面将对该模式的各个要素进行解释和分析。

（一）强化对引发矿难的本质原因的治理

根据博德事故致因理论的观点,在众多矿难的致因中,最核心的因素是管理失误。因此,对矿难本质原因的治理主要指的是对煤矿安全生产中的管理失误进行治理。煤矿安全生产管理可划分为两个部分:一是政府对矿企的监督与管理,二是煤矿企业对自身的管理与检查。因此,不仅要加强政府对煤矿企业的监督管理中出现的失误进行治理,也要对企业自身在安全检查与管理中出现的失误进行治理。

第一,从政府对煤矿企业的监管方面来讲,政府的监管是否能达到其应有的效果,对矿难的发生起着关键性作用。政府监管的最重要责任就是通过对企业进行安全监督与检查,监督和督促企业对自己的生产行为进行规范,严格按照国家的法律法规和行业标准来组织企业的各项生产活动,迫使企业管理者提高安全意识,做好安全管理工作,避免矿难的发生。政府为了保证煤矿企业的安全生产以及煤炭资源的合理开采,对煤矿企业的生产经营活动实施了一系列监管措施。一般来说,政府对企业安全方面的监管措施主要从以下几个方面进行:市场准入的控制、日常的监督检查以及发生伤亡事故后的责任追究与赔偿。可以看作为了预防煤矿企业发生伤亡事故的风险,政府分别从事先、事中和事后三个阶段进行了控制和预防。如图 2-4 所示。

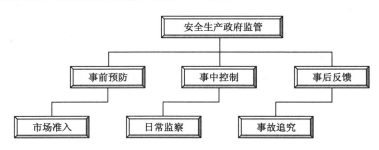

图 2-4　安全生产政府监管模型

市场准入:在企业准备进行煤炭开采之前,政府要首先对该企业的相关资质进行审查。主要审查该企业的采矿证、经营执照、煤炭生产许可证、安全生产

许可证等。此外,该企业负责生产的矿长还必须具备矿长资格证书、矿长安全资格证书等。政府要认真审查申报企业的相关证件与开工条件,严禁一切不符合标准的煤企进行投产,从源头上制止隐患煤矿的产生。

日常监察:在对煤矿企业的日常管理中,主要从制度、思想、隐患、安全设置、事故处理等几个方面进行监督与管理。政府安监人员在对煤矿的检查中要深入到企业现场、开采作业面、职工群体中对企业的生产环境、开采条件、设备设施、职工的操作方法等进行检查,重点检查相关的法律法规与行业标准的执行情况。对于思想上的检查主要是检查煤矿企业领导和矿工如何认识国家制定的安全生产的各项法律法规和政策,对这些政策的认识和重视程度。比如,领导干部对本企业矿工井下安全的关心程度;指挥人员是否时刻有警惕意识,确保无违章指挥出现;企业成员是否具备安全意识;是否能在生产过程中做到规范操作,避免不安全行为的产生;国家制定的相关安全生产政策的落实情况;查制度主要是对企业制定的安全生产管理办法、章程等进行检查,是否将安全生产放在企业的头等大事上,将安全生产管理行为制度化、规范化;将安全生产的理念贯穿在在计划、布置、检查、总结、评比、生产的过程中去;各部门是否能够依据自己的职责在开展各项工作中注重安全生产。企业安全管理机构是否设置齐全,职工是否能在生产过程中将安全生产理念贯穿始终。对于企业每一次改善工作环境的计划是否能保质保量执行;新建和改扩建工程项目与安全技术措施上的"三同时"是否得到落实。此外,要定期检查企业对安全培训制度的落实情况、新职工入岗的教育与考核、安全操作规范的执行与考查、事故逃生演习的演练情况等。对于隐患的排查必须深入工作现场对井下的开采环境、安全设施的维护情况等进行检查。例如采掘面的维护情况、矿井的通风系统、井下湿度等;机电设备是否可以防止漏电、防触电装置是否完善、防爆性能是否符合要求;特别是企业的要害部位和重点设备,如主通风机房、爆破器材库、变配电所、压风机房、绞车房、锅炉房等,都要严格检查。查事故处理主要检查单位和部门对工伤事故以及重大非伤亡生产事故和未遂事故,是否能做到按规定及时报告、认真调查、严肃处理每次事故的发生,有无隐瞒包庇、大事故小报、重伤事故轻报的现象;是否能在事故处理中做到严肃严格、认真对待,是否能在事故处理后吸取经验教训,预防此类事故的再次发生。在开展安全检查中,可根据各单位和部门的情况和特点,做到每次检查的内容有所侧重,突出重点,收到实效。

事故追究:对于矿难的责任追究主要包括以下几个方面:

首先是对伤亡矿工的经济赔偿;其次是对矿企责任人进行处罚,比如:对未按照要求对矿工进行培训的进行处罚;对企业安全生产管理机构不健全、人员配备不足的企业进行处罚;对未履行安全生产管理职责的人员进行处罚;整改未验收合格且违规进行生产的企业进行处罚;对因为个人的失职造成矿难构成犯罪的,要追究其法律责任。总之,我国的煤矿安全生产管理机制并未健全,在矿难的治理过程中难免会出现监督方式落后、管理手段乏力、官煤勾结现象;且监管人员素质低下、政策执行力差,从而导致我国在矿难的治理过程中出现管理失误,最终难以从根本上遏制矿难的发生。

第二,对于煤矿企业内部的管理来说,主要集中在对涉及到安全生产的管理制度、政策执行、设备投入、教育培训与企业文化等方面的管理。对于管理制度方面来说,主要表现在企业制定的安全生产章程和制度是否有实际效用;事故责任制度是否完备;企业管理人员是否明确自己岗位职责;安全管理机构是否健全;技术人员是否缺乏;企业是否定期进行安全自查活动,对隐患信息是否能及时发现并限期整改;事故发生后是否能按照应急预案要求,及时采取有效救援措施,进一步控制事态的发展,将事故损失降到最低;安全执行力方面表现为是否能很好贯彻执行国家有关方针政策、法律法规和标准;是否能督促企业职工严格按照规章制度行事,杜绝安全隐患的发生;对于机器设备的管理方面,最重要的是企业要保障对安全设备的更新与维护;保证企业对安全生产与保障设备的投入,避免安全欠账行为的发生;对于安全培训方面的管理主要表现在要做好职工安全知识与技能的传授与考核工作,提高煤矿企业职工的安全知识储备和处理突发险情的能力。对于安全文化方面的管理表现在,可以通过各种形式的宣传活动来使职工充分认识到安全生产的重要性。

(三)重视间接引发矿难的六种因素的影响

煤矿安全公共治理模式认为,对矿难的治理首先要从人员方面、制度方面、信息方面、环境方面、物质方面、执行力六方面入手。

1. 人员因素

对人员因素的治理主要指的是煤炭生产行业人员(包括煤矿安全监察政府工作人员、企业管理人员和各类职工)自身所存在的、可能会导致矿难产生的不足和缺陷进行治理。煤矿安全公共治理中政府工作人员的缺陷主要包括:

第一,安全意识不足、缺乏法治观念。在研究过程中发现,不少安全监管人员自身对安全生产的重要性缺乏认识、思想上麻痹大意,工作态度不认真,经常会出现执法不严的状况,忽视自己的工作职责与责任。甚至会出现以权谋私,利用职务之便放松监管，为自己谋求利益的现象。

第二，措施缺乏力度，执法行为缺乏统一标准。在对煤矿安全公共治理案例的调查研究中发现，不少安监人员给企业下达的《事故隐患通知书》，普遍存在着严重的填写不规范、参与检查人员签名由一人代签等现象，不能足够显示出其所具有的威慑力。因此不少企业对该通知并不重视，尤其是加上事故整改通知下发后并未进行督促整改，也未进行检查落实，使企业认为安全检查仅是种形式。

第三，业务不熟练。不少煤炭行业的从业人员，不熟悉安全生产的想法法律法规；对自己岗位的工作职责不了解，甚至不熟悉矿井生产状况和机器设施的操作方法与性能。因此，当突发事件出现时，不能进行科学决策，盲目指挥。在实际的工作中，不少安监人员不能将"安全隐患无小事"的理念放在第一位，常常会存在工作流于形式、敷衍塞责的情况。

对煤企职工缺陷的治理主要从以下几个方面进行：首先，对煤矿工人的综合素质进行治理。不少煤矿工人都来源于农民，他们中大多数文化程度不高、安全知识结构匮乏。因此，当他们进入煤炭开采这一高危行业时必须对其进行必要的安全知识培训。其次，提高职工的安全意识。在生产过程中，不少人员会存在着侥幸心理。我们要通过讲解具体的事故案例、播放矿难影像资料等使矿工近距离了解矿难，提高在生产过程中的警惕性。再次，加强矿工的安全责任意识。不少煤矿在发现安全隐患时经常会出现"与自己无关"的态度，这种风气的形成容易导致隐患信息不能得到及时的处理，危险系数逐步加大，最终引发矿难。

2. 制度因素

制度因素是造成矿难发生的又一大因素，对制度缺陷治理能在一定程度上减少矿难的发生，反之则会加大矿难发生机率。煤矿安全公共治理过程中的制度的缺陷表现如下：

首先，制度可操作性不强。有些制度的出台目的是好的，但是具体操作起来有很大的困难。如根据《领导干部带班下井制度》要求，带班下井的领导必须是矿长、党委书记、纪委书记、总工程师、工会主席、总会计师、总经济师等，同时必须经过有资质的培训机构进行培训，且考核合格取得安全资格证后，方可带班下井。事实上，这项制度现实操作起来却碰到很大的困难。在我们进行调研的过程中，山东省某煤矿安全副矿长跟我们谈到，在他们矿矿长具备这样资格的人只有 4 人，而每天要开展的作业面达 24 个，再加上很多领导干部身兼不同职务,经常抽不开身来下井,所以根本做不到每次都有领导干部下井。虽然监督部门要求矿井领导干部下井时佩戴电子识别卡,根据多功能的无线定位的终端设备来确定他们入矿的次数和井下所在的地点。但是,为了应付上级检查,很多领导找人代替或者根本不去。再如,不少制度的制定与现实不符,不易操作。尤其是在对部分行为的行政处罚标准不一。例如,《煤矿安全监察行政处罚暂行办法》第37条规定:煤矿井下采掘作业,未按照作业规程的规定管理顶帮;露天未按照设计规定,进行作业,对深部或者邻近井巷造成危害的,由煤矿安全监察机构责令改正,可处以2万元以下的罚款。[①] 但是,值得思考的是:造成危害的面积不同处罚标准是否一样? 这些问题在现实的处理过程中标准十分不好把握。

其次,制度交叉混乱,责任主体不明。我国的法律规范制定主体呈多元化,加上立法审查时的局限性,很多法律法规之间存在重复交叉的问题。同时,不同层级的法律法规之间又会出现下级抵触上级的情况。尤其是,在现实的管理过程中,一些法律法规还没有完全废除,新的行业规定与制度又相继出台,使得在执法过程中难取舍,一定程度上容易造成责任混淆,不利于对违规行为的追究。

再次,制度制定不完善。随着煤矿开采深度的不断延伸,瓦斯、煤尘、地质构造、承压水等自然灾害表现的越来越突出。自然条件、开采技术与方式等方面的变化对管理制度和监管对策提出了新的要求。这种要求的不断提升要求我们必须出台相应的政府监管制度和企业管理制度,不能因为制度的落后影响煤矿安全公共治理工作的进行,导致矿难的发生。

3. 物质因素

对于可能会引发矿难的物质因素来说,主要可以分为以下两个方面:首先,生产设备方面。生产设备方面主要是指由于缺乏资金投入导致的生产设备过于陈旧、机器设备老化、更新速度慢;不能定期对设备进行检修与维护,导致煤炭开采期间易出现设备故障,不能保障正常生产,安全系数低。安全防护设施方面的缺陷主要指的是企业缺乏对安全防护设备的资金支持;企业安全防护设备未配备齐全或配备标准不达标;对防护设施的保养与维护不到位,导致矿工在作业过程中碰到突发状况不能利用防护设备进行紧急避险;安全防护设施不齐全,安全防护设施配置不符合标准,安全防护性能差。

---

① 曾小蕙.煤矿安全监察体制机制研究[D].长沙:湖南大学,2007.

由于利益的驱使,不少企业安全欠账现象严重,不愿对安全生产设备和防护设施进行资金投入。同时,未建立设备与设施的维护保养制度,使得多数企业在生产过程中除非设备不能正常运转,否则不会进行主动检修,因此设备常常处于不安全状态。我们都知道,设备不仅对煤矿企业的产煤量有影响,而且也直接影响着煤矿生产的安全性。机械化水平的提高,在一定程度上可以减少人员的直接参与,降低由于人的疏漏而产生的隐患。采掘面如果人员过多,一旦出现事故,伤亡必将巨大。反之,则相对死伤人数少。例如,我国科技标兵煤矿——神华集团神东煤矿,每个采掘工作面不超过 2 人。再如孙家湾煤矿,一个采掘工作面可能会出现几十或者上百人。如果事故出现,机械化程度低的企业伤亡人数必然很多。这不得不提醒我们,在煤矿安全公共治理的过程中要加强对物质建设的投入。

4. 环境因素

环境因素主要指的是在开采作业过程中所处的自然环境和作业环境。我国煤炭资源赋存地区的自然条件恶劣,在开采过程中极易引发矿难。据了解,我国可露天开采的储量仅占 7.5%,采煤以矿井开采为主,其产量占煤炭总产量的 95%。[①] 且矿井开采条件复杂,不安全因素众多,具体表现在:第一,瓦斯含量大。我国煤炭资源瓦斯含量极高,50% 以上都是存在高含量瓦斯,在整个世界的产煤大国的瓦斯危害最为严重。对建国以来死亡人数超过 100 人的特别重大事故进行分析发现,瓦斯引起的有 22 起,死亡 3549 人,分别占 91.7% 和 93.9%;水灾引发的有 1 起,共计死亡 121 人,分别占 4.2% 和 3.2%;火灾引起的 1 起,共计死亡 110 人,分别占 4.2% 和 2.9%,事故总量最多。[②] 第二,我国水文地质环境复杂,常有矿难发生。例如,2007 年 8 月,位于山东省的华源煤矿发生淹井,导致 172 人死亡。经调查发现,事故原因是矿难发生之前几天,该地区下连续两天下大雨,降雨总量达二百多毫升,导致洪水爆发,大量的水漫过泄洪的水库,直接冲向该矿用的一个废弃矿井。同时,由于矿井较深,因此逃生路程较远,且由于洪水进入,井下矿工很难逃脱,最后导致 172 人死亡。[③] 第三,粉尘含量大,随时可能爆炸。根据我国 2003 年的统计数据,2002 年国有重点煤矿有 532 处矿井有粉尘爆炸危险,占 87.4%,小煤矿中 91.35% 的煤矿具有粉尘

① 陈雷雷. 我国煤矿安全生产监管中官员问责制的运行研究[D]. 上海:上海师范大学,2010.

② 翟校义. 安全生产监督管理体系研究[M]. 中国社会出版社,2009:66.

③ 山东省人民政府. 关于华源矿业有限公司"8.17"溃水淹井事故灾难和山东魏桥创业集团有限公司铝母线铸造分厂"8.19"铝液外溢爆炸重大事故的调查情况通报. 鲁政发[2008]17 号,2008.2.4.

爆炸危险,其中高达 57.71％的具有强爆炸性。[①] 第四,我国煤矿自燃几率高、危险系数高。煤炭的可燃性使得它在一定的条件下可能会引发自燃。因此,如果一旦出现明火,很容易使井下大量的煤炭开始燃烧,同时产生有毒的二氧化碳等气体。这种条件下很容易造成人员窒息,并且引发瓦斯爆炸。通过国家安全生产监督管理局的统计数据发现,我国有重点煤矿中有 288 处煤矿的煤层具有自燃发火危险,占 47.29％;45 户安全重点监控企业有 269 处煤矿的煤层具有自燃发火危险,占 64.6％。[②] 煤炭资源的开采不仅受自然环境的影响,而且也受到井下作业条件的威胁。不少煤矿企业为了追求高产,除要求机器设备超负荷生产外还盲目增加作业面,使矿井巷道布局复杂,如若发生险情,矿工不易逃脱。同时由于井下结构的复杂,给发生事故后的救援也造成了很大程度上的困难,往往会延误救援矿工的时间。同时,我国无证煤矿、私人煤矿过多,随意开采现象严重,导致开采环境不断恶化,极易引发矿难。

5. 信息因素

信息因素方面主要是指在煤矿安全公共治理过程中所存在的信息不准确、不及时、不充分等,由于这些信息的缺陷而导致治理决策的失误或者行为不当,从而引发矿难。信息缺陷表现在以下两个方面:第一,数量上的不足。由于数量不足,使得管理层不能充分了解隐患信息,所掌握的信息的不足导致无法科学地进行决策,无法正确判断生产活动中可能会遇到的危险或隐患,从而出现错误决策,直接导致矿难发生。第二,质量的不足。具体指的是信息的片面、不准确、不真实。上报的信息无法客观全面地反映隐患全面真实的情况,导致领导者做出错误判断,引起矿难的发生,造成大量的人员伤亡和财物损失。因此,在煤矿安全公共治理的过程中,必须充分认识到信息因素对安全生产造成的影响,加大对信息因素的管理。

6. 执行力因素

目前在煤矿安全生产行业有诸多的法律与规章,有关部门也在此方面下制定了不少政策和法令,矿难的治理工作基本上已经做到了有章可循、有法可依。但重要的是存在着严重的执法不严和有法不依现象。很多地区和矿企在煤炭生产过程中,只是在表面上做足工夫将规章制度挂在墙上,并未严格遵守。例

---

① 国家煤矿安全监察局.煤炭工业年鉴(2007)[M].北京:煤炭工业出版社,2008:376-377.

② 国家发展改革委.关于印发煤矿瓦斯治理与利用总体方案的通知.发改能源[2005]1137 号,2005.6.22.

如一直被称作"明星矿"的黑龙江省七台河公司东风煤矿多年来一直以证照齐全、制度完善,被树为全国煤矿学习的典范,先后获得"全国煤矿标准化建设示范单位"、"黑龙江省标准化建设明星矿"等荣誉。表面上看,其安全生产制度制定的挺完备,工人下井时必须带自救器,且自救器使用期限一般为3年,公司每年都拨出专项资金用于去旧补新;煤矿领导、瓦检区长经常下井察看通风等安全状况;井下硬件上,巷道的顶板、支架都过关,而且还安装有瓦斯监测探头、煤尘监测仪器等设备,每天都有瓦斯浓度、通风等情况的详细检测记录。但是事实情况并非如此,仅从矿难发生4天后,企业还不完全清楚井下具体人数的情况来看,就可想而知该企业的"完善的制度"背后的执行情况。据企业职工反映,尽管每天的瓦斯数据都能及时记录,但是当发现瓦斯超标时企业仍然让坚持下井,且违规操作的情况并未记录。甚至为了掩盖事实,还可以将瓦斯监控的摄像头堵上。因此,表面光鲜的东风煤矿最终未能摆脱灾难的发生。领导者完美的表面工作和绝美的逃避技巧最终使隐患不断加大,终于在2005年11月发生了一起特别重大煤尘爆炸事故,导致171人死亡。极具讽刺的是,在发生事故的10天前,该矿矿长还获得"全国煤炭工业优秀矿长"称号。又如,山西省交城县香园沟煤矿是一所正在建设中的矿井,还未取得相应的生产资格,安全监管部门已经下达了停产通知且进行了查封,但利益熏心的矿主居然私自将封条撕毁,强行开工生产,最终引发瓦斯爆炸,造成29人死亡。因此,对制度执行力的治理与制度制定的治理应该放在同等重要的位置。

总之,要加强对人员、物质、环境、信息、制度、执行力这六要素进行全方位的治理。以上六要素中的任意一个或多个要素存在缺陷,都可能会引发职工的不安全行为或设备和设施的不安全状态或不安全的生产环境,并最终导致矿难的发生。

（三）消除直接引发矿难的三个条件

由于职工的不安全行为、设备和设施的不安全状态以及不安全的生产环境,这三个条件直接引发了矿难的产生。因此,消除直接引发矿难的三个条件就成了治理矿难的重要任务。

第一,职工的不安全行为指的是矿工所发出的、能导致出现安全隐患或事故的、不符合操作规程的行为。制度缺陷、执行力缺陷、人员缺陷和信息的缺陷都会在一定程度上诱发职工的不安全行为。职工的不安全行为多数指的是指挥的违章、操作的违规、劳动纪律的违反,这三种行为都是诱发矿难的重要因素。因此,要尽可能地预防和控制职工的上述行为,避免同类矿难的频繁发生,减少人员的伤亡和经济上的损失。

我国《企业职工伤亡事故分类标准》对职工的不安全行为进行了详细的分类：使用不安全设备；物体存放不当；因操作失误和对安全、警告的忽略，造成安全装置失效；触碰不安全装备；手代替工具操作；冒险进入危险场所；在起吊物下作业、停留；在设备未停止作业的情况下进行清洁、检查、调整、修理；有分散注意力的行为；忽视对安全防护用具的使用；不安全装束；错误处理易燃易爆物品。① 因此，在矿难的治理过程中，我们除了了解职工不安全行为的分类，更重要的是清楚职工发出不安全行为的原因，及时采取有效的治理措施，彻底防止矿工发出不安全的生产行为，避免人员伤亡。

第二，设备和设施的不安全状态主要包括以下两个方面：首先，由于企业安全投入不足，导致生产设备和防护设施不能完全满足职工的安全防护需要和生产需求；由于企业未及时对老化、陈旧的设备进行维新，导致不少设施与设备安全性能下降。其次，缺乏对生产设备和安全防护设施的维护，使得不少生产设备与安全防护设备根本无法运行或不能正常运行，从而为矿难的产生埋下了隐患。在我国矿难发生的众多案例中，有不少事故都是因为设备与设施的不安全状态而引起的。典型的事故案例如：2010 年河南省新密市东兴煤业有限公司发生的重大火灾事故，造成 25 人死亡，直接经济损失达 1145 万元。② 事故的直接原因就在于东兴煤业在西大巷第一联络巷内使用不合格的空气压缩机且使用不合格的润滑油，安全阀失效导致空气压缩机在高温下运行，致使缸盖和排气管气阀爆裂，高温高压气体喷出并导致润滑油燃烧，蔓延至周边易燃材料，燃烧产生的大量有毒有害气体进入矿井各作业点，造成人员因一氧化碳中毒身亡。

第三，对不安全的生产环境的治理主要指的是对能直接引发矿难的自然环境和开采环境的治理。如对瓦斯、透水、顶板掉矸等复杂的自然环境和过大的噪音、照明的不足、通风系统的不畅等不良的开采环境的治理。

由于我国煤炭赋存环境恶劣，在开采过程中，极易遭受瓦斯突出、透水事故、有害气体、顶板掉矸等不良条件的影响，从而引发矿难，导致大量的人员伤亡。尤其不少企业在开采过程中存在着滥采乱挖、越界开采的现象，导致井下的作业环境受到巨大的破坏，严重影响到煤炭生产的安全。同时，我国煤炭的开采环境十分复杂，企业为了追求高额的利润，随意增加开采点、延伸开采面，

① 于宝殿. 事故学概论——事故研究与应急管理[M]. 北京:煤炭工业出版社,2011;83～84.
② 骆琳. 中国煤矿安全生产年鉴(2010)[M]. 北京:煤炭工业出版社,2011;388.

不少地区存在着开采点相互连通,一旦一个作业面发生问题,必将很快蔓延到附近的开采面,进一步加剧事故的危害。

由于不安全的生产环境而引发事故的案例有很多,比如:2011 年 11 月 3 日,河南省义马煤业集团股份有限公司千秋煤矿发生一起重大冲击地压事故,造成 10 人死亡。[①] 2009 年 1 月 22 日,宁夏回族自治区吴忠市太阳山开发区隆能煤业有限公司发生透水事故,死亡 7 人。[②] 尽管这些事故并非单纯由于环境的不安全因素而引起,但是从另一层面上可以看出,不安全的生产环境已经严重威胁到我国的煤炭安全生产。

(四)加强对事故的救援

矿难一旦发生,必然会造成一定程度的损失。根据托普斯所提出的事故致因理论,一旦发生事故,首先产生的是初始损失,在经过一定的应急救援,最后造成的损失才是事故的最终损失。初始损失是指在未经过救护救援而产生的如人员伤亡、人员受困等损失,如果能及时进行救援,将受伤、受困人员在第一时间解救出来,则可进一步减少人员伤亡和经济损失。例如,2010 年 8 月 6 日,山东中矿集团有限公司(原招远市岭南矿业公司)发生一起重大火灾事故。事故发生时,井下被困 329 人,经过紧张、有序、科学、高效的救援,最终 313 人全部升井,16 人死亡。[③] 这在一定程度上减少了事故的最终损失。

应急救护行动直接决定着最终损失的大小。如果未进行及时、科学的救护,事故状态必将进一步恶化,最终造成的损失将远远超出初始损失。例如 2010 年 7 月 17 日,陕西省韩城市新鑫矿业公司小南沟煤矿发生一起火灾事故,由于救援时间拖延,导致 28 人死亡,直接经济损失达 1406 万元。[④] 再如,2011 年 10 月 11 日,黑龙江省鸡西市鸡东县金地煤矿发生一起重大透水事故,事故发生后有关部门并未积极采取救援,并且刻意瞒报,最终造成井下 13 人全部死亡。[⑤] 因此,在矿难的治理过程中,要重视对事故的救援,把事故的伤害降到最低。

(五)加大事故原因总结及意见反馈力度

事故的总结反馈是煤矿安全公共治理系统分析的终结阶段,说明一个管理

---

① 国家安全生产监督管理总局. http://www. china safety. gov. cn/newpage,2011. 11. 11.

② 国家安全生产监督管理总局. http://www. china safety. gov. cn/newpage,2011. 6. 13.

③ 骆琳. 中国煤矿安全生产年鉴(2010)[M]. 北京:煤炭工业出版社,2011:408.

④ 骆琳. 中国煤矿安全生产年鉴(2010)[M]. 北京:煤炭工业出版社,2011:405.

⑤ 国家安全生产监督管理局. 关于黑龙江省鸡西市鸡东县金地煤矿"10·11"重大透水事故的通报. 安监总煤调[2011]161 号,2011.10.15.

周期的结束。它是对前面四个环节的分析和评价,其成果是下一个管理阶段的基础和前提,具有承上启下的作用。根据系统的反馈性原则,在对矿难的治理过程中,并不是对事故进行救援后治理过程就结束,我们要对导致事故发生的直接原因、间接原因、根本原因及救援的过程中的每个因素进行认真的分析和总结,反思煤矿安全公共治理过程中出现的漏洞及缺陷。思考为什么这个结果跟预想的不一样,治理的过程中有没有什么值得以后借鉴的经验和教训,并根据这些问题提出整改措施及政策建议,同时将这些信息反馈到管理层,运用到整个煤矿安全公共治理的系统中,为今后对矿难的治理工作提供有益的帮助。

值得注意的是,在总结和反馈的过程中要遵守全面性原则和有序性原则。全面性指的是在矿难的治理与反馈过程中,要注重对治理主体(政府、企业、第三方、职工)、客体(政府和企业的监管行为,环境、人员、物质、信息、制度、执行力的缺陷,人的不安全行为、不安全的生产环境、设备与设施的不安全状态)和管理过程的全方位总结。有序性原则指的是按照煤矿安全公共治理的过程或时间顺序进行,也可以按照煤矿安全公共治理的结构顺序进行。

第三节　立胜煤矿安全公共治理系统分析

在对矿难各种致因要素进行研究和分析后,我们提出了煤矿安全公共治理的系统分析模式,且进一步对该模式的各个要素进行了详细的界定和具体的解释。然而该模式提出的价值应体现在可以为我国煤矿安全公共治理提供一定程度上的理论指导,提高煤矿安全公共治理工作的效率,有效遏制矿难的发生。鉴于此,我们将运用该理论对湖南省湘潭市湘潭县谭家山镇立胜煤矿重大火灾事故(以下称作立胜矿难)进行分析。

一、立胜矿难概述

2010 年 1 月 5 日 12 时 5 分,湖南省湘潭市湘潭县谭家山镇立胜煤矿发生了一起特别重大火灾事故,造成 34 人死亡,直接经济损失 2962 万元。①

（一）立胜煤矿基本情况

立胜煤矿建立于 1984 年,属于技改矿井。虽然具有矿长安全资格、煤炭生产许可、安全生产许可、采矿许可等相应的证书,但都早已过期,且工商营业执

---

① 　http://www. safehoo. com/Case/Case/Blaze/201201/258935. shtml. 2010. 1. 6.

照已经有 2 年未进行年检。立胜煤矿于 2009 年申请扩界开采已被批准,开始按 6 万吨/年的产煤量进行矿井改造。但是,直到矿难发生,立胜煤矿的技术改造项目一直没有动工,仅将行人斜井进行了初步修复。同时,也未按照省政府批复对中间立井进行关闭。尤其严重的是,立胜煤矿属于高瓦斯矿井,井下未设置完备的通风设施,通风系统不畅,日常开采过程中并未开启主要通风机,且违反规定利用与其他矿井的贯通处进行回风。

（二）立胜矿难事故经过

发生事故时,井下共有 85 人,东井开采区有 33 人,西井开采区有 30 人,中间立井开采区有 12 人,技改暗斜井开采区有 10 人。12 时 5 分,吊萝提升过程中将电缆挂断,引起电缆短路起火,引燃电缆塑料保护套管,随后点燃支架引起煤炭燃烧。起火点所在的矿井通风系统紊乱,通风设施不完备,仅靠-155 水平上段的一台小型局部通风机进行抽风。在事发当时该局部通风机并未关闭,大量的一氧化碳气体涌入-155 水平,由新井进入-20 水平和东井的-165 水平,最后汇入位于东井的总进风口,造成井下-165 水平以下人员全部遇难。[①]

二、系统分析视角下的立胜煤矿安全公共治理模式

根据煤矿安全公共治理的系统分析模式,对立胜矿难进行了系统的分析,具体情况如下:

（一）管理失误是立胜矿难的根本原因

首先,政府方面:第一,未认真贯彻市场准入制度。立胜煤矿在事故发生前属于技术改造矿,按照改造要求,立胜煤矿必须关闭中间立井和东井,但是立胜煤矿并未对这一要求进行贯彻。同时,针对这个现象,相关管理部门也并未及时查处,且湘潭市国土资源局在办理资源储量检测报告的备案工作中,没有组织任何专家进行评审,违规同意资源储量初审,并同意上报延续该矿的许可证,加大开采危险度。湖南省国土资源厅未认真贯彻落实国家有关矿产资源法律法规,在立胜煤矿资源储蓄量检测报告的备案中,对资源储蓄量自 2003 年以来从未发生变化的问题未予以核实,并同意延续该矿的采矿许可证。第二,日常检查流于形式。在日常检查中,湘潭县国土资源局缺乏对矿产资源开发利用的管理与保护,未认真组织查处立胜煤矿长期超深越界开采问题。湘潭市国土资源局工作失职,对于湘潭矿业公司多次举报立胜煤矿超深越界开采问题都未认

---

① 骆琳.中国煤矿安全生产年鉴(2010)[M].北京:煤炭工业出版社,2011:382-387.

真查实。湘潭县煤炭安全监督管理局在对立胜煤矿的监管中也存在严重失职行为,未督促立胜煤矿及时报批技术改造施工设计规程,未严格依据技改工程量核实火工产品的供应量,私自向公安机关出具超量供应火工产品的不实证明。对隐患排查不认真,未及时发现立胜煤矿存在使用非阻燃电缆和不符合要求的立井"吊箩",且长期超深越界进行生产活动等隐患。湘潭县委、县政府未认真对党和国家相关的煤矿安全生产的方针政策和法律法规进行贯彻和落实,未组织有关部门对立胜煤矿的安全隐患进行整改。同时,湘潭市各级政府机关对部分职能部门人员入股煤矿的官煤勾结行为失察,在安全检查活动中多次未深入到采煤现场。安监人员缺乏专业知识对生产过程中的作业条件、劳动环境、生产设备以及相应的安全防护设施和人的操作行为是否符合安全法规的规定的认识,不能及时发现立胜煤矿的安全隐患,及时督促企业进行治理。同时,对企业的安全教育制度落实情况、新工人入矿的"三级"教育制度、各工种安全操作规程和岗位责任制的执行情况疏于检查。

其次,企业方面:立胜煤矿重生产轻安全,企业安全管理制度不健全,安全生产管理混乱,安全责任不落实;安全员不能很好履行职责,对井下的隐患信息不能做到及时发现、及时排查、及时改善;职工出入井管理混乱;企业安全设备投入不足,未设置完整的通风系统、电线老化现象严重、仍然采用不符合要求的自制"吊箩";职工的安全培训工作不落实,忽视对矿工的安全培训与安全教育。企业安全执行力不足,未按照批复要求关闭不予以利用的中间立井和东井。

(二)六种因素间接导致立胜矿难发生

第一,人员方面:企业管理人员安全意识存在不足,严重缺乏责任感。面对重大隐患,思想麻痹,不采取任何防御措施。同时,政府监管人员官煤勾结,领导人投资入股,权钱交易等腐败问题严重。不仅湘潭县国土资源局副局长谭某私自入股立胜煤矿,并多次收受该矿矿主等人贿赂,而且湘潭市国土资源局矿产开发与储量科科长侯某在未组织专家评审的情况下,收受该矿的"评审费",这些问题都导致了监管人员放松对立胜煤矿的管理,间接导致矿难的发生。

第二,物质方面:立胜煤矿违规使用国家明令禁止的调度绞车配自制的"吊箩"、违规使用大量 QW80 开关、QC83 磁力启动器等淘汰设备。电线、设备老化,未及时对设施与设备进行检查与维护。

第三,环境方面:该矿批准的开采深度是+100 米水平至-124 米水平,实际开采深度已达到-640 米水平,违法开采达 516 米;立胜煤矿超深越界进行开采,且开采区域内不具备独立的通风系统,仅依靠邻近矿井进行回风,使得采区间违规进行串联通风;－240米以下均采用"独眼井"进行开采,一旦发生事故,没有安全出口可以逃生。

第四,信息方面:安全检查员疏于对矿井的设备进行检查,不能及时发现隐患的存在,并及时上报不安全信息。同时,立胜煤矿疏于对井下的各种安全隐患信息的收集与汇总,导致企业管理人员不了解矿井存在的安全问题,难以有效开展隐患治理工作。

第五,制度方面:立胜煤矿企业制度管理不严,劳动组织混乱,出入井人员管理不善,入井作业人数不清,生产作业地点未统一向生产调度室报告下井人数,间接导致井下生产管理难度加大,增加了井下生产危险系数。在事故发生后也给救援带来了不少麻烦,一定程度上加大了事故的损失程度。比如:事故发生后,立胜煤矿先后两次分别向县市级人民政府报告井下被困人数为20人和30人,1月6日,发现被困人员中有2人安全逃生,并搜到25人遇难后,又向市委报告井下作业人数为73人,被困井下28人,发现已经有25人死亡。但是,在后来的善后赔付中,陆续有家属反映家人失踪,至1月18日,经湖南省公安厅采取措施,确认该事故死亡人数为34人。

第六,执行力方面:事故发生前,立胜煤矿的安全生产许可证、煤矿生产许可证、采矿许可证均早已过期,但仍然拒不执行停产指令,且在技改期间不按照设计施工,违法组织生产。

(三)三种不安全条件直接引发立胜矿难

第一,职工的不安全行为:首先,重大隐患不上报、不治理。该矿机电班班长唐某在中间立井－240米水平检修开关时就发现开关内电缆芯线端口滴水和三道暗立井电缆漏电,但没有采取任何隐患治理措施。其次,人员安全意识淡薄,忽视下井时佩戴自救器的要求,拒不执行。

第二,设备的不安全状态:首先,立胜煤矿部分非阻燃电缆老化、破损现象严重。其次,井下设施安置不合理,电缆安装不够规范,导致吊箩在提升过程中挂断电缆,造成短路。同时,电火花将电缆外面的塑料管套、木支架、吊箩及周边煤层引燃,产生了大量的一氧化碳,使井下人员窒息死亡。

第三,不安全的开采环境:首先,立胜煤矿属于高瓦斯矿井,井下未设置完整的通风系统,日常开采活动中主要利用风机进行排风。同时该矿违规利用与相邻矿井的贯通处进行回风。其次,开采面已经属于越界开采范围,开采区域不符合开采要求。

三、立胜煤矿安全公共治理的启示

首先,湖南省各级政府要加强对整个监管队伍的思想建设,树立安监人员的责任意识,加大对腐败的查处,提高对公职人员在执法过程中的执法不严行为的处置标准,严惩在煤矿安全生产监管过程中的官煤勾结行为;其次,严格对煤矿开采权的审查。湘潭市政府要在关闭立胜煤矿的同时,加大对辖区煤矿安全生产监督检查的力度,监督煤企按照核准的能力进行生产,凡超能力生产企业的要立即停产整顿,并依法严惩;加强对技改扩建矿井的监管,对违反技术改造规定的矿井,要立即停产整改;再次,深化对煤矿的日常监督与检查。湘潭市相关部门要加强对辖区内的煤矿定期进行检查,重点查相关法律法规的执行情况、安全生产制度的制定与执行、管理人员的责任意识、设备的安全投入、职工教育培训制度的执行、隐患信息的上报及治理等,同时明确安全管理的责任主体,对违规相关责任人进行处理。

其次,立胜煤矿及湖南省各级安全生产监管部门要牢固树立"安全隐患无小事"的观念,认真对待安全生产管理中的各项工作;要进一步建立健全安全生产责任制,将管理责任落实到具体人员,建立层次分明的安全管理责任体系;加大对企业设备与设施的投入与管理,及时排查设备的不良状态并加以整治;加强对职工的教育与培训,使职工能熟悉安全生产的基本常识和强化紧急避险能力,在突发状况出现时能有效处理;畅通企业的信息的反馈渠道,多方面收集生产过程中遇到的隐患信息,及时进行排查与处理。

再次,地方媒体要重视对煤矿安全生产的监督,设立专门版块对辖区内煤矿生产过程中的不良行为曝光;煤矿企业要设置对外联络部门,负责将企业生产重大事项、安全生产基本情况等事宜向社会公布,要求企业无正当理由不得拒绝一切媒体的合理来访。

最后,培养职工的安全意识,将安全隐患无小事的观念灌输到每一个职工心中,使职工在面对安全隐患时不会有麻痹思想;及时将企业存在的各种隐患信息进行汇总上报,并监督企业认真处理;要重视安全培训,强化自己的操作技能与紧急避险技能,真正重视安全培训的作用,保证自己的人身安全。

第四节 煤矿安全公共治理的系统思考

根据多中心治理理论的观点,在一个有序的宏观框架内,存在多种不同形式且互相独立的微观决策中心,它们能够在竞争关系中互相尊重对方的利益诉求,并能互相协作开展工作,如果出现冲突则可以利用核心机制来解决。① 具体到矿难的治理上,则可以认为政府、煤矿企业、第三方部门、煤矿职工四个方面可以形成一种互动的、互补的、合作的、制约的关系,来共同对矿难进行治理,以达到善治理论中"通过有效的治理、良好的治理,使公共利益达到最大"②的理想状态。因此,本书主要从政府、煤矿企业、第三方部门、煤矿职工等四个方面进行分析。

一、加强政府在安全生产监管中的作用

政府、企业、矿工、第三方在煤矿安全公共治理过程中的地位不同,责任也有所差别。政府在整个煤矿安全公共治理的过程中处于主导地位,因此,必须首先加强政府在煤矿安全生产监管中的作用。

（一）严格煤矿企业的市场准入

严格煤矿建设中的企业资质、安全标准、项目安全设施、制度建设的审查和审批,在矿井建设项目中,未通过安全审批的坚决不能立项、未通过安全设施设计审查的坚决不能动工、未验收合格的坚决不能投产、未取得安全生产许可证的坚决不准生产。

限定煤矿企业安全设备与设施的最低投入标准。针对不同类型的企业制定相应的设施投入标准,强制采用先进的设施与设备。按照美国的限定标准,即便是一个小型煤矿,想要获得煤炭开采权,就必须投入 8 000 元人民币用来配置安全生产与防护的设备设施。在我国的煤矿安全公共治理过程中,可以借鉴美国的煤矿准入方式,从源头上淘汰我国部分中小型煤矿,制止部分企业急功近利的掠夺式开采行为。

在煤矿企业中广泛实行集约式经营。集约式经营可以将现有的中小煤矿进行整合,进行统一管理。这种模式能便于煤企进行长远规划,使企业愿意设备投入,保证设备与设施的安全系数。同时,避免中小煤矿超层越界、相互争抢的掠夺式的滥采行为,彻底扭转中小煤矿事故频发的现状。同时,重点推进中小煤矿企业的兼并重组,彻底关闭不符合生产要求的小煤矿,在一定程度上提高煤炭生产的安全保障水平,实现煤炭资源的可持续发展。

---

① ［美］迈克尔·麦金尼斯.多中心治理与发展[M]上海:上海三联书店,2000:71.

② 俞可平.治理与善治[M]北京:社会科学文献出版社,2000:9-11.

（二）强化对煤矿企业的日常监管

加强对煤矿企业实施动态监管。重点检查煤矿企业安全生产责任制的执行情况和安全设施、设备的运行情况、现场安全管理等方面情况，发现问题及时督促并责令企业整改到位。同时，委派驻矿安全监管员监督所驻煤矿对上级在安全生产管理中的各项规定的落实情况，具体包含生产设备的运转与维护、开采规程的落实、隐患信息的反馈、领导干部带班下井的实施等情况。严格执行每日工作情况报告制度，及时对违章作业行为进行纠正。

加强安全生产监督管理局、公检法、电力、工商等部门的联合执法。比如：在安全生产管理过程中，一旦政府做出对某个煤矿进行关闭的决定，安监部门必要第一时间吊销该企业的采矿许可证、安全生产许可证等证书，工商部门要尽快吊销该企业的工商营业执照，公安机关必须马上暂停对企业炸药的供应，电业局要尽快断电。通过联合执法可以充分提高安全生产监督管理水平，避免因职能交叉而导致相互责任的推诿，消灭安全生产管理的空白地带，避免矿难的发生。

（三）重视对设备研发的投入

工欲善其事，必先利其器。据了解，我国煤炭生产企业大多缺乏对设备设施的投入，导致整个行业安全生产设施装备水平相对落后，不少安全系统的装备水平仅占到美国、澳大利亚等产煤大国的 30％～50％，技术设施与先进国家相比，产品性能落后 5～10 年。从设备的安全系数、智能化水平和信息化水平来讲，我国与先进国家相比，依然有很大的差距。在对煤矿安全设备管理问题中，我们可以发现美国、日本、德国等国家均投入了大量的资本对煤炭开采的设备设施进行研制，同时设置了煤炭安全生产研发部门，着重对煤矿安全公共治理的相关理论进行研究，对开采过程中的难题进行攻关。这些国家也因此，矿难死亡人数几乎为零。由此可见，要想更好地治理矿难，加大对设备研发的投入是不可忽视的。

因此，对设备的研发过程中，我们首先要大力实施科技兴安、科技强安战略。扭转资金的投向，把资金转到先进的安全技术装备、安全技术改造和研究为重点的技术创新上来。针对安全生产层面急需解决的共性、关键性技术难题，组织开展安全科研攻关，不断推动管理工作取得更大的进步。

其次，吸引更多的科研人员进入安全科技领域，扶持和培育一批专业技术能力强、知识面广、具有强劲创新能力的优秀人才。充分发挥他们的聪明才智，在结合安全生产的实际需求的基础上进行新工艺、新技术的研发，为消除各类安全隐患提供技术支撑,力求提高煤炭生产活动的安全水平。

（四）加大对事故责任人的惩治

目前,由于法律惩戒的宽松"纵容"了矿难的发生。根据我国《刑法》的规定,对安全事故责任的刑罚最高不得超过七年;《安全生产法》中也强调了一般安全生产违法行为的罚款,最高不得超过 20 万元。在《生产安全事故报告和调查处理条例》中也对煤矿安全生产事故的处罚有了明确的规定,该条例规定,对于特别重大事故的罚款限额为 200 万元以上 500 万元以下。事实上,这些微弱的惩罚与煤炭企业违规开采所获得的高额利润相比,根本不存在震慑力。

在我国的煤矿安全公共治理过程中,要学习国外完善的安全生产制度,加大对煤炭生产过程中违规行为的处罚。尤其要将侧重点放在对日常习惯性违法行为的处罚上。一要提高刑法的处罚标准,对于性质严重的安全生产违规行为,最高可以判处终生监禁或死刑;二要加大对煤企经营者一般违法管理行为的处罚,处罚标准要依据违法开采行为所获得利润的倍数进行。对于较为严重的事故,要吊销该企业的相关开采证书,严禁该企业管理者今后再从事煤炭生产行为。三要强制企业落实工商保险制度,要求企业缴纳一定的风险基金,用于矿难的防治与救援,最重要的是以经济处罚来震慑企业,使管理层提高安全意识。四要规范煤炭企业的责任制度,在生产过程中严格按照该制度的要求,对安全生产管理过程中不同责任主体的违法行为进行追究。

（五）加强对安监队伍的管理

首先,严格安监管理人员的行业准入。当前,我国煤炭生产安全监督管理人员的来源比较广泛,大多都是煤矿工人、刚毕业的大学生和其他非煤炭行业的技术人员转变而来。因此,安全监管人员的技术水平和执法能力参差不齐,必须想尽一切办法,提高安全监管人员的业务水平。同时,加强高层次人才的引进,采取各种优惠政策吸引高素质的专业人才加入煤炭生产监管队伍。例如,通过给予一定的公务员编制,提高该行业监管人员的薪资水平等。但是,必须强调的是,在人才引进的过程中必须重点强调以下两点:一是以岗招人原则。在引进人才时,必须首先考虑到岗位的需求,依据需求对岗位进行合理配置。大专毕业能做的工作坚决不用本科毕业生,本科毕业能做的工作坚决不用研究生。这是因为高学历层次的毕业生,价值预期相对较高,如果企业所给的待遇不能满足其内心的需求,必将不能安心工作,最终导致人才流失。二是宁缺毋滥原则。严格遵守监管机构需求专业来设置引进人员的岗位,避免出现相同专业人才过于集中,而其他专业人员严重缺少或以非对口专业充数现象的发生。

其次,加强对安监人员进行煤炭开采专业、法律法规、业务技能等方面的教育与培训,提高安全监管人员的执法能力,尤其要使他们树立"安全第一"的意识,严把安全生产监督管理关。通过开展专业知识研讨、提高和专项技术培训班等形式对安监人员进行知识补充,从根本上提高安监人员的执法能力和业务水平。使安全监察队伍树立正确的价值观、权力观,当面对利益的诱惑时,能正确处理权利与利益的关系,认识到自己身上的责任,避免出现安监人员立场不坚定,以权谋私现象的发生。

再次,要建立科学的绩效考核体系。科学的绩效评价体系,既可以使安监人员规范行使自己的权力,又能充分调动安监人员工作中的积极性与主动性,有利于提高安全监督管理工作的整体绩效,从根本上实现安全监督管理工作的有效开展。可以借鉴激励对策的效用最大化原理,根据每个人在煤炭安全生产管理工作中所做贡献的大小、安全隐患消除的多少,给予一定的物质或精神奖励。对于在安全监督管理中消极怠工,不认真履行岗位职责或分管区域安全情况恶化的煤炭安全生产监督管理人员,要给予一定的处罚。

二、强调企业在安全生产管理中的责任

在煤矿安全公共治理过程中,政府给予了企业诸多的权利与责任,企业应当遵循煤炭安全生产管理中的各项方针政策,履行企业在安全生产管理中的责任,努力创造良好的煤炭安全生产环境,保证煤炭生产行业的和谐发展。

(一)推动企业安全生产制度建设

由于煤炭开采工作的特殊性,要求煤企必须建立完善的安全管理制度,树立正确的安全理念。我们都知道如果隐患没有得到有效的排除,那么事故迟早都会发生。因此,煤炭生产企业必须强化安全防护和防患于未然的意识,不断健全安全生产管理制度。

从我国煤矿企业的总体情况分析,国有煤矿对企业内部安全生产管理机构的设置相对比较完善,人员配备也基本符合要求。而乡镇煤矿中却有不少煤矿未按要求设置专职的安全管理机构,甚至未配备专职的安全管理人员,也因此就导致了过高的伤亡事故发生率和死亡率。在已有的矿难中可以找到不少由于安监员配备不足,对煤炭开采过程缺乏管理而引发矿难的案例。因此,对于高危险性的煤炭开采行业而言,为了避免伤亡事故的发生,保证安全生产目标的实现,需要针对不同的情况采取不同的措施来强化企业安全管理的组织支撑。

对于国有大中型煤矿企业,最关键的是要给安全管理机构和人员正确及时履行职责提供必要的环境和条件,保证其履行职责时的权威性和有效性,同时又避免其自身受到伤害。对于乡镇小煤矿来说,首先要严格按照法律法规的要求设置机构和配备人员,其次则是保证有关安全管理人员履行职责的权威性和有效性。针对乡镇煤矿内部制度混乱、安全管理机构设置不足、安全管理权威性的不足的现实状况,可通过管理人员的委派制度来提升小煤矿的管理水平,扭转事故高发局面。例如,借鉴河南省平顶山市石龙区实行的煤矿安全生产管理干部三委派制度。该制度要求委派人员的工资奖金由煤矿支出,但经过地方煤炭行业管理部门转发,保证了人员工作的独立性和权威性,避免受制于人而使安全监管失效。

(二)建立企业安全生产自律机制

"企业安全生产自律"指的是企业在安全生产管理过程中的"自我约束"和"自我激励"行为。

一方面,实现煤企的"自我约束"不能脱离企业外部管理因素的作用。这种外部管理因素主要指的是健全的法律制度和完善的政府监管体制。一是在健全的法律制度框架内,煤企安全生产行为必须满足相关生产法规的要求;二是在完善的政府监管体制下,煤企的对生产设备和防护设施的投入,不能低于行业设备配置的基本标准。还包括,自觉贯彻政府制定的煤矿安全生产相关法律法规、方针、政策和行业标准,建立健全企业的各项的安全生产管理规章和具体操作流程和安全生产责任制;采取各种防护措施避免生产过程中产生职业危害,保障矿工的生命安全;保证企业定期对安全生产设施和防护装备进行维修与检查。

另一方面,煤企的自我激励主要是指企业可以制定高于行业要求的安全标准,实现不断超越同行业安全水平的目标,不断改进自我安全管理的办法,自觉进行安全技术改造与创新,逐步完善安全绩效考核制度,最终达到煤矿安全公共治理的的最佳境界。

(三)重视企业安全文化的作用

首先,在本企业内组织煤炭安全生产知识和技能竞赛强化职工对"安全第一"理念的认识,加大生命健康意义的宣传力度,使职工充分认识到事故对自己和家庭的伤害,在工作中时刻注意安全。

其次,建立扎实有效的安全文化的制度,切实提高煤企管理人员、矿工等的安全责任意识。煤矿企业的安全管理目标是通过对企业的全方位、生产的全过程、职工的全员化管理,要使每个部门、每个生产过程和每个职工真正将安全放在第一位,不断提高整个企业的安全文化氛围,建立良好的安全文化制度。

再次,加强一线职工安全素质的培养。由于一线职工是煤炭生产的直接操作者,工作地点位于整个企业最危险地带,因此对一线职工安全文化素质的培养是企业安全文化建设中最基础且最重要的工作。因此,要通过扎实有效的方法和手段,将安全理念渗透到每个一线职工,使他们树立正确的安全保护意识,从根本上实现"要我安全"到"我要安全"再到"我会安全"的转变。

(四)强化煤矿企业安全信息的管理

对于企业监管层来说,重视安全信息管理也是保证企业安全生产的必备手段。在强化煤矿企业安全信息的管理过程中,我们可以从以下几个方面入手:

首先,加强安全信息管理机构的设置。安全信息管理机构专门负责煤矿安全生产相关信息的收集、整理和分析工作。可以为安全监督管理部门和企业决策层提供充足的信息支持,切实提高安全生产管理工作中各项决策的科学性和准确性。因此,要不断完善各级安全信息管理机构的建设,重视信息管理对安全生产的作用,改善当前信息处理设备陈旧、人员不足的局面。

其次,拓展安全信息的收集渠道。为保证信息资源的全面性、完整性、准确性和即时性,从根本上提高安全信息的质量,各级安全生产管理机构在安全信息的收集过程中,要改变传统方式上单纯依靠安全检查员和信息员的信息渠道单一状况,充分发挥煤矿企业职工,尤其是一线操作工的作用。鼓励他们一旦发现隐患,及时将信息进行反馈,使管理部门能更加及时地了解生产一线的安全状况,及时消除隐患。同时,加强社会团体、行业协会、第三方组织作用,多层次、多渠道地进行安全信息的收集。

再次,完善安全信息管理制度。安全信息的搜集与处理,是煤矿安全公共治理工作的重要组成部分,安全信息可以为安全生产决策提供科学的依据。因此,要加强煤炭生产过程中的信息管理制度。第一,实行信息即时汇报制。在煤矿安全公共治理的过程中,信息的时效性非常重要,因为隐患一旦形成随时都可能导致事故的发生。因此,无论是否具备信息员身份,在任何时间、任何地点发现安全隐患,都必须即时向安全生产管理部门汇报,确保隐患及时得到处理,避免矿难的发生。第二,建立隐患处理情况反馈制度。隐患一旦交给责任部门进行排查,该部门就必须负起相应的责任,要求安全监督机构认真履行本部门的岗位职责,认真对隐患进行排查,同时将对隐患的处理情况及时反馈给信息管理部门。对已排除的隐患进行登记,对未及时处理的隐患,除了进一步处理外,必须追究有关部门和人员的责任。

三、提高煤矿职工的权利意识和安全行为

矿工是煤矿生产过程中的直接操作者,也是安全隐患的直接接触者,他们是矿难防治的最重要的一道防线,在整个煤矿安全公共治理的过程中起着极其关键的作用。在生产过程中,矿工一个操作的失误就有可能引发煤矿事故,因此,要提高煤矿职工的权利意识和安全行为,避免因矿工安全意识淡薄和操作的失误引起矿难的发生。

（一）培育职工的维权意识

首先,培养矿工的维权意识。矿工是矿难最大的受害者,不少矿工都是由于家庭贫困,才被迫下井采煤。他们中的大多数严重缺乏法律知识,不知道自己具备哪些权利,更不清楚如何维护自己的合法权利。由于矿工不会维权,不懂反抗,不少煤企经营者和官员从不畏惧矿难的发生。因此,必须尽快为矿工普及法律知识,使他们具备基本的维权意识,迫使煤企经营者、官员重视矿工的生命安全,严格生产过程中的安全管理。

其次,向受害矿工家庭提供必要的法律援助。矿工了解自己的权利,只是为其维权创造了一种可能性,还必须积极创造条件让矿工看到维权的现实性,使这种权利不是镜中花、水中月,矿工才会真正相信法律。因此,矿难发生后,法律援助部门要针对性地对受害者家庭提供具体的法律援助,帮助矿工争取到自己的合法补偿。

（二）提高煤矿工人的安全培训的效果

安全培训工作事关重大,但是实际操作起来却显得非常困难,存在不少企业将安全培训流于形式的现象。例如,我们在某煤矿的调研过程中发现,该矿对一线职工的岗位培训就是填写一份《煤矿职工岗前培训考试》试卷,并没有进行集中培训与考试。只要愿意做一线矿工,企业会发放一份《煤矿职工岗前培训考试》试卷,同时将答案一起发放,职工随便在哪个地方抄完送过来即可。个别不认识字的矿工,可以找其他同事代写。更甚至在某些煤矿,根本没有岗前培训,许多人上午还是农民,下午按手印就成了矿工。因此,上级监督与管理部门要将对企业安全培训制度检查的重点放在检查矿工培训的效果上来。保证每个煤矿工人具备必要的安全生产知识,了解本岗位的安全操作规程,掌握规范的实际操作技能,熟悉在生产过程中遇到突发隐患的处理办法。

同时,煤矿采掘一线的职工大多来自贫困地区,文化层次相对较低,安全意

识淡薄,甚至存在不少文盲,安全培训工作很难以收到成效。因此,要从改变培训内容与形式的角度上进行解决。培训可以通过以简单易化的培训内容,便于矿工接受的培训形式进行。使职工掌握的最实用的安全基本知识、自我防护技能,努力提高矿工的安全防护能力。

（三）保障煤矿工人的监督权

在我国,确实有不少重大矿难发生之前,已有矿工向矿主反映安全隐患。但不少矿主对一些隐患并不重视,仍然坚持生产。同时,对矿工进行威胁,要求他们要么下井,要么辞退。为了保住饭碗,不少矿工明知井下危机四伏,也只能冒险坚持生产。因此,要加强对矿工监督权的保护,充分考虑到矿工在与煤企进行博弈时的弱势地位,通过有效的措施保证矿工不会因为行使监督权而遭受到企业的威胁,造成额外的经济损失。

由于矿工是煤炭生产工作中的直接操作者,他们最有可能在第一时间发现隐患,因此,调动矿工参与安全生产监督工作中的积极性,对矿难的治理有着巨大的意义。我们可以通过一定的奖励措施,鼓励矿工对企业的不安全生产行为进行反馈,保障矿工监督权的行使,从根本上消除企业的违规生产行为,避免矿难的发生。

四、调动第三方组织参与监督的积极性

第三方组织的监督是整个煤矿安全公共治理中心的平衡器,可以通过合法的渠道,将公民的意见向政府进行表达。同时,还可以弥补政府在煤矿安全公共治理过程中职能的不足,平衡煤矿安全公共治理工作中的矛盾。

（一）重视新闻媒体"第三只眼"的作用

我们都知道新闻媒体所产生的社会舆论影响巨大。新闻媒体对煤炭安全生产的关注和报道,直接影响人们对矿难的了解和认知。在煤矿安全生产管理中,我们首先要重视新闻媒体的导向作用,利用新闻媒体披露更多的煤矿安全生产管理中的不良现象。及时对可能会造成安全隐患的管理问题予以曝光,迫使安全生产监管部门和企业管理者有所顾忌,更加注重煤炭生产过程中的安全问题。

其次,引导公众关注煤矿安全生产。在与煤矿进行博弈的过程中,矿工明显属于弱势的一方,迫切需要通过借助媒体来反映他们的生活和工作状态,使公众可以了解他们的疾苦,希望可以通过借助社会力量来保护自己的合法权益不受侵犯。媒体强大的信息扩散作用,能迅速将煤企在生产管理中的违法侵权行为暴露于广大公众面前,使普通百姓可以参与到煤炭安全生产监督管理工作中去,挖出被隐瞒的真相,起到其他组织代替不了的作用。

（二）发挥煤炭工业协会的力量

首先,要将煤炭工业协会对企业的安全监察的评价与可开采资源的审批挂钩,这样就存在着企业与企业之间的在安全投入与安全管理上的竞争,有利于煤炭行业形成良好的安全管理风气,使企业的安全管理工作成为一种自觉、自发的行为。

其次,借鉴德国的"双轨制"监督体制,除了通过政府部门、企业内部的安全部门进行管理之外,还通过行业协会和工伤事故保险联合会进行管理。强制要求煤企为所有矿工参保。如果哪家煤矿一年来没有发生安全生产事故,下一年该企业应缴纳的保费就会大大降低,否则就要大幅度提高。同时,工伤事故保险联合会要经常派出工作人员对煤矿企业进行不定期检查,对发现的隐患提出限时整改要求,如未进行及时整改,一旦出现事故,煤企就会被罚的倾家荡产。

再次,煤炭工业协会可以将煤企在工作中碰到的困难和意见向政府反映,同时把政府的意见反馈给企业,一定程度上架起政府与企业沟通的桥梁。同时,煤炭工业协会还可以经常组织煤炭安全方面的专家,对安全生产政策与法律的制定和修改提供一定的建议,便于更好地开展矿难的治理工作。

（三）强化矿工工会组织作用

在我国,煤矿企业的工会隶属于企业管理,工会的活动资金和人事管理完全服从于企业,并不具备相对独立性。因此,矿工工会很难对矿工的权益进行保护,更多的时候是为了维护企业的利益。因此,要强化工会在安全生产监督管理中的作用,必须从根本上使矿工工会具有相对于煤炭企业的独立性,摆脱企业对工会的种种制约。同时,学习西方国家矿工工会的管理机制,赋予矿工工会相应的管理责任。为矿工争取更多在工作环境、防护设施、劳动强度、安全培训等方面的权益。将矿工团结起来,切实保障工会可以充分调动矿工团体的力量,监督企业规范生产行为,遏制矿难的发生。

（四）加大基层群众性自治组织的监督

在监督煤矿企业安全工作的行为方面,可以借助居民委员会和村民委员会等基层群众性自治组织的力量。由于距离优势和部分煤矿需要借助附近村庄的水电线路等便利条件,居民委员会与村民委员会大多与本地的煤矿企业联系密切,相对了解企业生产活动的开采情况,在一定程度上为监督提供良好的条件。

同时,我国煤矿工人大多都是煤矿所在地附近的村民,因此,矿难的受害者家庭往往也集中在事故发生地附近的村庄,矿难的发生必定会对附近生活的民众造成严重的危害。因此,居民委员会、村民委员会等基层群众性自治组织,有义务和有责任对本区域内煤矿的安全生产进行监督。

本章参考文献

235[1] 韩文科.中国能源消费结构变化趋势及调整对策[M].北京:中国计划出版社,2007:13-14.

[2] BP公司.《BP世界能源统计2011》报告[R].2011.6.13

[3] 根据国家煤矿安全生产监督管理局公布资料整理.

[4] 赵铁锤.2011年全国煤矿安全生产情况报告[R].http://www.china safety.gov.cn/.2012.1.13.

[5] 赵加才.对煤矿安全事故多发问题的思考[J].煤炭科技,2005(6)

[6] 郭玉森,吴传始.矿难频发的原因分析及其对策的研究[J].煤矿安全,2005(9).

[7] 林汉川.构建我国煤矿安全生产保障体系的思考[D].北京:对外经济贸易大学,2006.

[8] 肖兴志,吴丽丽.中国煤矿安全事故分析[J].东北财经大学学报,2006(9).

[9] 张凤林,李保华.煤矿安全公共治理对策:一种劳动经济学分析视角[J]长安大学学报,2007(1).

[10] 杨君.我国矿难频发的根源及其法理分析[J].行政论坛,2009(3).

[11] 冯素明,郭俊峰.用行为科学理论分析矿难事故起因[J].煤炭技术,2000(3).

[12] 陈红.中国煤矿重大事故中的不安全行为研究[M].科学出版社,2006:120-121.

[13] 周庆行,曾智.立足"3R"打造煤矿安全公共治理的准备构成[J].中国地质大学学报,2006(5).

[14] 刘伟娜,汪代全.矿难的经济学分析[J].甘肃农业,2006(11).

[15] 高春景,刘平青.矿难背后矿主行为的经济学分析[J].生产力研究,2007(15).

[16] 伍文中,冯武生.从矿难频发看财政政策的调整与改革[J].当代经济,2007(6).

[17] 国汉芬.煤矿安全事故致因因素经济学分析与风险管理方法[D].北京:对外经济贸易大学,2008.

[18] 陶长琪 刘劲.煤矿企业生产的经济学分析[J].数量经济技术经济研究,2009(2).

[19] 谭满益,唐小我.产权扭曲:矿难的深层次思考[J].煤炭学报,2004(6).

[20] 林德昌.矿难的制度性分析[D].南京:东南大学,2000.

[21] 石少华.安全生产许可违法行为的法律责任[J].现代职业安全,2005(2).

［22］William Graebner The coal-mine operator and safety :A study of Business Reform in the progressivePerigord［J］. Labor History,1976(12).

［23］ Hofmann Stezer. The rolesafety climate and communication in accident interpretation［J］.

Academy of management journal,1998(3).

［24］Alison Vredenburgh G Organizational safety:which management practices are most effective in reducing employee injury rate［J］. Journal of SafetyResearch,2002(6).

［25］Jane Mullen. Investing factors that influence individual safety behavior at work ［J］. Journal of Safety Research,2000(4).

［26］Brigitte Rasmussen, Kurt Petersen Plant functional modeling as a basis for assessing the impact of management on plant ［J］. safety Reliability Engineering and System Safety,1999(9).

［27］David Dejoy M. Creating safer workplaces:assessing the determinants and role of safety climate［J］. Journal of SafetyResearch,2002(11).

［28］ Michael Toole. The relationship betweenemployees, perceptions of safety and organizational culture［J］. Journal of Safety Research,2002(8).

［29］Jeffrey Hickman S,Scott Geller E. A safetyself-management intervention for mining operations［J］. Journal of Safety Research,2003(5).

［43］赵铁锤等. 建国以来煤矿特别重大事故统计分析及案例汇编(1949～2009)［M］. 北京:煤炭工业出版社,2010:77.

第三章　煤矿安全危机管理

20世纪70年代末,我国进入了社会转型期,至今已有30余年。随着改革的深入,转型的步伐也随之加速。这个时期是危机事件高频发生的时期,经济发展不均衡造成贫富分化;传统道德文化失衡引起的刑事犯罪;国际各种极端势力的发展带来的恐怖袭击等等各种社会危机愈演愈烈。其中,煤矿安全事故的接连发生,给国家以及人民的生命财产造成了巨大的损失;在国际上也产生了不良影响,直接影响着我国经济的发展和社会稳定。因此,提高政府对煤矿危机管理安全监管的能力,促进煤矿安全生产健康有序的发展十分重要。

煤炭资源分布广、储量大,是世界上最主要的一次能源之一,占世界一次能源消费比重的29%。在我国,煤炭占一次能源消费比重高达70%左右,资料显示,至2050年,煤炭占一次能源消费比重仍高达50%以上。因此,煤炭在我国未来几十年的一次能源消费比重中仍占有重要的地位。我国煤炭资源开采95%是地下作业,生产环境危险系数颇高,生产形势十分严峻,煤矿生产中的安全问题受到了国家的重视。

第一节　煤矿安全危机管理的提出

作为21世纪社会发展的重要能源——煤炭,在其为社会发展带来能量,为经济发展提供动力的同时,不可忽视的是煤矿安全事故的频发,给国家带来的财产损失,让人民付出了生命代价。煤矿危机管理影响着煤矿安全事故发生与否,因此,政府部门对于煤矿危机管理的关注度不断提高。利用煤矿危机管理的研究,政府加强对煤矿的安全监管,可以预防煤矿安全事故的发生,以及加强煤矿安全事故发生后的治理。

一、煤矿安全危机管理范畴

政府对煤矿的安全监管直接影响着煤矿安全生产,而政府对煤矿安全监管的方式是煤矿危机管理。因此,安全监管以及危机管理理论的阐释是研究煤矿危机管理在政府安全监管中的作用和意义的基础。

（一）安全监管的概念

"监管"英文对应词为"regulation"，是政治学、经济学和法学专业的词汇，也有的称作"管制"、"规制"等。"监管"一词最早由西方经济学家提出，后来逐步引入到我国行政法学界。就一般含义来看，日本学者植草益认为"通常意义上的规制，是指根据一定的规则对特定社会的个人和特定经济主体的活动进行限制的一种行为。"①进行规制的主体主要有私人和社会公共两种形态。由社会的公共机构进行的规制，应由司法机关和行政机关以及立法机关进行的对私人及经济主体的规制，称之为'公的规制'。根据《牛津高阶英汉双解词典》，regulation 一词的含义有："① 管理、调校、校准、调节、控制（regulating or being regulated；control）；② 规章、规则、法规、条例（rule or restriction made by an authority）。"②在我国法学界，"regulation"经常被译为"监管"、"管制"、"规制"等意思。学者曾国安在其文章中指出，"'regulation'译为'管制'为好，这样符合英文单词的原意，也符合汉语的表达习惯，同时'管制'并没有否定管制是有规则的、是有规可循的。"③黄毅在《当代中国行政监管的公法规范》一文中认为："从广义上讲，监管通常含有监督和管理的内容，而狭义上的监管则是指监督性管理，其英文对应词为 regulation，意指规制、管制和监管。""监管是政府专门机构为实现特定目标，依法采取措施对一定领域或行业予以主动干预和控制的活动总称。"④曾国安将监管定义为："管制者基于公共利益或者其他目的依据既有的规则对被管制者的活动进行的限制"。⑤茅铭辰在《政府管制法原论》一书中也认为管制来源于 regulation，对政府管制的定义为："所谓政府管制，就是管制性行政主体根据法律法规的授权，为追求经济效益的帕累托最优及维护社会公平和正义，对经济及其外部性领域和一些特定的非经济领域采取的调节、监管和干预等行政行为"。⑥"煤矿安全监察是国家煤炭安全监察机关及其安全监察人员为实施国家有关煤矿安全的法律、保障煤矿安全、保护国家和人民财产不受损失、保护人民的生命安全而对煤矿生产经营管理中的有关煤矿安全的各种行

① 植草益. 微观规制经济学[M]. 北京：中国发展出版社，1992：1-2.
② 牛津高阶英汉双解词典[M]. 北京：商务印书馆，1997：1259.
③ 曾国安. 管制、政府管制与经济管制[J]. 经济评论，2004（1）：93.
④ 黄毅. 当代中国行政监管的功法规范，法治政府网，2006-8-2.
⑤ 曾国安. 管制、政府管制与经济管制[J]. 经济评论，2004（1）：93-94.
⑥ 茅铭晨. 政府管制法学原论[M]. 上海：上海财经大学出版社，2005：38.

为进行监督、检查,并对违法行为进行处理的活动。"①

可见,我国法学界对"监管"一词的范畴并未达成统一共识,明确监管的概念问题,是研究政府对煤矿的安全监管的基础前提。虽然"监管"一词并未形成统一概念,但是可以看出监管的行为主体是特殊的行政主体;依据是法律、法规;监管的手段是干预或控制;监管的对象是市场活动主体;监管的目的是为了维护公共利益。因此,结合多方意见,综合考虑,应将政府对煤矿的安全监管定义为:旨在预防和减少煤矿安全事故,保障职工生命安全,维护国家和人民的财产,根据相关法律、法规规定,依法承担安全监管的行政主体,对煤矿安全生产活动进行干预和控制的行政行为。

(二)煤矿危机管理内涵

危机管理主要描述的是企业所面对的危机情况,如企业遇到的问题日益严重、受到社会公众和舆论媒体的密切关注、企业不能正常运行、公司形象受到损害等情况,以至于公司的生存受到威胁。有学者认为,"危机管理是一种有组织、有计划、持续动态的管理过程,政府针对潜在的或当前的危机,在危机发展的不同阶段采取一系列的控制行动,有效的预防、处理和消除危机"。也有的学者认为,危机管理是针对突发危机事件的管理,目的是通过提高政府对危机发生的预见能力和危机发生后的救治能力,及时、有效处理危机,恢复社会稳定,恢复公众对政府的信任。危机管理的重点就是及时收集到有关危险的信息,并进行准备工作,及时的对危机进行回应,危机过后采取规范的方法进行重建,它是一个不断学习和创新的过程。

政府安全监管下的煤矿危机管理,是指在政府安全监管部门的监管下,利用人力资源和现代科学技术,及时发现煤矿安全生产存在的问题或已发生的煤矿安全事故,发出预警信号,根据应急预案,制定切实可行的政策措施,迅速应对危机事件,最大程度的降低损失的一个管理过程。

二、煤矿安全危机管理特征

政府安全监管下的煤矿危机管理,就是政府安全监管部门和煤矿企业,在吸收各种危机管理理论和科学管理理论,总结以往煤矿安全事故的经验和教训基础上,结合政府对煤矿的安全监管的特征和实际情况,建立一整套的煤矿危机管理的预防机制、预警和预控机制,以及应急处理机制,旨在将煤矿安全事故

---

① 景国勋,杨玉中,张明安. 煤矿安全管理[M]. 徐州:中国矿业大学出版社,2007:653.

的损害降到最低所进行的一系列管理活动的总成,从而探索出一条政府安全监管下的煤矿危机管理体制改善的良好路径。从危机管理的角度来看,政府安全监管下的煤矿危机管理具有以下特点:

（一）化危机为转机

对于煤矿而言,安全隐患无时不在,煤矿安全事故时有发生,事故的后果可轻可重。当因危机管理的协调不当而造成煤矿安全事故恶化时,政府采取安全监管措施,使煤矿危机管理体制正常运转,减少已经发生的危机给社会带来的损失,控制事情局面,避免煤矿安全事故再度恶化。其主要监督工作包括:事前预防,预警预报;处理事故,遏制事态;挽回败局,控制局面;协调关系,沟通信息;总结经验,重塑形象。通过事前预防,预警预报可以有效减少煤矿安全事故发生的可能性;在危机发生过程中,通过政府监管有效的危机管理能将危机损害降低至最小化,迅速恢复混乱局面,重塑形象,将危机化为转机。

（二）可预见性

危机事件能够带来严重性的危害后果,由此产生了危机管理,从而才有了危机管理的预防性。煤矿危机管理可以有效的防止煤矿安全事故的发生,或者最大限度的降低煤矿安全事故带来的损失。根据引起煤矿安全事故的原因是人为因素还是自然因素,可以将煤矿安全事故分为人为事故和自然事故以及由于两者交互作用引起的煤矿安全事故。大多数煤矿安全事故都是由于监管不到位等人为因素引起的,因此大多数煤矿安全事故是可以预防的。另外,自然因素引起的煤矿安全事故从理论上而言,也是可以预防的,这主要取决于预防的成本以及预防技术的先进程度等。从煤矿危机管理的预防性可以看出,对于煤矿安全事故的预防,除了在理念上要坚信以外,关键在于煤矿危机管理体制的制定和政府对煤矿危机管理监管的力度,政府安全监管下的煤矿危机管理能够有效的减少煤矿安全事故的发生和损失。

（三）应急性

煤矿危机管理处置的应急性是指煤矿安全事故的发生具有突发性、紧急性等特点,使得煤矿危机管理必须应急处置,采取非常态的手段在第一时间做出相应措施,处置时间相当有限。从广泛意义上来说,危机管理包括事前、事中、事后的全面管理等环节,但因为危机的突发性和紧急性,往往在煤矿安全事故处理过程中尤其注意如何有效减少损失,遏制煤矿安全事故恶化,尽快平复危机等关键环节。因此,煤矿安全事故一旦发生,政府、煤矿和个人均陷于困境,面临着外界相当大的压力,这就意味着政府监管部门在发生危机事件以后,在最短的时间内发挥政府职能,调动一切资源进行处理,做出最优决策,同时要承担着决策失误带来的巨大风险。煤矿危机管理的应急性主要表现在两个方面:首先在煤矿安全事故爆发阶段,危机带来的危害时刻都在恶化,必须要以极快的反应速度进行处理,建立应急机制。另一方面,在紧急状态中进行危机管理,要克服由于决策者在紧急时间决策过程中带来的巨大压力,要在短暂的时间内做出正确的决策,同时要紧张有序的开展各种危机管理工作。

（四）不确定性

危机管理的不确定性主要表现在四个方面:"管理对象的不确定性、危机预测的不确定性、危机预控的不确定性和危机预案的不确定性。"①所谓不确定性一般是指,人们根据目前的情况,凭借已知的知识不可能或无法对问题进行客观分类和结果预测的情形。在这种情况下,人们的行为在很大程度上依赖于他对自己信念的信任度。虽然煤矿危机事故的发生有其必然性,但是事故何时发生,应当采取什么方式化解,会带来什么样的影响,这些又有不确定性。因此,这就决定了煤矿危机管理的对象具有不确定性。同样,由于危机管理对象的不确定性,导致政府安全监管部门对于煤矿安全事故发生的时间、规模、强度、危害等都无法准确预测。因此,煤矿危机管理的对象和预测具有不确定性。煤矿危机管理预测的不确定性,导致煤矿难以对即将发生的煤矿安全事故采取准确的措施,以防止煤矿安全事故的发生。一些煤矿安全事故,虽然能够不同程度的预测,但是由于引发事故爆发的原因不能及时解决,因而也难以进行预控。因为不能准确科学的预测所有危机,所以相对而言也就无法制订确定无疑的危机管理预案。对于确定的危机管理对象,也由于危机本身的偶然性难以制订详细周全的危机预案。

（五）公众的约束和监督

与企业危机管理不同的是,政府安全监管下的煤矿危机管理是一种非营利性社会活动,也是政府的重要职能之一,管理过程中所消耗的是公共资源,所需要的管理经费也来源于国家财政拨款。这些公共特性决定了政府组织或者部门工作人员不得随意消耗公共资源和使用国家财政经费,不得通过危机处理滥用职权、营私舞弊从而有意回避相关问题,为煤矿负责人撑起保护伞,而置受害者于不顾。相反的是,政府组织或部门在危机管理过程中,从危机预防到危机控制再到危机解决等各个方面都务必做到信息公开透明,以最小的成本换取最

---

① 平川.危机管理[M].北京:当代世界出版社,2005:26.

大的社会效益。煤矿作为煤矿危机管理中的主体,因危机管理所要消耗的资源和经费都来源于自身,因此无需接受社会的监督和约束,而政府等公共主体则要对社会负责,需要接受社会公众的监督和约束。

三、煤矿安全危机管理形势

近年来,煤矿安全事故的频发渐渐地引起社会的广泛关注。虽然我国采取措施来缓解这一问题,但是我国煤矿安全事故的百万吨死亡率仍旧是西方国家的数十倍。从表 3-1 中可以看出,近两年重大安全事故造成的死亡人数高达 372 人,煤矿事故的频繁发生,不仅给职工家属带来的相当大的痛苦,同时对我国也带来了巨大的经济损失和政治影响。政府对煤矿安全监管这一问题将会在相当长的一段时间里涉及到我国政治、经济和社会发展等诸多问题。一方面,我国在基础设施建设的过程中需要消耗大量的能源,而煤炭需求量依然占能源供应的重要地位,这些需求,还是要通过煤矿采掘来满足;另一方面,伴随着我国社会经济政治的不断发展和我国对外开放水平的不断提高,人民对煤矿生产的安全性期望也在不断上升,国外社会对我国煤矿安全事故也在投入越来越多的关注。因此,如何在满足经济高速发展的同时,又要避免煤矿安全事故的频繁发生,同时提供煤矿职工的基本保障,维护我国在国际上的形象,就必须进一步完善我国政府安全监管下的煤矿危机管理机制。

表 3-1   近两年来我国重大煤矿事故汇总[①]

序号	时间	出事煤矿	死亡人数	事故原因
1	2013/12/13	新疆昌吉州呼图壁县白杨沟煤炭有限责任公司煤矿	22	瓦斯爆炸事故
2	2013/9/30	江西省丰城矿务局曲江煤矿	11	瓦斯突出事故
3	2013/9/28	山西焦煤集团汾西矿业公司正升煤业公司	10	透水事故
4	2013/6/2	湖南省邵阳市邵东县司马冲煤矿	10	瓦斯爆炸事故
5	2013/5/11	四川省泸州市泸县桃子沟煤矿	28	瓦斯爆炸事故
6	2013/4/20	吉林省延边州和龙市庆兴煤矿	18	瓦斯爆炸事故
7	2013/4/1	吉林省吉煤集团通化矿业集团公司八宝煤业公司	17	瓦斯爆炸事故
8	2013/3/29	吉林省吉煤集团通化矿业集团公司八宝煤业公司	36	瓦斯爆炸事故

---

① 国家安全生产监督管理总局事故快报:煤矿事故 [EB/OL]. [2014-04-07]. http://www.chinasafety. gov. cn/shigukuaibao/meikuankb. htm.

序号	时间	出事煤矿	死亡人数	事故原因
9	2013/3/12	贵州省六盘水市马场煤矿	25	煤与瓦斯突出事故
10	2013/3/11	黑龙江省龙煤集团鹤岗分公司振兴煤矿	4	溃水溃泥事故
11	2013/2/28	河北省张家口市怀来县艾家沟煤矿	12	火灾事故
12	2013/1/18	贵州省六盘水市金佳煤矿	13	煤与瓦斯突出事故
13	2012/12/5	云南省曲靖上厂煤矿	17	煤与瓦斯突出事故
14	2012/9/25	甘肃省白银市屈盛煤业有限公司	20	钢丝绳断裂跑车事故
15	2012/9/22	黑龙江省双鸭山市龙山镇煤矿	12	火灾事故
16	2012/9/6	甘肃省张掖市宏能煤业公司花草滩煤矿	10	作业平台侧翻事故
17	2012/9/2	江西煤业集团有限公司萍乡矿业集团高坑煤矿	15	瓦斯爆炸事故
18	2012/8/13	吉林省白山市吉盛煤矿	18	瓦斯爆炸事故
19	2012/5/2	黑龙江省鹤岗市峻源二矿	13	透水事故
20	2012/4/14	河南省平顶山市裕隆源通煤业有限公司	5	透水事故
21	2012/4/13	山西省长治市襄垣县善福联营煤矿	11	透水事故
22	2012/4/6	吉林省吉林市蛟河市丰兴煤矿	12	透水事故
23	2012/3/22	辽宁省辽阳市灯塔市西大窑镇大黄二矿井	5	瓦斯爆炸事故
24	2012/2/16	湖南省衡阳市耒阳市宏发煤矿	15	运输跑车事故
25	2012/2/3	四川宜宾市钓鱼台煤矿	13	瓦斯爆炸事故
死亡人数总计			372	

然而,虽然当前的政府监管下的煤矿危机管理正在逐步完善,但是仍然面临着严峻的形势,很多方面还需要进一步健全,主要有以下几个方面:

第一,未能有效监督指导煤矿建立有效的安全危机预防和预控体系。煤矿安全事故发生的一个十分重要的原因就是煤矿安全危机预防和预控体制的缺失,由于一些煤矿企业盲目的追求经济效益,在煤矿安全管理方面工作的开展存在诸多漏洞,一旦发生煤矿安全事故,得不到及时有效的解决,对国家和个人的生命财产带来巨大损失。如果煤矿建立了完善的危机预警机制,在某种程度上,一些事故损失是可以减轻的,甚至都会避免发生,许多煤矿企业并没有配备满足应急处置的排水设备、专业人员队伍等相关配套设施。没有建立灵敏、准确的信息监测机制,缺乏信息的传递、反馈制度,对于可能爆发的煤矿安全事故,不能迅速、准确的对其进行分析整理,不能及时的做出正确决策并将危机预警传达下去,因此,无法发挥对煤矿安全事故进行预控的作用。

第二，对危机管理应急预案的制定与实施监督不力，部分煤矿应急预案形同虚设。部分煤矿企业对于国家的相关安全治理政策置若罔闻，不落实相应的安全措施，很多做法只是停留在文件上、口头上，并未付出实际行动，没有得到足够的重视，部分应急预案也是形同虚设，在关键时刻无法发挥其作用。2012年8月13日，吉林省白山市吉盛矿业有限公司一井发生一起重大瓦斯爆炸事故，这起事故造成死亡20人，受伤1人，事故带来直接经济损失高达2642万元。事故调查组通过现场调查取证分析，最终确定此次事故是一起责任事故，造成此次事故的一个重要原因就是当地煤矿安全监管部门监督管理不到位，有关工作人员业务素质较差，思想麻痹，重生产、轻安全，在平时的日常监管工作中不能全面贯彻落实上级部门关于防止煤矿瓦斯突出的相关要求。另一方面，该矿安全监控系统存在严重问题，事故工作面甲烷传感器因故障导致无法上传监测数据，安全监控系统形同虚设，事故发生时，没有发挥其应有的作用，进一步扩大了损失。

第三，监管部门没有认真总结经验，造成类似安全危机重复发生。危机事件处理后的一个重要环节就是对事件进行经验总结，防止以后发生类似事件。而在我国很多起煤矿安全事故中，一个共同点就是都没有很好的吸收借鉴相关经验，造成类似的事故重复发生。2013年7月23日，四川省煤炭产业集团芙蓉公司杉木树煤矿发生一起瓦斯爆炸事故，造成7人死亡，直接经济损失达1046万元。该起事故发生的一个重要原因就是煤矿安全监管部门没有认真吸取吉林省吉煤集团通化矿业集团公司八宝煤业公司"3·29"事故教训，在第一次爆炸发生之后，没有仔细查清原因、没有及时撤出井下人员、也没有按规定上报事故的情况下，组织救护队员进入灾区排放瓦斯，造成了这起令人悲痛的事故，夺走了多条宝贵的生命。

四、煤矿安全危机管理必要性

安全是煤矿生产的头等大事。如果没有安全，不仅职工的生命无法保障，而且社会主义生产的目的——改善人民的生活，也无从实现。因此，"安全第一"一直是我党遵循的基本生产方针。安全生产，一是要靠安全生产技术的支持，更是要靠政府安全监管下的煤矿危机管理的作用，即人的主观能动性。

（一）煤矿安全是一种准公共产品

在现代文明社会，公民权利至高无上，生命权和健康权尤其如此。因为安全是人类生存与发展的最基本要求，是生命与健康的基本保障。安全生产是保护劳动者安全健康,保证国民经济持续发展的基本条件。伴随着我国国民经济和煤矿工业生产的迅猛发展,我国煤矿安全事故频繁发生,不仅对国家财产和公民生命造成巨大损失,而且严重制约了我国市场经济的健康平稳快速发展,还与我国当前致力于构建的和谐社会总体目标不符。"如果市场经济的发展必须以公民生命为代价,那么这样的发展显然和'以人为本'的执政理念背道而驰,所谓的科学发展观也就成了纸上谈兵,失去了最初的意义。"①而造成煤矿安全事故层出不穷的一个重要因素是,我国煤矿安全监管存在很多不足。煤矿负责人是"经济理性人",他们追求的是生产利益最大化。在生产过程中,如果缺乏足够严格的监管,煤矿负责人会因降低成本而导致各类安全事故的发生,造成公共危机。在煤矿安全监管出现危机的情况下,作为煤矿安全监管的主体之一,同时也是公共危机化解主体之一的政府,有必要出面进行危机干预。

由于监管不力造成的煤矿安全事故为政府提供了一个稳定社会秩序、维持公平正义、维护社会安全的环境的契机。在这种情况下,政府所进行的监管可以视为在向社会提供一种公共产品。公共产品具有非排他性和非竞争性两个基本特征。非排他性是指对某一产品不同时排斥其他人消费,非竞争性是指对某一产品,如果新增加一个消费者,对该产品的提供者而言不需追加任何生产成本;对其他消费者而言其消费质量和数量不受影响。而非排他性的条件下,消费者具有隐瞒真实需求偏好的可能,不会自愿付费,倾向于搭便车。"由于非排他,从而向谁收费、如何收费都成为难题,价格机制难以发生作用,从而公共产品的投资无法收回,市场难以提供这类产品。因此需要公共部门的介入,利用特殊资源配置方式来提供。因此通过提供公共产品来提高经济效率便成为政府的重要职能之一。"②公共危机管理是以保持社会秩序、保障社会安全、维护社会稳定、提供公共产品为目标。遭受危机的政府组织或者部门,如果没有全面应对危机的安全意识、配套办法和办事能力,会在危机中全面崩溃,丧失群众基础和组织合法性;或者反应迟缓被动、措施低效不当,没能取得公众的理解和支持,危机后组织形象便会大大受损,影响组织的公众威信力和社会地位。相反如果在遭遇危机时,根据政府监管煤矿的特性,相关政府组织或部门积极采取有效应对措施,提供公共产品对于维护社会局势的稳定具有重要意义,对于

---

① 宋耀.我国煤矿安全监管问题探析——兼论以人为本在煤矿安监中的运用[D].成都:四川大学,2006:2.

② 夏光玉.论公共产品和公共服务的区别[J].咸宁学院学报,2009(10):14.

整个国家的和谐发展也具有特殊的意义。一方面,会进一步巩固自己的社会地位和公众威信,对群众的影响力也会进一步提升。另一方面,从公共产品供给的目标和手段上看,也是为了将社会从偏离正常运行的状况下扭转过来,实现社会秩序的稳定正常。公共产品的刺激效应表现在:通过提供公共产品,有利于政府部门改革公共支出方式,优化公共支出结构;由于公共产品保障了公众的基本利益,它的提供能够进一步刺激私人产品的生产,反过来一部分私人产品会代替行使公共职能。虽然公共产品和私人产品之间存在着一定程度的相互替代,但总的来看,对于社会总产出的增加是有利的。① 虽然政府不是唯一的煤矿安全监管危机管理主体,但是与企业危机管理主体不一样的是,企业追求经济效益,而公共危机管理者则追求的是社会公平公正、秩序安定、公众安全。企业主追求企业利益,而公共危机管理者必须对全社会公众负责,为所有公民谋福利。

作为政府组织或部门,在煤矿安全事故发生时,提供必要的公共产品进行危机管理不仅是社会公众的需要,同时也是自身良性发展的必要举措。当代危机冲突理论认为,没有一个社会系统是十分完美的,系统内矛盾普遍存在,而且随时随地都可能发生。因此,有效地处理危机、提供公共产品、维护社会秩序,是任何一个国家的政府都不可避免的重要问题,也是政府的首要职责和必备行政能力之一。② 我国煤矿安全事故的频繁发生,政府安全监管问题重重,要想切实改善对煤矿安全监管局面,政府必须通过不断的危机管理实践来提升自己应对危机的能力,增强危机处理效果。其次,危机管理中提供优质的公共产品可以使政府树立良好形象,提高公信力。政府作为煤矿安全监管公共管理者,有责任并且要有能力提供公共产品,结果也体现了政府的治理水平,关系到政府国内外形象。在信息高速传播的今天,政府对煤矿安全监管的危机管理也面临新的挑战,一方面可以为政府提供机会显示其治理能力,另一方面,容易暴露政府管理中的不足和缺陷。政府需要在危机处理过程中变得成熟和自然,政权也得以稳固。

(二)政府对煤矿危机管理的安全监管是不可缺少的公共服务

最早提出公共服务概念的学者是法国公法学派代表莱昂·狄骥,他指出公共服务即是:"任何因其与社会团结的实现与促进不可分割,而必须由政府来加

---

① 邱杰恺. 公共危机下的公共产品研究[D]. 杭州:浙江大学,2008:6.
② 平川. 危机管理[M]. 北京:当代世界出版社,2005:23.

以规范和控制的活动,就是一项公共服务,它具有除非通过政府干预,否则便不能得到保障的特征。"①美国学者罗纳德·J.奥克森认为:"(公共)服务供应是指一系列集体选择行为的总称,他就如下事项做出决定:需要提供什么样产品和服务,如何约束和规范公共产品和服务消费中的个人行为,以及如何安排产品和服务的生产。"②新公共行政学派的代表弗雷德里克森认为:"凡是促成民主发展、培养公共精神以及维护社会公正和公共利益的官员行动或政府行为都是公共服务,也就是所谓的'公共行政的精神'。"③新公共服务理论的代表登哈特夫妇认为:"公共官员日益重要的角色就是公共服务,亦要帮助公民表达并满足他们共同的利益需求,而不是试图通过控制或者'掌舵'使社会朝着新的方向发展,并为公共利益承担起应有的责任。"④陈振明等认为:"公共服务是指政府及其公共部门运用公共权力,通过多种机制和方式的灵活运用,提供各种物质形态或非物质形态的公共物品,以不断回应社会公共需求偏好、维护公共利益的实践活动的总称。"⑤李军鹏认为:"公共服务是指政府为满足社会公共需要而提供的产品与服务总称。它是以政府机关为主的公共部门生产的、供全社会所有公民共同消费、平等享受的社会产品。"⑥赵黎青认为:"公共服务就是指使用公共权力和公共资源向公民所提供的各项服务,包括基础公共服务、经济公共服务、社会公共服务等内容。"⑦王语哲认为:"公共服务通常是指为了满足公共需要,由公共部门或私营部门组织提供活劳动产品的活动。"⑧不管是哪个学派的学者提出的关于公共服务的概念,其基本思想都是一致的,认为公共服务即是政府提供的满足公民需求的一项责任和义务,这是对公民需求的回应,也是公民的权利。

矿难事故的发生严重破坏了我国社会主义和谐社会的建设进程,也违背了以人为本的科学发展观理念,背离了党的执政目标。和谐社会的建设并不仅仅

---

① 李军鹏.公共服务学[M].北京:国家行政学院出版社,2007:33.

② [美]罗纳德·J.奥克森.治理地方公共经济[M].万鹏飞,译,北京:北京大学出版社,2005:22.

③ [美]乔治·弗雷德里克森.公共行政的精神[M].张成福等,译,北京:中国人民大学出版社,2003:53.

④ [美]珍妮特·V.登哈特,罗伯特·B.登哈特.新公共服务[M].北京:中国人民大学出版社,2004:43-141.

⑤ 陈振明,等.公共服务导论[M].北京:北京大学出版社,2011:13.

⑥ 李军鹏.公共服务型政府建设指南[M].北京:中共党史出版社 2006:19.

⑦ 赵黎青.什么是公共服务[J].中国人才,2008(8):69-70.

⑧ 王语哲.公共服务[M].北京:中国人事出版社,2006:1.

是指实现社会的公平正义,也需要为社会民众提供一个安全、稳定的社会秩序。从效率原则出发,煤矿安全监管发生危机时,政府需要提供市场机制无法提供的公共产品进行危机管理。从公正角度,在煤矿安全监管发生危机时,政府进行危机管理从其职能和宗旨方面解释,需要提供公共服务。

在十六大报告上,对社会主义市场经济条件下政府职能的定位明确为经济调节、市场监管、社会管理和公共服务四大职能。在这里,公共服务是指公共部门利用手中的公共权力,对公共资源进行合理配置,为社会民众提供服务的一个过程和行为。公共服务远远不止是一个职业范畴,它被界定为一种态度、一种责任感乃至一种公共道德意识。这与公共服务动机对于促进政府行为非常重要和有力的概念是一致的,公共服务动机的基础是一个人对一些主要或者只限于公共机构和组织中的动机做出回应的偏好。而这些动机与忠诚、责任、公民权、公平、机会及公正等价值观有关。公共服务本质是取之于民、用之于民,通过社会财富再分配的手段实现基本消费均等化。市场经济无法实现收入均等,所以政府有责任通过公共服务的提供将贫富差距控制在社会正义和公平要求的范围之内,保证公民的基本生活需要。在现实中,政府实际上提供了包括私人产品在内的各种产品。这说明政府并非仅仅按照效率原则提供市场不能提供的公共产品,而且还要从公平的角度提供各种公共服务。我们通常所说的公共服务是政府提供的以服务形式存在的公共产品,一般包括:"如公用事业、基础设施等基础性公共服务;制度供给、宏观调控、信息发布、规范监管等经济性公共服务;社会保障、教学科技文化、卫生、体育、环保等社会性公共服务;国防、警察、消防等公共安全型服务。"①政府对煤矿危机管理的安全监管可以看作是在履行政府的经济性公共服务职能。

在市场经济体制下,有些煤矿领导盲目追求收益最大化,不顾员工的生命安全,使用一些不合格的生产设备,以降低生产成本,致使矿难危机事故反复发生。政府作为对煤矿进行安全监管的社会主体,其职责就是对煤矿安生生产进行检查监督,对煤矿的安全监管可以允许市场机制的进入,让社会力量参与进来,与政府监管形成合力,共同发挥作用。虽然煤矿安全监管可以交由社会力量进行,但是因为监管成本等因素的影响,监管方难免与煤矿企业进行勾结,疏忽管制,形成"市场失灵",造成监管危机。因此,作为公共利益代表的政府,应本着为人民服务的宗旨,以及建设服务型政府的思想,有必要承担煤矿安全监

---

① 韩狄明.再论政府与公共产品的供给[J].中共云南省委党校学报,2010(7):167.

管危机管理重任,为煤矿安全生产创造良好环境,为矿工能够安全劳动、幸福生活营造条件。

此外,在打造服务型政府的过程中,以人为本的工作理念要在行为上体现出来,即体现在政府为百姓服务上。服务型政府从本质上来说,集中体现了"以人为本"和"公民本位"、"社会本位"的价值理念,使人们很清楚地看到政府与公众之间的基本关系,极大地尊重和维护了民众的权利,而且也直观地反映出政府在社会中所扮演的基本角色和承担的主要责任。[①] 在煤矿安全监管中,政府积极提供危机管理公共服务,一方面可以为受害者提供福利,惩治唯利是图之辈,避免造成过度混乱的局面,另一方面有助于协调和发展社会关系,保障我国煤炭资源开采工作的健康有序发展,实现对矿工的安全保护从而实现社会公平正义,规范良性市场经济秩序。

五、煤矿安全危机管理实证分析

山东省是我国的煤炭生产大省,拥有众多优良产煤基地,为了更好地对煤矿安全生产管理进行监督,山东煤矿安全监察局于 2000 年成立,主要专门从事煤矿安全监察工作。近年来,根据国家的有关规定和指导,认真落实贯彻煤矿安全监察方针、政策、法律法规,依法对煤矿安全进行安全监察,并积极指导地方煤矿安全监督管理工作,取得了很大成效。齐鲁矿业集团公司位于山东省南部,处在一个拥有百年矿区称号、全国七大煤化工基地之一的城市,在煤矿安全监管上从不松懈,政府严格落实安全监管责任,高度重视抓好煤矿安全生产工作,在煤矿安全监管工作上,主要从源头管理、过程控制、应急救援、事故查处四个方面着手,为顺利开展煤矿安全生产监管工作创造了良好条件。以齐鲁矿业集团公司为例研究煤矿安全监管管理机制,能从中得出很多有益启示和经验,能为促进煤矿安全生产工作建言献策。

(一)齐鲁矿业集团公司东盛煤矿概况

东盛煤矿隶属于齐鲁矿业集团公司,所在的行政市位于山东省南部,地理位置优越。位于苏鲁豫皖交界和淮海经济区中心,东与临沂市平邑县、费县和苍山县接壤,南与江苏省铜山区、邳州市为邻。西、北面分别与济宁市微山县和邹城市毗邻,是我国东部地区南北过渡地带,又是淮海地区与西部内陆地区的重要结合部。

---

① 韩狄明. 再论政府与公共产品的供给[J]. 中共云南省委党校学报,2010(7):168.

东盛煤矿由一号井和二号井组成。本井田属黄土层平原,边缘多丘陵。西和西南部有奥陶纪石灰岩露出地面,南部有东西走向的袁庄岭,长约 1400 米,高出附近地面约 8～10 米。东南有夹埠岭、张范岭,为山西式残余铁矿露头。井田内的院山高出附近地面约 30 米,由此经过院山,直至邹坞之北的埠湖村一带,多处有大奎山砂岩露出地面。整个井田东及东南部稍高,海拔 64～68 米,西北略低,海拔 52 米。井田范围内地表被第四系土层大面积覆盖,只在西北部零星见有二选系出露。地表以下为石炭系、二选系含煤岩系,受断裂构造影响,总体倾向于北东,倾角多在 8°～15°之间。煤系地层为奥陶系,奥陶系与下伏寒武系为平行不整合接触。本井田内含煤地层为石炭系和二选系,总厚度约 304 米。煤层由上而下编号为 1 至 18 层,按煤炭部的规定,以最低可采厚度 0.7 米评价,第 2、14 层为可采层,16、18 层为局部可采层。东盛煤矿矿井累计运用储量 3008.9 万吨。采煤方式包括:长壁式、刀柱式、强制放顶法、倾斜分层法、条带开采法。采煤工作面的危险因素主要有:爆破、上下端头、回柱放顶、构造带、初次周期来压、扫塘回撤、煤尘。

一号井的主井是提升煤炭的井口,为料石砌圆井,深 236.88 米,直径 4.5 米。副井是提升矸石,运送材料、设备和人员的井口,为料石砌圆井,深 213 米,直径 4.8 米。二号井设计最大提升能力为年 65 万吨。二号井排风系统网络长,通风阻力大,专用风道因地方煤井越界开采而造成巷道变形,修复难度大,费用高,风机运行不平稳,事故多。为改变这种不良状况,2002 年 6 月,该煤矿投入资金 150 万元对矿井通风系统进行改造,二号井风井停用,7 号风井由进风改为回风,风道两侧并联安装两台 BDK62-6-NO17 对悬式防爆轴流风机及相配套的电控设备,形成主副井进风,4 号风井、7 号风井回风"两进两回"混合式通风。

(二)问卷设计及概况

为了对东盛煤矿安全监管管理体制机制进行研究,设计了这份调查问卷,问卷主要分为基本情况、煤矿安全危机管理调查两大部分,这两大部分包含了受访者的性别、年龄、职位、教育程度、户口等基本情况,还包含了对煤矿安全知识的了解、安全文化的建设、安全监管的考核、安全法律的认知、安全培训的开展等一系列内容,问卷的设计基本上能够反映出东盛煤矿安全监管方面存在的问题,并能根据问卷分析出存在问题的原因。

在对问卷结果进行统计时,发现有些问卷回答的不是很完整,对于大面积残损的问卷直接放弃不用,对于有些个别问题没有答案的情况,用个别变量进行替换,例如这个变量所有数据结果的平均值。

(三)样本选取与调查设计

选取样本是开展社会调查实践活动的第一步,对于将要开展的研究具有重要意义。调查设计主要是对问卷内容的设计以及如何实施问卷调查,也是开展社会实践调查的准备工作之一,它们是调查的基础,样本人群特征如表 3-2 所示。

表 3-2 样本人群基本特征

性别	婚否	年龄	受教育水平
男(100%) 女(无)	已婚(87%) 未婚(13)	18 至 30 岁(21.2%) 31 至 40 岁(36.4%) 41 至 50 岁(39.4%) 51 至 69 岁(3%)	小学及以下(24%) 初中(52%) 高中、中专(21%) 大专及以上(3%)

根据统计学的知识,我们知道,调查样本的容量越大,其结果估计的正确度也就越高。当然,正确度的分析还与抽样误差、样本选择等因素有关。风笑天在《现代社会调查方法》中提出,小型社会调查通常用于非正式的或要求不高的、总体规模较小的情况,可把样本容量确定在 100~300 之间;正式的调查研究一般要达到中型社会调查的样本规模,样本容量确定在 300~1000 之间,通常情况下,它兼顾了样本的误差大小、研究者的人力、财力、时间,以及调查的组织和实施等多方面的因素;大型社会调查主要是全国性的调查项目,可把样本容量确定在 1000~3000 之间。学者建议的样本量是一个数字范围,而不是确定的值,就是因为影响样本规模的因素是多样的,比如总体的规模、抽样的精确性等,样本容量的确定必须建立在具体问题具体对待的基础上,要以研究者所要达到的各种研究目标以及研究设计的许多其他方面的考虑为转移。

从上面可以看出,小型社会调查的要求不高,需要样本的数量也不多,综合分析本研究的实际情况,预测样本容量在 100 份以上,基本上可以对东盛煤矿当前煤矿安全监管危机管理中存在问题进行判断和分析。

此次问卷的调查主要在齐鲁矿业集团公司东盛煤矿进行,问卷调查采用发放问卷的形式,采取随机抽样的方法,并结合实地访谈,问卷当场发放并当场回收,保证了问卷的有效性。

第二节　煤矿危机管理的阙如

我国是一个煤炭生产大国,目前,煤炭在我国的一次能源消费比重中仍占有重要地位,因此,煤炭的开采与生产在国民经济的发展过程中起着举足轻重的作用。然而煤炭开采业是一个高危险行业,煤矿安全问题不仅是一个行业问题,更是一个经济和社会问题,历来受到国家的重视,再加上在安全生产技术和员工素质不断进步的作用下,全国煤矿安全生产问题改善显著,取得了明显的成效。但是,由于主客观原因,煤矿安全事故仍是频频发生,依然接连不断造成人员伤亡。1949~2009 年,全国煤炭总产量 482.41 吨,煤矿事故死亡 250934人,平均百万吨死亡率为 5.20,其中 2001~2005 年,这 5 年间共发生 43 起特别重大事故,死亡 2634 人。即使是在事故大幅下降的 2006~2009 年间,也发生了 18 起特别重大事故,死亡 872 人,给人民的生命财产带来了巨大的损失。因此,研究政府监管视角下的煤矿危机管理中存在的问题对于改善目前的形势具有重要意义。

一、煤矿危机管理预防理念与机制不足

物质决定意识,意识指导实践活动,实践活动改变社会。意识是我们行动的先导,我们只有树立了正确的思想意识,才能正确的发挥我们的主观能动性,才能推动社会朝着正确的方向前进。政府对煤矿的安全监管,首先要树立起危机意识,因为这是煤矿危机管理的开始,说到煤矿安全危机意识,我们首先想到的是矿区工作的煤矿工人,因为危机意识问题关系到矿区每一个矿工的生命,体现了管理者乃至全体员工对生命的重视,这是自然而然的一种人文关怀。从危机意识的强弱,我们能看到政府对待社会公众的态度,危机意识强,则体现了政府切实关心人民群众的生命安全;危机意识弱,则显示了政府对待群众的冷漠。通过实地调查,我们发现,在一些地方及煤矿企业,从上到下普遍存在缺乏危机意识的问题。

（一）危机预防成为虚设

预防机制是指在认识事故产生规律和发生特性的基础上,利用管理、技术等手段,通过增强抵御事故产生的能力,从源头上消除其生成的环境条件,为制

止其发生而制定的应急活动行为规程。① 煤矿生产的预防首先要选择预防对象,根据煤矿安全生产的实际情况,协调组织专家、管理者及工作者一同对煤矿可能发生的风险进行预测,并选出需要重点防范的危险,如煤矿透水危险、井下瓦斯气体浓度、煤矿塌陷等情况。在作出危险评估后,就应该针对这些危险,组织专家学者、管理机构,制定切实有效的预防措施和办法,包括资金、技术、信息等内容。然后,进行预防措施的宣传贯彻工作,准备好所需要的人、财、物等资源,并进行检查工作,以保证预防措施在需要时,能够顺利执行。但是,在煤矿危机管理中,大部分人注意的都是已发生煤矿安全事故的救援工作,对煤矿安全事故发生前,隐藏在各个地方的潜在危险却全然不顾,也没有引起高度的重视,最后,造成不可估量的人财损失。还有一些煤矿管理者及地方政府工作人员过于相信自己对煤矿安全事故发生的处置能力,没能及时的达到未雨绸缪,防患于未然,造成本来可以妥善处理的事故事态扩大化,危机的发展超出了可控范围。

危机预防是煤矿危机管理的首要步骤,能够有效的减少危机发生所带来的损失,是后续煤矿安全监管工作的基础。危机预防能够增强人们的危机防范意识,在危机预防管理中,人们通过宣传、参与了解到危机管理知识、应急预案知识、自救互救以及逃生能力等等;危机预防能够遏制危机的发生,最大限度的保护人民群众的生命财产安全、维护社会的稳定、保障国家的安全、减少损失,为社会主义的健康稳定发展创造良好的条件。

(二)缺少有效的危机预警和预控机制

"凡事预则立,不预则废",煤矿安全生产的第一步就是做好预测预警,这也是危机管理在事发前最为重要的一个环节。预测是要说明可能会发生什么,而预警则是建议做出具体的行动,预警是在预测的基础上具体说明会发生什么,告诉人们应该怎样做才能避免坏结果,目的是减少因危机事件的发生而造成的不利影响。一个完整的预测预警流程应该是:对危险要素持续地进行监测并对警兆进行客观分析,作出科学的风险评估;如果风险评估的结果显示公共危机不会发生,则返回继续监测,如果风险评估的结果显示公共危机可能发生,则向社会公众发出警示信号;当社会公众采取有效的响应行动后,预测预警的流程结束。② 煤矿安全监管过程本应如此,但是,由于主客观原因,预测预警机制并

---

① 黄典剑,李文庆.现代事故应急管理[M].北京:冶金工业出版社,2009:128.
② 汪大海.公共危机管理[M].北京:北京师范大学出版社,2012:82.

不完善。

公共危机的预警主要是指在危险要素尚未转变为公共危机之前,将有关风险的信息及时告知潜在的受影响者,使其采取必要的行动,做好相应的准备。"1997 年联合国发表的《有效预警的指导原则》(Guiding Principles for Effective Early Waring)指出,预警的目标是:赋予受灾害及致灾因子威胁的个人及社区以力量,使其能够有充足的时间、以适当的方式采取行动,减少个人伤害、生命损失、财产或周边脆弱环境受到破坏的可能性。"①因此,建立完善的预警机制非常必要。

预警机制的建立是政府对煤矿安全监管危机管理的首要步骤,是煤矿危机管理的"哨所",预警重在预测将要发生的危险及其危险的程度,并对预测到的信息进行及时的宣传,告知人民群众应该做好相关准备,达到最大限度的降低可能因灾害发生的损失的目标,同时,也为积极应对煤矿安全事故争取到足够的时间。总的来说,预警机制的功能主要表现在预测和警示两个方面,预测是指利用先进的科学技术手段对各种经济、政治、文化、自然等现象进行监测,从中能够迅速的发现异常或变动,然后对其分析和判断,预先知道可能发生的危险及程度;警示就是根据先前已经判定好的相关信息对社会公众进行引导和发出警报,以达到做好行动应对危机的准备。但是,公共危机发生前的信号和信息是微弱的、少量的,仅凭人的能力和目前的技术手段,是很难捕捉到的,所以,这些微量的信息也没引起相关人员的重视,造成预警困难,以致因预警不足造成大灾难的发生。

煤矿安全监管危机的预控,意思是发现煤矿确实存在的危险信号或危险征兆后,及时动员相关力量,采取并实施可行的应急措施,对将要发生的危险进行必要的、有效的控制,避免危险程度的升高和扩大化,尽量杜绝或减少因危机发生而造成的损失。这个阶段的主要目的是对将要可能发生的危险进行控制并减少损失,在发现危险并确认后,尽量采取有效的措施把危险控制在起初的情形,当危险程度扩大,不能消灭时,我们也要采取有效的措施和行动,控制并减小危险发生的程度。

预警和预控是两个不同的事情,是煤矿安全监管危机管理的两个过程,先是有预警机制,然后才会存在预控机制,前者讲的是可能会发生什么危机,应该

---

① Philip Hall. Early Warning Systems: Reframing the Discussion[J]. The Australian Journal of Emergency Management,2007,22(2):33.

采取什么行动,而后者讲的是根据上述的政策建议应该切实实施的行动,如何控制危机减少损失。预警是前提准备,预控是在这个基础上存在发生的,没有有效的预警,根本谈不上如何实施有效的预控,当然,如果没有及时的危机预控,预警的结果只是徒劳,因为预警的目的就是对危机进行控制,减少不必要的损失。公共危机的预警和预控是相辅相成、相互统一、相互作用的关系。

二、煤矿危机管理决策与指挥过程存在失误

煤矿安全监管危机管理的预警和预控是对未来危机发生的必要准备,预警和预控有可能能够杜绝或减少危机的发生,但是,这并不能完全阻止危险情况的发生。一旦煤矿安全危机发生,就要立刻进入紧急状态,着手处理危机过程中的问题,因为煤矿安全危险的发生不仅会带来经济上的损失,更重要的是会造成严重的人员伤亡。危机处理的过程是运用危机发生前已经拟定好的应急预案,合理动员社会力量,科学进行决策,采取切实可行的措施,最大限度的保障人民群众的生命财产安全。但是,由于主客观原因的影响,在危机处理的过程中总是会出现如下问题。

(一)人员调配安排不当

当矿难危机发生时,政府安全管理人员应迅速根据实际情况,收集相关信息,协调相关部门,采取切实可行的措施,调动应急救援人员,着手处理事故,最大限度的减少伤亡,而这一切都要依靠人力资源,需要合理配置应急人员。应急救援人员是处理煤矿安全危机情况的最重要组成部分,搭配合理、素质良好的专业救援队伍也是处理各类公共危机事件的主角。煤矿安全危机的发生不仅需要领导的亲自参与,发挥领导的个人魅力,以增强救援人员的信心,更需要安排专业技术人员参与救援,发挥专家的科学指导作用。

但是,在矿难发生后,有些领导不顾实际情况,并不是煤矿安全救援方面的专家,也没有丰富的矿难救援实践经验,却在盲目指挥,以致拖延了救援时间。有些矿难的发生就是因为技术方面的原因,但在救援时却没有足够的专业技术人员进行指导而造成了更大的灾难。长期以来,受到现有行政体制的影响,应急救援人员在救援时不能够进行合理的搭配,也影响到整个救援过程。我国的应急救援队伍存在三个方面的缺陷:"一是专业救援队伍单队单能,不能充分发挥应急救援力量的作用;二是专业救援队伍之间分部门、分灾种建设,协调联动欠缺;三是专业救援队伍与兼职救援队伍之间缺少沟通合作,专兼结合的水平需要提高。"①

　　政府在处理矿难时,会出现许多突发情况,再加上本身遇到的困难,会造成更大的损失。40.91%的受访者认为在处理事故时部门职责界定不清晰,28.64%的受访者认为政府在处理危机时人员调配不当,15.91%的人认为政府监管人员危机意识淡薄,6.36%的受访者认为管理者缺乏处理危机的专业知识,认为信息沟通不畅的占到了8.18%,见图3-1所示。

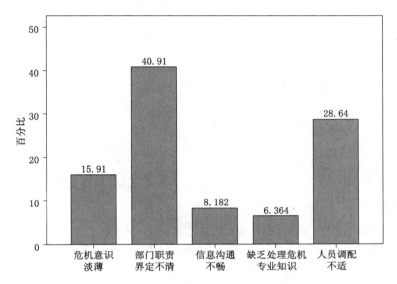

图 3-1　政府处理煤矿事故时面临的困难

（二）应对危机决策的失误

　　"危机决策,是指决策者在有限的时间、资源等约束条件下,确定应对危机的具体行动方案的过程。"②在处理危机的过程中进行决策,是为了杜绝或降低这种危机的损害,如果可能,可以将危机转变为时机,这是政府公共危机管理的核心,也体现了政府的公共服务能力和管理能力。当危机情况发生时,决策环境发生了巨大的变化,决策者需要在信息不完全、变化极为迅速以及时间比较紧迫的环境下迅速对危险情况作出分析判断,根据应急预案和实际情况,制定出切实可行的应急救援措施,快速进行救援行动,尽量减少人财物的损失。所

　　①　王宏伟.公共危机管理[M].北京:中国人民大学出版社,2012:140.

　　②　卓立筑.危机管理:新形势下公共危机预防与处理对策[M].北京:中共中央党校出版社,2011:102.

以,在煤矿安全危机发生时作出的一系列决策都是对决策者的一次重大考验。

煤矿安全监管危机管理过程中的决策具有时间紧、复杂性、风险性等特点。决策者在重大危机面前需要表现出相当强大的领导能力,但是,在决策过程中由于时间紧迫、考虑不周、信息有限等原因会造成决策的失误。一是决策者对时间把握不准而造成决策失误,矿难危机发生时完全可以用"火烧眉毛"、"迫在眉睫"等词来形容,此时,时间就是生命,快一秒钟就可以多挽救一条生命,准确把握时间,在一定程度上关系到救援的成败与否。但是,由于救援指挥领导时间把握不准,会造成救援失败。二是信息滞后导致决策失误,决策者在危机发生时需要迅速做出决策,而决策的依据就是依靠收集到的最新信息,但是由于危机的发展具有很大的变化性,很多信息也会随之变化,再加上问题具有巨大的复杂性,决策者收集到的大量信息有可能没有用处,反而形成信息冗杂的局面,影响决策的进程,进而导致决策失误。三是决策的风险性导致决策失误,决策者做出的决策是要立刻在事故现场实施的,决策建议将影响到对事故处理的结果,我们知道,世界上没有万无一失的公共危机决策,因此,决策者在决策时会考虑自身承担的后果和现实责任,面对这种风险,有些决策者在决策时会出现保守主义,作出的决策不能达到理想效果,以致决策出现失误。

(三)危机事件应急预案作用不足,指挥协调不力

"所谓应急预案,是指针对未来可能发生的公共危机事件,为保证迅速、有序、有效地开展应急与救援行动、降低危机带来的损失而预先编制的相关计划或方案"①,应急预案是在危机发生前准备好的应急救援方案,它是根据历史经验、本地、本单位实际情况等信息制定的一套完整的行动方案,可以使政府的救援工作更加制度化、系统化、法制化。编制应急预案明确确定了应急救援活动时工作人员的职责,使救援人员的工作有章可循;有益于在矿难危机发生后,迅速做出反应,迅速采取行动,减少危害;应急预案具有很强的指导性,是政府应对煤矿危机,开展工作的基础;预案的编制还能提高全体人员的危机意识和处理危机的能力。可见,应急预案在危机事件中的重要作用。

应急预案的编制对准确、及时的进行救援具有重要的指导作用,但是在实际操作执行时却存在应急内容准确性不足、实际操作性差、应急预案的指挥协调规划不足等问题。有些部门制定的应急预案就是根据国家发布的法律法规,把一些简单条例放到文件中来,然后确定各个部门、每个人员的职责,应急预案

---

① 胡税根,米红,等.公共危机管理通论[M].杭州:浙江大学出版社,2009:211.

中根本没有体现出预案的核心内容和主要目的,造成应急预案缺乏准确性;在编制应急预案时,未能根据当地、企业的实际情况制定出切实可行的行动方案,预案缺乏对处理矿难危机的详细描述以及处理的关键信息,致使在遇到紧急情况,处理实际问题时预案的可操作性差;应急预案的编制就是协调指挥各方面救援人员如何及时高效的进行救援,但是在编制应急预案时,由于考虑不周,再加上突发情况较多,会造成应急救援人员工作的混乱、内容重复、缺乏统一的指挥和协调,以致引起矛盾和一些列问题。如表 3-3 所示,受访者认为政府在应急管理方面还有很多重点工作需要改进。占 41.07%的受访者认为应当组建应急管理和指挥协调机构,有 33.93%的受访者认为应当建立和完善应急管理工作机制,有 41.07%的受访者认为应当完善应急预案体系,占 30.36%的受访者认为必须加强法律法规体系建设,26.79%的受访者认为需要建设救援基地和救援骨干队伍,23.21%的受访者认为需要加强宣传和培训工作,16.07%的受访者认为应当建立应急平台。

表 3-3 国家煤矿安全应急管理的工作重点

组建应急管理和指挥机构	建设救援基地和骨干队伍	建立完善应急管理工作机制	加强法律法规体系建设	加强宣传和培训	完善应急预案体系	建立应急平台
41.07%	26.79%	33.93%	30.36%	23.21%	41.07%	16.07%

三、危机管理善后恢复阶段的做法有失科学

当对煤矿安全危机救援过程中的问题处理完毕时,煤矿安全监管危机管理就会进入下一个阶段,即善后恢复阶段。善后恢复阶段主要是针对危机状态解决后,对于人员、财务、资源等的进一步协调、处理,有效避免因危机引起的次生危险,如社会混乱、群体性事件等,恢复社会的和谐、有序、健康发展的状态,达到圆满解决危机事件的目标,同时,相关部门和单位还要在善后恢复阶段总结经验教训,及时对矿难危机发生的原因进行细致的分析,并反思在处理危机过程中的不足,提出改进意见和建议,为以后编制新的应急预案积累素材,最后,进行相关改革和建设,以杜绝危机情况的再次发生。

做好善后恢复工作,还有利于塑造政府的形象。矿难危机的发生有时会造成重大的人员伤亡、财产损失,给矿工的家人带来巨大的悲伤,影响到了相关公民的生产生活,使他们对政府的监管能力产生了疑问,政府形象在公众的印象

中大打折扣。灾难发生后,政府及相关单位应及时做好沟通、协调工作,本着以人为本、减少危害的原则,拿出一套让公众满意的政策方案,以显示政府的诚意,赢得社会的信任,恢复并提升政府的形象。合法合理的处理善后工作总是令人满意,但在实际情况中,总有令人不满意的地方。

(一)存在官煤勾结的现象

我国是一个煤炭生产、消费大国,国家历来重视煤炭安全生产情况,也相继出台了一系列法律法规进行规范,也时刻强调安全监督管理人员的职责和义务,但是,在安全监管过程中,确实存在权钱交易、腐败滋生的问题。矿难危机的发生存在很多的原因和问题,最为引人关注的就是煤矿和政府的利益勾结,权钱之间的交易。国家安全生产监督管理局局长李毅中曾指出:"滥用权力和非法利益结盟,是导致矿难频发的症结之一。"[①]对于投资者,煤矿的开采与挖掘具有高额的利润回报,能够吸引很多人去投资采矿,但是,国家对于煤矿的开采具有严格的审批制度,给进入这个行业设定了一个高门槛,然而,国家规章制度的执行最终要依靠地方政府,这些权利被地方政府中的某些官员所掌握,投资者为了快速、顺利的拿到开采许可证,为了扫除敛财道路上的障碍,不可避免的会和管理人员勾结起来,贿赂官员。对于政府官员,他们一方面为了追求政绩,另一方面为了追求自身的经济利益,也会主动和矿主发生利益勾结。虽然,我国目前对于官员的考核新增了很多指标,诸如环境保护指标、人民满意指标以及社会稳定指标等,但是,对于官员的考核仍然以政绩为主,为了追求地方经济的快速发展,地方官员对于煤矿开采权的审批、煤矿安全状况的态度是睁一只眼,闭一只眼,只要你不犯大错误,就会一路绿灯,畅行无阻,拿矿工的生命开玩笑,在这期间,官员自然也会追求自身的经济利益,比如会投资入股煤矿的开采,加深了官商利益勾结的形式,使不达标煤矿任意横行,给人民的生命财产安全造成了极大的威胁。

习近平总书记曾指出:"要加强对权力运行的制约和监督,把权力关进制度的牢笼里,形成不敢腐的惩戒机制、不能腐的防范机制、不易腐的保障机制。"制约权力最重要的还是靠制度,对于官商利益勾结是引起煤矿安全危机的原因之一,我们要对我国当前的行政管理体制进行深入的反思,只有对造成矿难的体制机制进行深刻的了解,我们才能着实走出当前的困境,建设一个清廉高效并为人民服务的政府,给公众的生产生活营造一个安全的环境。

---

① 杨海涛.危机管理在我国煤炭生产行业中的应用研究[D].郑州:郑州大学,2007:9.

占 40.76％的受访者认为存在权钱交易、腐败行为,有 8.06％的受访者认为法律法规不完善、制度不健全,有 16.11％的受访者认为存在部门职能交叉重叠、责任不明确的问题,占 28.44％的人认为工作人员素质低、监管力有限,最后,占 6.64％的受访者认为存在安全资金投入少的问题,见图 3-2 所示。

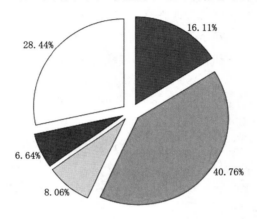

图 3-2 政府在煤矿安全监管中存在的问题

（二）地方保护主义的存在

地方保护主义存在于很多地方,也存在于很多行业。煤矿安全事故在全国各地的频繁发生,与地方保护主义的盛行不无密切的关系。党中央、国务院一直非常关注煤矿事业的安全发展,随着时间的发展和经验的积累,不断出台各项法律法规和政策意见,都是为了保护人民的生命财产安全。但是,随着政策的一层层下达,原有的政策也变了质,从"金箍棒"变成了"绣花针",一些地方政府没有做到对国家政策的理解吸收,反而做到了上有政策,下有对策。为了自身利益,对非法煤矿开采者置若罔闻,变着方法欺下瞒上,拿矿工的生命当儿戏,严重违背了为人民服务、以人为本的科学发展理念。当矿难发生后,不仅矿主担心害怕,当地政府官员也畏畏缩缩,对受害者家属进行金钱补偿,以封住消息,避免扩散。地方保护主义的存在对矿难事故的调查,追究当事人的责任也是一种阻碍,本身存在官商利益勾结的现象,当出现问题时,他们之间自然是相互包庇,延迟了追究相关人员的责任,不能有效的对他们进行处罚。

地方保护主义,是地方官员把权力用在了错误的地方,矿难发生之后不是去吸取并总结经验教训,而是忙着帮助矿主掩盖事实,企图寻求地方的一时安稳,缺乏大局观念。然后,上级政府通过长期的调查,对相关负责官员进行处理,但是,这样并不能解决根本问题,要想打击地方保护主义,还需要完善的法制。

四、政府安全监管体制存在局限性

当前我国实行"国家监察、地方监管、企业负责"的煤矿安全监察体系,合理划分了煤矿安全监察和安全管理的职责范围,煤矿安全监察由国家安全监察局实行垂直管理,安全管理的职能则由地方政府负责,但因为各种主客观因素的影响,煤矿安全监察和安全管理的职能实际上没有得到真正的分离,导致在煤矿安全监管过程中,存在责任主体不明、多头管理、重复监察等现象。

(一) 政府安全监管存在多头管理

根据《煤矿安全监察条例》规定的"专门从事煤矿安全监察工作的、自上而下垂直管理的煤矿安全监察机构"以及根据《安全生产法》确定的安全生产监督管理部门负责安全生产的综合监督管理体制,目前,我国煤矿领域统一实行"国家监察,地方监管,企业负责"的安全生产格局。可是,在煤矿安全监察过程中,公安、卫生、劳动等部门都参与到了煤矿安全监察的活动中,造成出现多头管理、重复监察的现象,不仅如此,各部门的重复监察,重复处罚,也给煤矿企业的正常生产经营造成了十分严重的影响。

"职、责、权一致是行政组织的一项基本原则。在行政组织中,职务、责任、权限三者是互为条件、相互平衡、三位一体的。每个层级、部门、单位乃至每个行政人员,都必须有职、有责、有权相称、权责统一。首先要明确规定各单位、各部门、各层级的职能范围,授予相应的行政权限,课以相应的责任,即成职权统一、权责一致的行政组织体系,避免有职无权、有责无权和有权不尽责的现象出现。"[①]自从煤炭行业进行管理体制变革,对煤矿的管理权限大部分下放到地方政府部门,这样,严重弱化了对煤矿的统一、规范管理,导致权责不清,多头管理,例如,煤矿人事由发改委负责、煤矿环境由环保局负责、国有资产由国资委负责、生产由安监局负责,极易造成上述现象。

(二) 政府安全监管职能中心不稳

"防患于未然"是政府安全监管主体的首要目的,安全监管是指安全监察机关及其监察人员接受国家的任命或指派,代表国家对各级政府机关、企事业单位、各生产组织及工作人员是否执行国家《安全生产法》及其有关规定、标准进

---

① 张永桃.行政管理学[M].北京:高等教育出版社,2005:101.

行监督,及时发现违法、违规等行为,并对其行为进行纠正和惩戒,以实现安全生产、预防为主的综合目标。

我国的政府煤矿安全监察系统只在国家、省(自治区、直辖市)、设置了相应的监察机构,而县级及以下的地方厂矿企业缺乏足够的安全生产监察,监察力度严重不足,造成煤矿企业安全生产措施无法及时纠正,不能积极执行国家颁布的安全生产法规、条例,盲目追求经济利益,完全忽略了煤矿工人的人身安全,导致矿难事故的发生。事故发生后,国家、省、市安全监管部门才积极行动起来,进行事故救援,各级安全监管部门此时完全充当了"消防员"的职能,但是,煤矿已经造成了重大的人员伤亡、财产损失,给正常的生产生活秩序造成了严重影响。煤矿安全生产重在预防,安全监管部门的最大职责就是对安全生产进行监督管理,及时发现安全隐患,并有效处理,把维护人民群众的利益放在第一位,做好一个"预防员"的角色,发挥预防的职能,而不只是事后救援,发生职能错位的现象。

第三节　煤矿危机管理探因

煤矿的开采不可避免的具有危险性,任何国家都要承担这样的风险,我国每年都有矿难事故的发生,引起矿难的原因有很多,问题产生的原因也很复杂,涉及到经济利益、政策法规、技术水平、地理环境等各方面的因素。根据辩证法的原理,需要在众多的原因之中找到煤矿安全监管危机管理存在问题的主要原因,并对这些因素加以分析,才能从根本上找到解决煤矿安全监管危机管理的方法,从根本上维护人民的生命财产安全。

一、煤矿安全文化教育培训机制薄弱

教育是培养和提高员工安全素质的重要手段,系统的安全教育培训也是煤矿安全生产的重要保障之一。为了适应现代安全管理的需要和安全科技的快速发展,企业员工的安全教育工作要常抓不懈,以提高职工的安全素质。宣传教育的内容包括管理者、职工以及职工家属的安全文化教育。对于企业的主要负责人而言,掌握安全法律法规、方针政策,认识到安全对于生产的重要性;对于管理人员而言,主要是掌握安全生产知识和提高安全管理能力,监督检查企业的安全生产;对于一般职工而言,主要是培养安全意识和安全技能,使得他们思想上克服麻痹大意,行为上做到遵章守纪。

国家安全生产监督管理总局对于煤矿安全培训做了明确要求,新员工上岗,要进行规章制度和入职安全知识的教育和培训。企业的主管及各级生产管理人员、特殊工种的资格教育培训。对于一般职工的安全法律法规及标准的告知和工作环境潜在危险的识别。对于员工家属进行安全科普和安全文化知识教育。通过教育的手段和形式,培养和塑造保证自身安全和适应企业发展的高素质的员工。根据有关资料统计,在煤矿事故中因"三违"造成的事故,占所有事故的80%以上,而80%"三违"又是由于缺乏安全培训,职工安全意识淡薄引起的。[①] 企业出于降低成本的考虑,对职工不培训或者有名无实、应付式的培训,实质上都是对于职工依法享有培训权力的一种剥夺。

企业的安全生产教育培训的效果不明显。安全生产教育培训光有理论,安全教育培训模式老一套,脱离实际。纯粹的课堂理论灌输式教育,这不利于职工的知识和技能的形成,学习能力不能得到有效开发,从而影响学习效果,安全培训工作的作用也就不明显。不利于对安全知识的记忆和强化,这容易造成理论教学与实习教学的脱节和理论课之间及理论课与实习课之间知识的重复,实际操作技能与岗位需求水平不相符。对于企业的安全生产培训教育工作资金投入量少,没有完善的制度保障,更没有必要的评价机制,使教育培训有点走过场的成分。当今社会,随着生产力和科学技术的发展,煤矿企业采用大量的新设备、新技术、新材料。安全生产教育培训的教材与内容没有及时更新,企业的一些新工种和新设备没有涉及到。安全生产教育培训缺少深度,仅仅停留在对于生产事故的叙述或简单的说明原因,对于事故的生产原因和解决办法应该是重点,这样才能减少类似事故的发生率,促进安全生产有效进行。

安全培训包括"培训—考核—使用—待遇"一整套运行机制。有些企业为了完善安全培训激励机制,没有严格的管理和考核制度,也就意味着缺乏严明的奖惩制度。煤矿企业,尤其是地方煤矿和乡镇煤矿,大都是劳动密集型企业,同时煤矿行业又是高危行业,矿工不仅仅有力气工作就行,安全培训工作必不可少。煤矿行业的工种具有既多,又零散的特点,职工的上班规律和工作环境不完全相同,对企业职工要么不培训,要么不完全培训,使得培训不具有针对性和实用性。大量农民工进城打工,成为廉价劳动力,他们综合素质比较低,缺乏安全生产工作的基本知识、工作经验以及技能,对于事故也没有保护自己的应急办法,对安全管理上的失误更无辨别能力。给控制人为事故的发生带来了

---

① 杨荣生. 当前安全形势下的煤矿安全培训[J]. 能源与环境,2005(03):86-87.

难度。

根据笔者的调查收集到的数据,有 40.9％的煤矿工人认为是政府安全监管不足所致,25.7％的受访者认为是煤矿安全文化建设不足引起的,17.1％的受访者认为是法律法规的不完善,7.2％的受访者认为是煤矿自然条件复杂,这与我国实际情况相符,5.9％的受访者认为是煤矿安全投入不足,最后,3.1％的受访者认为是安全意识的问题。从调查得知,25.7％的受访者认为煤矿安全事故的发生与煤矿安全文化建设有关,见图 3-3 所示。

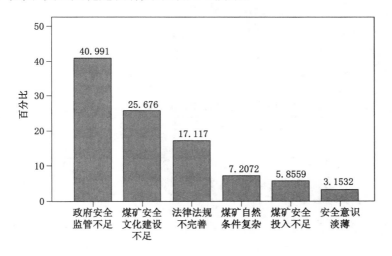

图 3-3　煤矿安全事故频发的原因

二、煤矿危机管理过程缺乏法律与人员的保障

危机管理需要法律和人员的保障,缺乏法律制度,会导致管理的无规则,缺乏人员保障,会引起管理的低水平。

（一）煤矿危机管理法律法规不完善

我国正在建设一个法治国家、法治社会,煤矿安全监管更需要政府工作人员依法而行。依法对公共危机进行管理,是建设民主宪政的基本要求之一,是维护人民群众利益的根本措施。"公共危机管理作为一种非常规、非程序性决策问题,政府组织在危机情境下拥有一定的特殊权力,因此,政府依法行使危机管理权,既是保护人民群众合法权益的客观要求,又是依法行政的重要体现。"①
我国也相继出台了一系列危机管理的法律法规,如《自然灾害对策法》《突发事
件应对法》《安全生产法》等等,对解决危机情况提供了法律依据和制度保障。

如果应对公共危机没有相关的法律法规约束,很容易导致政府官员行政权
力的滥用,导致损害人民群众利益事件的发生。在煤矿安全监管上,由于法律
法规的缺失,相关法律法规之间的协调性不足,造成政府问责机制不健全,从而
引起官商利益勾结现象不断,地方保护主义势力频繁抬头,无法及时清除危害
人民群众生命财产安全的危矿、小矿。实地调查同样反映出了这个问题,有
29.3%的受访者认为国家现有的法律法规是健全的,能够有效的遏制安全事故
的发生,有16.2%的受访者认为法律法规不是很健全,其余54.5%的受访者认
为不健全,急需要完善,见表3-4所示。

表 3-4　　　　您认为国家煤矿危机管理的法律法规体系健全吗

	不健全,需完善	不是很健全	健全
百分比	54.5	16.2	29.3

（二）煤矿危机管理人员素质水平不足

煤矿危机管理人员素质的高低影响到能否发挥正常的监管作用,降低煤矿
发生危机的机率。煤矿危机管理人员的素质主要包括政治素质、知识素质、专
业素质、能力素质、个性思想素质等方面。政治素质是监管者在思想作风、政治
方向、政治态度等方面的要求,是政府工作人员的第一要求,起着关键性的作
用。知识素质和专业素质是监管者对煤矿安全监管知识的掌握,它与监管者能
否科学把握相关决策直接相关。能力组织和个人思想素质是监管者在处理危
机情况时的能力,比如果断力、指挥协调能力以及心理素质等。监管人员的素
质也是引起煤矿安全监管问题的原因之一。

煤矿专业技术人才是推动监管队伍不断发展壮大的坚实力量,凭借其专业
技术知识在日常的监督管理过程中发挥了重要的作用。传统行政管理理论认
为,行政人员的能力要求应该包括两个部分:基本能力和专业能力。专业能力
因具体的工作要求以及个体专业和学识的不同而不同,基本能力一般而言包括
基本管理能力、管理决策能力、管理调节能力、处理事务的能力、处理人际关系

---

① 卓立筑.危机管理:新形势下公共危机预防与处理对策[M].北京:中共中央党校出版社,2011:41.

的能力等。① 煤矿安全监管危机管理人员需要具备煤矿安全建设方面的专业能力,如煤矿安全文化,通过煤矿安全文化的建设,营造安全的氛围,渗透安全理念,养成安全行为。采煤生产安全管理的监督,监管厂矿企业制定的本行业的安全生产规定、管理办法等,并根据专业知识提出合理化建议,了解采煤生产新技术,促进安全生产,经常深入生产现场,进行采场矿业监测,搞好顶板管理工作,掌握安全动态,在监管的同时指导厂矿企业的安全生产。煤矿安全监管危机管理人员还需要掌握开拓掘进安全管理、机电运输安全管理、地质测量及防治水安全管理等煤矿安全知识。

煤矿危机管理以危机预防为主,目的是及时发现存在的安全隐患,促进煤矿生产的安全进行。但是,危机管理人员往往存在一些问题,影响到了安全监察工作的正常进行。煤矿危机管理人员不能经常进入生产、作业场所检查,不能够主动调查收集第一手安全管理资料,有些监管者在检查后,没有对发现的问题进行及时处理,以致延误了治理时机,还有些监管者不了解相关法律、法规和规章,缺乏相应的专业知识和工作经验,这些都导致了煤矿危机管理者专业技术水平的低下,不能有效发挥危机管理者的责任。

三、政府与煤矿的俘获行为

政府管制的思想是 19 世纪中后期在西方发达国家首先出现的,政府管制大致可以分为两类,一是经济性管制;二是社会性管制。它的主体是政府,通过经济、行政、法律等手段对各种经济主体进行管制,它的目的是为了更好的对社会进行治理。

（一）政府管制与管制俘虏理论

政府管制理念从诞生以来,学者对其概念就仁者见仁,智者见智。维斯卡西等学者认为,"政府管制是政府以制裁手段和其强制力,对个人或组织的自由决策的一种强制性限制"②。史普波则认为,"政府管制是行政机构制定并执行的直接干预市场机制或间接改变企业和消费者供需决策的一般规则或特殊行为"③。植草益对政府管制下的定义:"社会公共机构依照一定的规则对企业的

---

①　张康之、李传军等. 公共行政学[M]. 北京:经济科学出版社,2002:57-58.

②　Viscusi W. K.,J. M. Vernon, J. E. Harrington, Jr., Economics of Regulation and Antitrust [M]. The MIT press,1995:295.

③　丹尼尔·F. 史谱波. 管制与市场[M]. 上海:上海人民出版社,1999:45.

活动进行限制的行为,这里的社会公共机构或行政机关一般被简称为政府。"①从以上学者的定义,我们可以知道,政府管制就是具有强制权力的政府机构,依照一定法律对被管制者所采取的一系列行政管理行为。

政府管制俘虏理论认为:"政府管制是为满足产业对管制的需要而产生的(即立法者被产业所俘虏),而管制机构最终会被产业所控制(即执法者被产业所俘虏)。"②这个理论的核心意思,即被管制的对象针对政府管制者的理性经济人的本性,对政府部门进行寻租,政府管制者也会考虑到自身的利益动机,最终会被被管制者成功"俘虏",他们之间结成利益共同体,一起获得利益收成,只要政府管制者所分得的利益不超过垄断利润,被管制企业就会认为这种"寻租投资"是值得的。这个结论是建立在以下假设基础上的:"首先,政府管制者的基本资源是权力,被管制者能够说服政府运用其权力为集团的利益服务;其次,管制者和被管制者都被假定为完全的经济人,都是追求个人利益最大化,能理性的选择可使用效用最大化的行动。"③管制者与被管制者之间的这种关系也可以用于解释煤矿管理中的官煤勾结、腐败行为。

(二)利益寻租现象及影响

《中国人民共和国安全生产法》第六十四条指出:安全生产监督检查人员应当忠于职守,坚持原则,秉公执法。国务院颁布的《煤矿安全监察条例》第十九条中指出:煤矿安全监察机构及其煤矿安全监察人员不得接受煤矿的任何馈赠、报酬、福利待遇,不得在煤矿报销任何费用,不得参加煤矿安排、组织或者支付费用的宴请、娱乐、旅游、出访等活动,不得借煤矿安全监察工作在煤矿为自己、亲友或者他人谋取利益。国家出台的关于煤矿安全监管管理者的相关法律,目的是为了更好的约束管理者,加强安全生产监督管理的公正性,杜绝或降低煤矿安全事故发生的次数,最大限度的保障社会公众的生命和财产安全,维护社会稳定,促进社会的发展。

煤矿安全监管人员责任重大,掌握着安全监管权力,合理发挥监管者的职责能够有效避免或减少煤矿危害事故的发生。煤矿企业看中了安全监管者手中的权力,会通过各种方式寻租,对监管者游说,有些煤矿安全监管者,禁不住煤矿企业的游说,很快被煤矿企业提供的利益俘虏,把法律法规放置一边,凭借

---

① 植草益.微观规制经济学[M].北京:中国发展出版社,1992:1-2.
② 薛才玲,黄岱.政府管制理论研究[M].成都:西南交通大学,2012:16.
③ 王俊豪.政府管制经济学导论——基本理论及其在管制实践中的应用[M].北京:商务印书馆,2003:62.

手中的权力肆意攫取不正当利益，出现滥用职权、玩忽职守、徇私舞弊的现象，与煤企结成利益联盟，对发现的安全问题或严重的违法行为进行庇护，严重损害了人民群众的利益，是导致矿难危机发生的重要原因。国家对于上述现象也进行了严格的规定，《煤矿安全监察条例》规定，煤矿安全监察人员滥用职权、玩忽职守、徇私舞弊，应当发现而没有发现煤矿事故隐患或者影响煤矿安全的违法行为，或者发现事故隐患或者影响煤矿安全的违法行为不及时处理或者报告，构成犯罪的，依法追究刑事责任；尚不构成犯罪的，依法给予行政处分。可以看出国家对煤矿安全监察人员腐败营私问题的高度重视，因为这关系到人民群众的根本利益。

四、政府安全监管体制机制存在的矛盾

政府安全监管作为煤矿危机管理的重要组成部分，对预防矿难危机的发生具有重要作用。但是，政府安全监管体制内部存在管理矛盾，导致多头管理、职责不清，严重影响煤矿安全政策制定与执行。

（一）传统监督管理陋习的影响

我国传统的安全生产监管模式以政府和相关监管部门为主导。具体包括三个方面：第一，县级以上人民政府对安全生产实施的监督管理。县级以上地方各级政府组织本行政区域内的部门对生产单位的安全事故进行严格检查，对于发现的事故隐患，及时处理。第二，负有安全生产监督管理职责的部门的对安全生产实施的监督管理。审批和验收安全生产的事项，并按照法定条件和程序进行及时的监督检查。第三，监察机关对于安全生产工作实施的监督管理。按照行政监察法的规定，对有监督管理职责的部门及其工作人员的监督检查工作进行监察。仅靠政府及其有关部门是不够的，不能从根本上保障生产经营单位的安全生产。国家安全生产监督管理总局的主要职责是综合监督管理全国安全生产工作。国家安全生产监督管理总局的监管职责和范围包括以下几个方面：第一，制定有关安全生产的发展计划，对地方监管部门实行业务指导。第二，负责统计安全生产伤亡事故，并发布真实的安全生产信息，分析行政执法工作，从而对全国安全生产形势进行研究并预测。第三，对于重特大事故组织调查处理，并检查监督处理结果是否落实。对于安全事故的应急救援工作进行组织、指挥，协调各部门有效开展救援。总之，国家安全生产监督管理总局对于其他相关部门的安全生产监督工作进行指导、协调和监督管理，依照属地和分级的原则，依法行使其综合监督管理权。县级以上地方各级人民政府组织进行的

安全生产检查,和其有关部门在各自职责范围内进行的县级以上的各级政府对煤矿安全生产工作的检查不属于常规性的监督检查,是一种非日常性的检查。由于县级以上地方政府抓地方上的全面工作,涉及面较广,任务繁多,不可能所有的日常性安全检查都由政府负责组织,这也不利于其他相关部门职能的发挥。

传统的安全生产监督模式有其存在的弊端,容易造成信息不对称,煤矿为了应付监督,会让检查人员看到与平时不一样的情况,监管人员没有看到最真实的状况,也就导致监督不到位,达不到监督的效果。虽然监督检查也有以抽查的方式进行,企业为了获取信息,或者为了其生产经营能够进行下去,可能会对监管人员进行寻租,寻租又增加了成本,企业把这部分成本转嫁到生产上,一些监管人员以各种方式在煤矿入股,监管的质量和效果大打折扣,甚至违背了监管的初衷,为腐败的滋生提供平台。若采取媒体监督、群众监督、全民监督,那么面对广泛的监督主体,煤矿企业就不能也不可能进行寻租。而且发动社会群体的力量进行监督,了解的情况的也更真实、更全面、更广泛。同时,多方参与监督,各种力量相互制约与平衡,对于监督主体而言,彼此还能形成一种监督,在文化理念的传播下,通过制度的规范与保证,形成全民关注安全,全民监督安全,最终全民享受安全的安全文化氛围。中国的公民社会目前还是政府主导型的,缺乏反馈的渠道和制约的手段,群众监督和舆论监督还只是浮于表面,虽然有参政、议政、监督权,但是没有渗透到安全监管体制的核心。我国是当地安全监察员或国家安监机构委派的监察员调查事故发生的原因,我国现在的安全生产主要靠安监部门的从上对下的监督,这种单一的监督形式使得安全监管机制和权力制约体制难以发挥应有的作用。媒体和群众对公权力部门的行政职能的行使没有顺畅的监督渠道和可行的监督途径,阻碍了我国民主化进程和政治文明的发展,公民社会的建立与完善也更加困难。

(二)集体行动的困境对公共政策的影响

我国的煤矿安全监察工作主要由国家安全生产监督管理总局、国家煤矿安全监察局等部门负责,名义上是几个部门多管齐下,但在实际情况中却造成了多个部门合作治理的困难。美国著名学者奥尔森在《集体行动的逻辑》一书中详细阐述了非合作博弈下的集体行动困境理论。奥尔森认为集体行动的逻辑是指"除非一个集团中的人数很少,存在强制或其他某些特殊手段促使个人按照他们的共同利益行动,理性的、自利的个人将不会采取行动以实现他们共同的或集团的利益"，①在一个人数比较多的集体中，很难达成共同的利益目标和行动，这种共同的利益或目标同公共物品一样，具有非竞争性和非排他性，这也就决定了在一个集体中，对公共物品的提供和消耗会出现搭便车的行为，即造成了集体行动的困境。探讨煤矿安全监管中的集体困境，可以把煤矿安全看作公共物品，煤矿安全由安全监管部门、煤矿安全监察局、煤矿企业等多个部门共同负责和实现，但是，每个部门都想着自己花最小的成本，能够获得最大的利益，搭个便车，也就造成了煤矿安全监管的困局，最后出现各个职能部门之间权责不清、多头管理、重复管理、浪费资源。这种困局也影响到煤矿安全公共政策的制定和执行。

"公共政策是国家机构及公共团体为了实现特定的公共目的，对社会价值进行合理配置的决定与实施过程"，②公共政策指出了政府该做什么、怎么做、为什么这样做以及这样做会产生怎样的效果，包含议程设定、政策制定、政策工具、政策执行、政策环境以及政策评估等一系列环节。从公共政策的定义中，可以看出公共政策是要实现一定的目的，但当目的不能达到时，公共政策就出现了失灵的状况。"公共政策失灵是指一项公共政策在运行的各阶段因利益的博弈而出现的非连续性的与公共利益相背离、对政策目标群体造成的负面影响超过其获利程度的现象。"③公共政策的制定涉及到多个利益主体，他们之间会出现博弈，导致公共政策失灵的现象。

信息在政府对煤矿安全监管的公共政策制定中具有非常重要的地位，信息传递的速度更是关系到事故发生造成后果的程度。危机信息的传递是指针对已经预测到的危险信号，在组织和个人间进行信息交换的过程，这中间包含危机信息本身以及其他信息，在煤矿安全政策制定的过程中，最重要的是信息传递的速度和真实性。伴随科学技术手段的不断发展，信息传递的方式、渠道越来越多，传递的速度也越来越快，为迅速制定决策，化解危机，避免危机的扩大化提供了有利条件。但是，在一些政府部门，仍存在因信息传递不及时而造成的决策失误。我国的信息传递机制仍是比较典型的单向垂直传播机制，层层的请示汇报规定，很大程度上降低了信息传递的灵活性，而且丧失了信息传递的时效性，造成信息传递严重滞后，进而出现政策失灵的现象。

①　曼库尔·奥尔森.集体行动的逻辑[M].陈郁等译.上海:上海人民出版社,1996:2.
②　刘圣中.公共政策学[M].武汉:武汉大学出版社,2008,39.
③　胡凯,杨雄辉.公共政策失灵及其矫正对策[J].云梦学刊,2010(5):72.

"公共政策执行即政策执行主体运用各种政策资源,通过运用各种措施和手段作用于公共政策对象,将政策观念形态的内容转化为现实效果,从而使既定的政策目标得以实现的过程。"①煤矿安全监察政策的执行涉及到很多利益相关方,加上国家近年来出台的煤矿安全生产政策直接冲击了地方政府以及煤矿企业的利益,企业为了继续追求高额的利润回报,政府为了追求较高的 GDP 增长率,地方政府和煤矿企业勾结起来,置国家政策于不顾,造成政策执行严重失灵。"对于国家下达的'整顿关闭、整合技能、管理强矿'的政策视而不见;对于一些已经责令停产整顿、关闭的煤矿,地方政府会进行暗中保护,煤矿企业以停代关;其次,煤矿安全监察各项政策制定的过程有一定的技术要求和专业知识要求,政策过于模糊也会影响到实际的执行。"②相反,公共政策执行失灵,无法及时、有效地协调相关管理部门,致使政府安全监管存在多头管理的现象,形成反复循环的一个怪圈。

第四节　煤矿危机管理途径

随着改革步伐的加快,我国已进入了社会转型的时期。与此同时,危机事件的频繁发生,逐渐暴露出政府危机管理中存在的问题。煤矿安全事故的频发,百万吨死亡率居高不下,使政府强化对煤矿安全监管的职能迫在眉睫,政府安全监管机制的构建显得尤为重要。

一、树立危机预防管理的科学理念

"安而不忘危,存而不忘亡,治而不忘乱"。忧患意识所强调的就是"未雨绸缪与防患于未然",这是公共危机管理的最先原则。因此,预防为主、准备在先,是现代危机管理的一条重要原则。建立矿难危机的预防、预警和预控机制是避免危机大规模爆发的有效方法,矿难危机的管理能否成功,在很大程度上取决于是否建立了较为完善的危机预防、预警和预控机制。也就是说,危机管理成败的关键在于危机前阶段。

西方发达国家的大型煤矿矿难发生的概率较之于我国要低许多,重点在于他们对于煤矿矿难危机的发生有着良好的预防机制和预警系统,能够在较大程

---

① 战建华等.公共政策学[M].济南:山东人民出版社,2011:163.
② 肖恩敏.对我国矿难事故频发的公共政策失灵分析[J].广西大学学报,2006(11):75.

度上遏制煤矿矿难危机的发生,而不是等煤矿矿难发生后如何去有效的处理。当然,在危机发生后的处理上,西方国家做得也十分成功。中国在煤矿矿难的预防与预警上应当认真向西方国家学习。一起矿难的发生,所造成的人员与财产损失十分巨大,不仅对于遇难者家属的打击十分沉重,也是整个社会所承受的巨大代价。煤矿矿难发生后,无论怎样施救,对于危机的挽回也只是尽量减轻损失而已,而不能完全避免损失。中国当下煤矿矿难治理的最重大的问题在于煤矿矿难频发,而不是煤矿矿难发生后如何处理,因此,我们应当摆正位置,厘清思路,将治理煤矿矿难危机的重点转移到如何预防煤矿矿难危机的发生上来。

危机预防是危机管理的第一步,也是缩减危机、减少危机损失的关键,是其他危机管理措施的基础。危机预防的目的有两个:一是通过平时采取的预防措施消除危机的隐患,从而避免危机发生;二是通过充分的思想准备、组织准备、制度准备、物资准备和技术准备为未来可能发生的危机设置层层"屏障"、建立各种"防火墙",提高整个组织抵抗危机的"免疫力",一旦危机爆发,就能及时启动应急预案,从容应对,从而避免危机扩大,防止危机升级和失控,尽可能减少危机造成的损失。

(一)强化对煤企危机预防环节建设的监督

在煤炭安全生产中,对危机的防范要好于对危机的处理,"预防为主"是最节省成本、对社会最有利、对职工生命安全最有保障的方法。首先要树立公共危机的意识,所谓"公共危机意识是对危机产生的根源、成因、危害以及预防、控制、消除危机的应对机制等方面,必须从社会发展与稳定和国家政权生死存亡的高度给予认识和关注。"[①]社会危机意识是全社会共有价值观的有机组成部分,政府官员和公共管理者及整个社会公民的危机意识是决定国家危机管理能力的重要因素,培养全民危机意识是危机管理战略工作的一个重要组成部分。要防止危机发生,各级政府和全社会都必须牢固树立公共危机的预防意识。预防公共危机发生是政府的职责。政府应利用各种媒体和宣传手段,培养民众的危机意识,在民众中广泛宣传应对危机的各种知识,对可能面临某种危机的群体进行有针对性的教育,有针对性地开展各种演练和培训,让广大群众学会危机状态下的自救、互救,以及如何配合公救。然后完善危机的预警和预控机制,这些对煤矿的安全生产意义重大。政府应强化对煤矿危机管理预防环节建设

① 陈振明.公共管理学[M].北京:中国人民大学出版社 2003:118.

的监督。

危机管理学家奥斯本认为,政府管理的目的是"使用少量钱预防,而不是花大量钱治疗"[①],政府危机预警的关键是要有常设的专业机构,这个机构在"战时"是指挥中心,平时的主要职责就是专门管理危机预警将危机消灭在萌芽状态,避免危机发生。煤炭行业危机管理的预警机制主要包括以下内容:一是建立高效、快速、灵活的危机预警组织体系;二是建立完整、准确、全面、及时的信息收集!报告、分析、研究体系;三是进行应急预案的编制和预演,增加公众的抗灾救灾意识,提高自救和互救能力;四是列出一切可能导致危机发生的各种事件和因素,建立快速、准确的信息分析系统和危机确认的指标体系,并在实践中不断加以改进和完善。这样,在发现危机征兆和迹象时,就能迅速进行分析和整理,及时作出准确的判断,按照可能发生的危机大小,采取相应的措施;五是在预测到危机可能爆发时,国家行政机关可依法决定和宣布煤炭生产的某一地区或某些地区进入预警期,或者发布某些预警信息,向公众发布可能受到威胁或者损害的警告或者劝告。决定和宣布预警期或公布预警信息的国家行政机关有权按照法律、法规的规定采取紧急预控措施,但不得擅自扩大自己的职权,侵犯公民的基本权利;六是宣布预警期或发布预警信息的国家机关要及时向全社会发布有关危机变化的新信息,让公众随时了解事态的发展变化,以便主动参与和配合政府的危机管理措施,提高危机管理的效率;七是在危机预警期间,国家对媒体的报道应进行适当的管理和引导,设置一定的信息"防火墙",在充分保障老百姓信息知情权的前提下,防止媒体的非理性行为造成不必要的负面影响;八是加强危机预警的理沦研究,加快危机预测、预警设施、设备的科学研究和攻关,不断提高危机预警能力。

而预控主要包括以下内容:一是建立高效的煤炭生产危机管理机构,事前作好危机处理的各种准备,使危机管理机构具有迅速控制危机的各种手段。二是预控措施能否成功,一要平时准备充分,二要预警信息快速、准确。三要有一支反应灵敏、行动迅速、效率很高的应急处理队伍。四是预控不是进入紧急状态,各级政府不能使用紧急权力,只能在政府的权限范围内依法采取必要的措施,如果仍不能迅速控制危机,应及时启动下一步预案。五是为了使政府既能有效采取预控措施,防止危机升级或扩大,又不至于破坏危机爆发前或进入紧

① 戴维奥斯本,特德盖布勒.改革政府——企业精神如何改革着公营部门[M].周敦仁等译,上海:上海译文出版社,2006:205.

· 124 ·

急状态前的正常法律秩序,应在《紧急状态法》中明确规定政府在采取预控措施时的权力界限,即在涉及宪法和法律规定的公民基本权利问题时,政府的措施不得超越宪法和法律的明确规定。六是对于难以预见的突发事件,在宣布进入紧急状态之前,地方政府有临时处置的权力,但不得超越宪法和法律的明确规定,同时必须立即报请中央政府确认。中央政府有权依法制止地方政府采取的错误预控措施;全国人大有权依法制止中央政府采取的错误预控措施。

(二)促使煤企建立健全高效的应急处理系统

公共危机往往是一些突然降临的天灾人祸,具有非预期性、巨大的危险性、紧迫性、不确定性等特征。要成功地战胜危机,常常需要动用全社会的力量,社会的运行也会暂时脱离正常状态而进入一种非常状态。应急处理的目标应该有两个,一是尽快战胜危机,二是把损失控制在最小范围,尽量不侵犯或少侵犯群众的利益。做到这些就需要健全煤矿企业的应急处理系统,政府作为安全监管者,有责任指导煤企应急处理系统的建设。

首先,建立高效的信息管理系统。在危机的应急处理阶段,信息搜集、信息传递、信息处理和信息识别以及信息发布等同样非常重要。因为危机爆发时,信息量就会猛增,各种信息都会按照各自的渠道迅速传递,而且应急处理时间紧迫,任何错误的决策都可能造成巨大的损失。此外,政府在危机期间还必须进行权威的信息发布,引导广大群众积极参与,主动配合政府实施的危机管理,避免出现小道消息漫天飞的不正常现象。因此,必须建立一套高效的情报收集和信息管理系统,并建立一整套信息搜集、信息传递、信息处理、信息识别、信息汇报和信息发布的制度,使政府和公众对信息的了解和把握既快速又准确,既丰富又有序。一个比较完善的危机管理信息和决策支持系统包括:资料库、知识系统、规范模型、危机的预警系统、电子信息技术的应用平台等。信息和决策系统能否有效得到利用还依赖是否有一个长效的沟通机制。有效的沟通机制在征服危机过程中发挥着十分重要的作用。明智地、及时地进行信息沟通,即使不能防止危机的发生,也可以控制危机及其影响;良好的信息沟通,可以加强反危机的协调工作;良好的沟通可以防止信息的误传和谣言的传播;在危机发生时,政府与民众的及时沟通还可以起到稳定民心、警示、教育、监督等多种作用。危机管理过程中的沟通主要包括政府与民众之间的沟通、政府与新闻媒介之间的沟通、政府部门之间的沟通。

其次,加强应急预案建设。"危机管理的应急预案是事前经过反复论证制定的对付危机的措施和办法。"①应急预案的作用"一是可以提高政府和危机管理的其他主体战胜危机的能力;二是可以规范政府的危机管理行为,防止政府在危机管理中滥用权力;三是可以使危机管理的责任更加明确,提高危机管理的效率,也便于对危机管理的成败进行评价。"②因此,应急预案的质量高低,直接关系到能否战胜危机。但是,各地发生的许多矿难危机表明,不少地方制定的危机管理预案在应急处理中没有发挥应有的作用。其主要原因,一是不少应急预案是千篇一律、互相抄来抄去的官样文章,没有经过专家论证,预案缺乏科学性和可操作性,这样的应急预案在实践中自然就起不到作用。二是应急预案制定以后就被束之高阁,各有关部门都没有按预案做好充分准备,一旦危机发生,应急预案当然就难以实施。三是各级地方政府、政府部门、事业单位、煤矿企业都制定有自己的应急预案,但相互之间缺乏协调,各种预案相互矛盾,难以操作。四是地方和部门把应急预案视为自己推卸责任的护身符,这样的应急预案,无论怎样"立即启动",都只能成为摆设和"作秀"。要使应急预案具有较强的科学性和可操作性,就必须做到认真研究有关危机管理的先进理论,反复深入地开展实证调查,把理论与实践有机结合,经过充分酝酿,制定出应急预案的草案,组织各方面专家,进行反复论证和修改,为应急预案的实施做好充分的准备,在实践中反复修改不断完善。

二、提升煤矿企业安全文化教育和培训水平

煤矿企业之所以要进行安全教育培训,是因为安全文化对安全生产意义重大。毫不夸张的说,煤矿企业的安全生产形势、煤矿企业职工的安全素质以及煤矿企业的健康持续发展与煤矿安全培训工作的效果好坏和质量高低紧密联系在一起。安全培训的必要性是由煤炭行业的高危险性决定的,无论是煤矿企业的生产安全还是煤矿职工的生命安全都与之密切相关。

（一）煤矿安全文化建设的重要性

安全文化是安全生产在意识形态领域和人们思想观念上的综合反映,包括了一定社会的安全价值观、安全判断标准和安全能力、安全行为方式等。安全文化的建设直接关系到煤矿的安全生产,对煤炭行业的生产经营与健康发展具有十分重要的促进作用。加强安全文化建设,是构建有利于危机管理长效机制

---

① 罗伯特·西斯.危机管理[M].北京:中信出版社,2001:138.
② 刘霞,向良云.公共危机治理[M].上海:上海交通大学,2010:120.

的一项重要措施。从一定意义上说,危机管理的基础性工作在于建设先进的安全文化,这是解决当今煤炭安全问题,实现煤矿长治久安的有效途径。加强安全文化建设,就可以在煤炭行业营造一种安全氛围,把全体员工的安全需要转化为具体的奋斗目标和行为准则,形成职工的安全生产精神动力。从整体上、长远上促进煤矿安全管理水平的提高,提升职工的安全素养。安全文化建设必须坚持以人为本,把尊重人的价值,满足人的需求,实现人的愿望,促进人的发展作为根本出发点和落脚点。只有通过精心构建一种先进、科学的安全文化,才能借助文化特有的影响力、渗透力和扩张力,引发职工安全观念的变化,引导职工树立正确的安全观,使危机管理工作获得广泛的群众基础和丰厚的文化底蕴。

危机管理的基础性工作在于建设先进的安全文化,这是解决当今煤矿安全问题,实现煤矿长治久安的有效途径。安全文化是安全价值和安全行为准则的总和,它体现着企业、企业员工对安全的态度、思维程度及行动方式。它要在企业内部营造一种安全氛围,把全体员工的安全需要转化为具体的奋斗目标和行为准则,形成职工的安全生产精神动力。安全文化能够从整体上、长远上促进煤矿安全管理水平的提高,提升职工的安全素养。安全文化建设必须坚持以人为本,把尊重人的价值,满足人的需求,实现人的愿望,促进人的发展作为根本出发点和落脚点。只有通过精心构建一种先进、科学的安全文化,才能借助文化特有的影响力、渗透力和扩张力,引发职工安全观念的变化,引导职工树立正确的安全观,使危机管理工作获得广泛的群众基础和丰厚的文化底蕴。

(二)强化煤矿安全文化培训与教育的实施

在安全文化理念下实施安全教育培训,是建立煤矿企业安全生产长效机制的前提与保证。安全教育培训在理念上体现了"以人为本",在行为上保障了员工的人身安全。煤矿行业属于高危行业,健全、完善的煤矿安全教育培训体系可以强化职工安全意识,提高职工安全素质,减少事故发生率,保障煤炭行业的持续、稳定发展。加强安全培训工作,是落实党的十八大精神,实施安全发展战略,深入贯彻科学发展观的必然要求,是提升安全监管监察效能,强化安全生产基础设施的重要途径。煤矿安全文化建设的重要任务是实现"要我安全"到"我要安全"的观念转变。在企业进行培训的同时,政府要切实做好煤矿安全文化培训的监管工作,让安全理念充满整个煤矿企业,防止煤矿安全培训工作流于形式。

首先,建立健全煤矿教育培训体系,要发挥好安全培训的宣传教育作用,使安全生产意识深入人心,培养人的安全心态,规范人的安全行为。拓宽宣传教育方式,安全知识竞赛,演讲比赛,板报、报刊等方式,将安全常识、安全操作规程、防灾避灾知识普及到员工之中,建立起整体性的全员的安全氛围和环境。通过培训,使职工了解国家有关安全生产的法律法规和规章;掌握本岗位的操作流程、操作技能;了解入井安全基本知识和安全设施及常见事故的防范;提高安全意识,自救、互救等基本方法,做好自主保安。

其次,安全培训采用分组的方式进行,不同小组的成员接受的培训内容和侧重点不同,实施分层施教。对于管理人员而言,应主要培养安全管理的思维和理念;对于技术人员而言,应主要学习业务流程和操作技能;对于一般职工而言,应主要掌握安全常识和操作规范。总之,各掌其能、各司其职、各尽其责。在培训过程中,可以采用一体化教学的方式,即打破传统的教学模式和教学体系,既包括理论教学,又包括实践教学。

再次,在教学过程中,积极推进现代化教学手段,采用多媒体教学,使抽象的问题形象化,从而提高教学的质量。在实践中消化理论,如观察演示、按步骤模仿等,让学员在实际操作过程中发现问题,独立分析问题,然后与同事、老师互动交流,请老师和同事给予提示、指导,从而提高效率、强化认识、深化记忆。增强了直观性,既能在宽松、和谐的环境下学习,又能较快地学习到知识和技能,使教学收到事半功倍的良好效果。创新安全教育培训的方式方法,培训的对象不同、内容不同、所采用的培训形式和方法也应该不同。例如,理论讲解完后,让大家互相讨论,并结合实际交换心得和看法;仿真情境模拟,查找隐患原因,在实践训练中领会和消化安全知识;还有现场观摩评析、案例分析讲解等等。总之,最大限度的发挥施教者和被教育者的积极性以提高对安全的认识,这才是培训的目的。

三、整合与优化政府安全监管部门职能

对政府安全监管部门职能的整合与优化可以明确政府各职能部门的职责权限,显著提高政府的安全监管效能,提升政府安全监管的水平,

(一)明确政府安全监管部门职能权限

我国目前的煤矿安全监察主体包括国家安全生产监督管理总局、国家煤矿安全监察局和地方煤矿安全监察机构,虽然是多管齐下,但也带来责任主体混乱、职责权限不清、错位管理等问题。需要我们明确安全监管各部门的职能,首先要在法律框架范围内确定各监管主体的权力,即行政权力法定化,要求各监

管部门依照法定的权限对煤矿进行安全监察,严格依法执行,对越权行使权力、玩忽职守、滥用权力的行为坚决予以打击和处罚,在法律的框架下进行明确分工,避免各部门的矛盾,才能让他们更好的在自己的职能权限范围内去各司其职,更好发挥煤矿安全监管的作用,促进煤矿安全监管职能正常运行。其次要建立煤矿安全监察的行政问责制,在煤矿安全行政许可权和审批权上严格责任权限,明确政府安全监管各个环节的责任主体,避免职责不清,责任无法追究的情况。

(二)建立煤矿危机管理协调部门

从国内外矿难危机的处理案例来看,危机处理的决策权应适度集中于综合性的核心协调机构,以提高决策系统的整合能力。目前,我国缺乏专门的专业化、规范化、制度化、高效的危机决策核心机构。不仅如此,由于传统计划经济体制的影响,权力和利益的部门化,也引起了决策的部门化,把决策变成谋取本部门权力的手段,从而影响了决策功能的有效发挥。从国际上看,一些发达国家对建立强有力的反危机指挥协调系统都非常重视。例如,美国政府于1979年成立了联邦紧急事态管理局,直接向总统负责,报告并处理灾情。多年来,该机构已建立起一整套"综合应急管理系统",以应对各种类型和各种规模的天灾人祸,从火警、地震、矿难等直到危机的最高形态战争,无所不管。借鉴美国的经验,并结合我国的实际情况,我国的危机管理机构宜采取双重领导的机制。从中央到地方,与不同级别的政府机构相对应,建立一套危机管理职能部门,将各种危机管理组织整合到该部门中,并按危机类别来进行划分,对不同领域的危机事件进行处理。将危机事件按其严重程度进行级别划分,赋予不同级别的危机管理机构不同的管理权限。较低级别的危机管理机构主要负责本区域内危机信息的收集与上报,并负责对较低程度的危机事件的处理。如果无法对本区域内的危机事件进行有效处理,在负责对危机事件控制的同时有责任及时上报上一级危机管理机构。较高级别的危机管理部门则主要负责危机信息的处理和对本区域内的较严重危机事件的管理,并负责本区域内低一级危机管理部门间信息的协调、沟通。

四、加强煤矿安全监管多元合作治理

多元合作治理的理念是由美国著名学者奥斯特罗姆提出来的,这个理论认为:"每一个公民都不是由'一个'政府服务,而是由大量的各不相同的公共物品

产业服务",①除了政府公共部门提供安全监管外,可以拓展渠道,让社会上的其他组织和力量也参与进来。政府作为煤矿安全监管的主导者,承担着主要的职责,但效果并不理想,因此,为了进一步提高和改善目前煤矿的安全监管水平,我们可以建立多元化的安全监管体制机制,弥补政府在这一方面的缺失。

（一）突显政府安全监管的主导作用

政府是煤矿安全监管的主体,在煤矿危机管理中发挥着重要的作用,因此,要继续突出政府在煤矿安全监管中的作用。强化政府的这一职能,我们可以从绩效方面出发,用绩效制约政府,发挥其主导作用。全面的危机管理所强调的是以绩效为基础的管理,也就是说,为了实现有效的煤矿危机的安全监管,政府必须设立危机管理的绩效指标。正如联合国所强调的那样,政府危机管理的指标必须具有可持续性（能够持续较长的时间）、可衡量性（明确界定成功的标准）、能够实现性（在政府确定的时间范围内能够达成）、具有相关性（能够满足各种危机和灾变管理的要求）和及时性（满足近期和长远的需要）。此外,危机管理的绩效指标还必须具有明确弹性的、有机的与政府管理工作相整合、能够让政府部门和社会接受、能够反映国际社会的经验等。当然,只有危机管理的绩效指标是不够的,还要进行绩效的管理,这包括绩效的衡量、绩效的监控以及持续不断的绩效改进等。

通过建立政府绩效考核体系,防止出现虚假治理。明确能否处理好危机事件是判断各级政府能力的关键标准,今后要在制度上为各级政府的行为选择提供相应的激励机制。要严格执行重大事故责任追究制,但不能仅此而已,否则会导致更为严重的各级政府在信息上的封锁和弄虚作假。

（二）提升煤企自身安全监管水平

煤矿危机管理中煤矿是管理主体,煤矿的安全生产除在政府的安全监管下,更需要煤矿提升自身的安全监管水平,煤矿自身的安全监管除了上面提到的树立科学的危机预防理念,发挥人的主动性外,还需要以下四个方面提升安全监管水平。主要包括:① 建立矿工心理行为指标预警系统,使煤矿能及时监测到危机影响下矿工的心理行为变化,预测他们可能会出现的个体、群体的社会心理行为,能够及时、有效地采取有针对性的合理措施,稳定煤矿工人的情绪,安定人心,防止危机扩大;② 煤矿自身也要加强对矿难危机预防的理论和技

---

① 迈克尔·麦金尼斯.多中心体制与地方公共经济[M].毛寿龙,李梅译,上海:上海三联书店,2000:189.

术研究,为危机管理提供有效的理论支持;③企业还要建立危机事件的案例库,通过一个个案例,吸取教训,最大程度上杜绝和减少类似灾难、事故的发生,并结合实际情况,为危机决策和管理提供新的方法;④煤矿需要持续改进和更新危机管理的技术装备,提高危机管理的整体效率,技术上的准备对于加强煤矿安全监管具有重要意义。① 我们知道,煤矿危机的发生主要原因一是人的作用,二是煤矿安全生产技术的实力,在危机预防环节,技术的准备能够提高预防的力度,降低煤矿事故发生的概率,特别是在危机预警系统的应用上。

(三)发挥媒体与社会组织的监督作用

政府对煤矿安全生产进行监管是其责任和义务,由于主客观原因的存在,政府对煤矿的安全监管存在很多问题。这种单一的监管模式已经不符合现实需要了,在提倡合作治理的时代模式下,我们更需要发挥公民社会和新闻媒体的监管能力,不仅是对煤矿安全生产的监督,也是对政府的监督。通过调查,74.2%的受访者认为通过社会的关注,政府加大了对煤矿的监管力度,49.7%的人同样认为煤矿也更加注重安全生产了,23.7%的受访者认为这样矿工的生活和生产环境也得到了改善,32%的人还认为此举促使新的关于安全生产的法律、法规的出台,也有18.8%的受访者认为并没有发生变化,社会关注和新闻媒体报道对煤矿的影响见表3-5所示。

表 3-5   社会关注和新闻媒体报道对煤矿的影响

煤矿更加注安全 监管和生产	政府加大对 煤矿的监管力度	矿工工作环境 得到改善	促使新法律 法规的产生	没有变化
49.7%	74.2%	23.7%	32.0%	18.8%

在信息化、网络化时代,新闻媒体所起到的作用越发显著,新闻媒体的监督机制起到了非常关键的作用。因此,政府应该放宽限制,人为地创造一些途径和比较宽松的环境积极鼓励新闻媒体对煤矿企业安全机制的执行情况进行调查,并且拓宽舆论监督功能,对新闻部门的真实报道和有力监督提供支持;同时,通过媒体比较客观的评价,百姓也可以对煤矿企业进行监督。作为弱势群体的矿工而言,也能够借助社会的力量对企业进行监督,并且维护自己应有的合法权益。矿工可以通过媒体表达他们对企业的不满,反应他们辛苦的工作和生活情况。新闻媒体的舆论监督使得原先无法被人知晓的煤矿企业违法侵权

---

① 任国顺.煤炭企业危机管理与危机预警机制研究[D].天津:天津大学,2009:32.

的行为展现在公众面前,为矿工排忧解难的同时也为政府提供了相应的线索揭露了矿难背后的真相,矿工在矿难后艰辛的生活,媒体能够起到政府部门和其他社会团体无法起到的作用。

首先,政府要增加透明度,畅通渠道,充分认识媒体在危机管理中的积极作用。在煤炭生产危机管理中,媒体不仅可以及时监视可能导致危机发生的各种潜在因素,而且在危机过程中作为政府和公众的代言人,完全可以沟通信息、疏导情绪,起到积极的作用。当前,媒体普遍开展的舆论监督,是一种卓有成效的危机防范措施。新闻是一种力量,是一种建设性的力量,只要它和政府形成一种良好的互动,就会产生巨大的力量。其次,媒体要加强责任感,讲究传播艺术,不断提高危机传播的引导水平。危机传播,不同于一般的新闻传播,它是在极大时间压力下对不确定状态做出的无章可循的传播。媒体必须以高度的责任感,树立国家大局意识,努力提高危机传播的引导水平。关键的是要保持冷静,不能在公众群情激愤的感染下失去理智,迷失方向。要讲究传播艺术,努力在不知不觉中传达了政府的声音,在潜移默化中树立了政府的形象,在正确引导中维护了社会的稳定。

因此,要广泛的发挥新闻媒介的作用,煤矿企业应该接受媒体对其安全规章实施细节的监督。另外,各级部门和相应的政府不应对合理的新闻采访予以驳斥,要支持新闻媒体对安全不力的企业进行报道,并且国家应该保障新闻工作者的切身利益和在履行采访监督权力时的人身安全问题。

五、完善政府安全监管相关法律法规

强有力的法律约束体系是煤矿安全生产监管工作成功的一个重要原因。正如马克思·韦伯所言:"法律,作为理性化的、'不考虑个别人及个别行为的'抽象规则,取代习俗成为整合社会的新纽带和新工具","越来越多的经济、社会乃至政治和道德问题,都开始求助于法律"。① 以法律手段来处理与突发性紧急状态有关的公共紧急事件,是世界各国普遍采取的措施和对策。近年来,我国虽先后制定了一些有关处理公共紧急事件的法律,例如《防震减灾法》、《防洪法》、《消防法》、《安全生产法》、《矿山安全法》等,但这些法律本身的部门管理色彩较浓,缺乏政府各部门间、政府和社会之间的协调与合作。在应对现代社会出现的高频度、多领域的紧急事件时,往往显得力不从心,危机管理的法制建设

---

① 马克思·韦伯.李强,译.经济、诸社会领域及权力[M].海:上海三联书店,1998:35.

显得相对滞后。随着法制建设的发展完善、危机管理的创新和应用,我国煤炭行业的安全状况必将会有较大的改观。

我国应进一步完善有关安全生产方面的法律法规和规章制度的建设。通过完善法律、法规及规章制度,保障企业搞好安全生产。要搞好煤矿生产必须要依法办事,这是基本保障,要把煤炭行业"安全第一"的方针真正地得到贯彻执行并落到实处。无数事实证明,只有在整个过程中,为安全生产打下坚实的基础,通过认真贯彻、执行安全生产法律法规和规章制度。应当通过完善相关法律,减少灾害事故的发生,促进安全生产,而不能只是参考一些相关制度,同时在煤炭开采行业推行强制责任保险试点,充分发挥保险在事故处置中的管理能力,利用保险事前防范与事后补偿相统一的机制,才能做到真正的安全生产,煤炭行业必须遵守国家法律法规进行管理,各个部门之间互相监督,做到按照法律的规定建设矿,严格地治理煤矿,不断地在发展中完善自己。贯彻落实"安全第一、预防为主、综合治理"安全生产方针。加强对煤矿生产安全管理和监督执法,遏制重特大事故,保护职工的安全和健康,保障和促进煤炭工业的健康发展和煤矿安全状况的稳定好转,需要较为全面、权威和具体的行政法规。

首先,在宏观层面上,要从宪法的角度建立起最具权威性的政府安全监管法律规范。宪法作为国家的根本大法,具有最高的法律效力,是人民权利的保障书。它是最高的法,它规定了人民最基本的权利与义务,它是一种特殊的法,"作为'更高的法',它处于普通法律和'自然正义'之间,是连接规范与实证、道德与法律、天堂与人间两个世界的桥梁"。① 目前,我国缺乏一部专门关于政府安全监管的法律,所以需要改善现有的局面,研究制定专门法律。其次,在微观层次上,从一些基本的法律法规出发,建立起配套的安全监管法规体系,提升整体层次。从现有有关安全监管的法规政策来看,虽然已经比较全面,但仍然存在着多元化、立法层次较低、地区城乡差异、监管不足、落实有差距、有待进一步整合等问题。所以,要通过对以前系列法律规范体系的梳理和整合,建立起规范性的政府安全监管法规体系。也可以把现有的法律、法规体系整合在一起,以达到提升政府安全监管法律规范水平的目的。这种模式当然也要根据不同地方的实际情况,因地制宜的制定和实施相关政策。

强化法治的作用,安全监管部门在矿难危机法治化管理方面发挥了重要的作用,政府工作人员通过平时的工作,加强对煤矿安全生产运行的监督和管理,

---

① 张千帆.宪法学导论[M].北京:法律出版社,2004:463.

有效地促进了煤矿的和谐运行。在受访者中，有 57.7％的受访者认为应该加大安全执法力度，60.1％的受访者认为必须提高安全监管人员的素质，43.3％的人认为还需要强化监管人员的责任意识，占到 24.2％的受访者认为需要增强安全监管部门的独立性，如图 3-4。

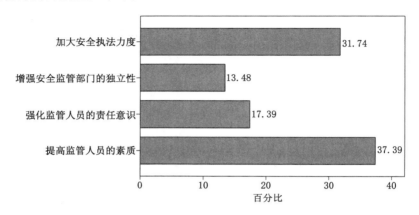

图 3-4　安全监管部门需要改进的工作

　　总之，完善危机管理要遵循无则常备、未雨绸缪，有则应急、快速制胜的方针；坚持统一指挥、分级负责，反应快捷、处置有力，依靠科学、加强合作，社会动员、群策群力的原则；逐步建立起符合中国国情的，包括应急法律制度、应急预警机制、应急指挥中枢、应急处理队伍和应急物资保障等内容的危机管理机制。只有真正完善危机管理，使其逐步步入法制化、常态化和制度化，煤炭生产中的矿难事件才能真正得到有效遏制和及时处理，社会主义新煤矿建设才能真正得到健康、快速的发展，使其为社会主义现代化建设与和谐社会的建立做出更大的贡献。

第四章　煤矿安全监管绩效评估

　　煤炭是关系到国计民生的重要资源,在国家的能源布局中具有重要地位。当前高速发展的中国宏观经济为煤炭需求的持续增长提供了良好的基础。"十二五"期间煤炭行业将会迎来新一轮的发展,煤矿安全生产面临的挑战和机遇,是加快转变经济发展方式、创新社会管理、保障和改善民生、实现安全生产的关键时期,也是安全生产状况由明显好转向根本好转目标迈进的攻坚阶段。[1]煤矿安全生产工作作为安全稳定的重中之重面临诸多挑战。国家为了扭转煤矿特大事故频繁发生的严峻形势,在法律法规的制定与完善、监察监管职能机构的建设与健全等方面做出了极大的努力。煤矿安全生产问题不仅直接关系到人民群众生命财产安全,也成为政党执政能力和政府管理水平的重要表现。如何在经济快速增长中有效地发挥政府在煤矿安全的监督管理作用,减少和控制煤矿安全事故的发生成为各级政府乃至全社会关注的重要课题。

　　政府绩效评估作为几十年来世界各国政府再造运动的核心内容,已经表明它对提高政府管理绩效、改进政府工作,促进经济社会全面协调可持续发展具有深远的意义。我国煤矿生产安全极为严峻,政府煤矿安全管理任重道远。本书试从政府绩效评估的角度出发,通过实证分析方法探析政府煤矿安全生产监管政策和职能履行情况,在山东省枣庄市政府进行实地调研的基础上,分析我国地方政府煤炭安全生产的现状,从政府煤矿安全生产监管绩效评估的现状及问题分析入手,寻找政府煤矿安全生产监管绩效评估中存在的不足,通过构建新型政府煤矿安全生产监管绩效评估体系,促使政府在煤矿安全生产监管职能的履行和公众满意度之间寻求一种平衡。

第一节　监管绩效评估的提出

　　我国煤矿安全监管绩效评估产生是在我国煤矿安全监管的发展的进程中产生的,绩效评估理论在中国的发展让煤矿安全监管的效能逐渐提升。我国政府煤矿安全监管自新中国成立以来经历了煤矿安全监管与煤矿生产合一、安全监管在反复中缓慢发展,安监职能独立并逐步深化、安全监察体制垂直管理的阶段,总体上煤矿安全监管格局初步形成,一定程度上缓解我国"血煤"的危机。党的十七届二中全会通过的《关于深化行政管理体制改革的意见》提出,要推行政府绩效管理和行政问责制度,建立科学合理的政府绩效评估指标体系和评估机制。高速发展的经济对煤炭的需求和中小煤矿的数量多、分布广、环境差的的特点,一定程度上制约着安全监管作用的有效发挥,如何切实提高政府煤矿安全监管的效能,成为困扰我国政府煤矿安全监管急需解决的难题。

一、监管绩效评估的发展

建国初期,我国煤炭业发展缓慢,国家煤矿的生产和监管合一的管理制度,主要依靠行政权力施行煤矿生产与监管同步开展标志着我国煤矿安全生产监管的起步。计划经济时代煤矿的安全生产统一由国家控制价格,1978 年,开始初步考虑煤矿安全监管体制,1987 年,确立了"企业负责、国家监察、行业管理、群众监督"的"四结合"的安全监管体制结构;1993 年《矿山安全法》和 1996 年的《煤炭法》的颁布,奠定了煤矿安全监管法制化的基础。1998 年开始,我国煤矿安全监管独立并日益深化,安监职能和煤矿生产初步分离,从煤炭工业部转变为煤炭工业局,再到 1999 年 12 月 30 日,国家安全监察局的设立,各省市区、自治区等地方开始垂直设立煤矿安全监管的部门,实现了安全监管独立化进程。2000 年 12 月,国家安全生产管理总局和国家煤矿监察局"一套班子、两块牌子",《安全生产法》明确了国家和地方政府安全监管的职责和要求,2004 年,国务院通过《进一步加强安全生产工作的决定》确定了"政府领导、部门监督、企业负责、群众监督、社会支持"的安全生产管理体制。2005 年以来,强大的市场经济利益的推动下,煤矿事故频发,国家煤矿安全监管机构重拳"打非治违",随着低碳发展、节能减排政策出台,淘汰"两高两低"煤矿成为长久趋势,依法关闭非法小煤窑,加强煤矿安全生产标准化建设,建立健全煤矿安全保障的"硬件"和"软件"成为长效工作。

政府绩效评估,就是确定并运用科学的标准、方法和程序,对政府公共管理部门管理过程中产生的成绩和效能进行评定和划分等级的过程。我国绩效评估的发展始于 20 世纪 80 年代的改革开放时期,经历了目标责任制、经济至上的和自上而下式、科学的发展观与正确绩效观三个发展阶段。政府绩效评估在发展过程中,其独立性的地位和提升政府效能的作用逐渐得到社会支持和认可,运用绩效评估理论与我国当前煤矿安全监管过程相结合是一种大胆的创新与尝试。

随着我国执政理念的变化,政府的治理模式也发生转变,公共部门的绩效评估诞生于 2000 年之后。政府积极推进"树立科学发展观,正确政绩观"、"构建科学的政府绩效评价体系"的要求,关系到国家长治久安和社会稳定的煤矿安全监管部门意识到构建体现科学发展观绩效重要性和必要性。

2004 年 1 月 21 日,国务院颁布《国务院关于进一步加强安全生产工作的决定》,指出,安全生产关系人民群众的生命财产安全,关系改革发展和社会稳定大局。当前要进一步加强安全生产工作,尽快实现我国安全生产局面的根本好转,建立以控制事故死亡人数为重点的全国安全生产控制指标体系见表 4-1 所示。2004 年 2 月 24 日中国国家安全生产监督管理局副局长赵铁锤表示,"即将建立的安全生产指标工作体系,是对安全生产工作进行量化考核和评价的一种方法,也是一种创新和发展。安全生产指标工作体系主要内容有七项:第一,全国事故的死亡人数;第二,医院内生产事故死亡率;第三,全国十万人员死亡率;第四,工矿企业死亡人数;第五是全国工矿企业十万人死亡率;第六,煤矿企业死亡人数;第七,煤矿企业的万人死亡率。[20]地方政府的指标也是七项,与国家的指标相同,具体指标由各级地方政府进行安排,国家局进行考核监督。安全生产控制指标是一种自上而下式的安全监督执行机制,国家公布控制指标,各地方按照指标要求,层层落实,逐一分解,严格执行。国家安全监管管理总局和国家煤矿安全监察局通过全国安全生产控制考核指标的说明会、座谈会、视频会议等形式,在全国各省市范围内落实各地区的安全生产控制目标,要求各省市结合地区情况,确定安全生产控制指标,国家与地方安全生产监督管理局负责监督和考核。全国安全生产控制指标的发展见表 4-2 所示。

表 4-1　　　　　　　　全国安全生产控制指标(2004 年)

单位	各类事故死亡人数		工矿商贸死亡人数		道路交通死亡人数		铁路交通死亡人数		火灾死亡人数	
	全年实际	占全年指标/%	全年实际	占全年指标/%	全年实际	占全年指标/%	全年实际	占全年指标/%	全年实际	占全年指标/%
单位	农业机械死亡人数		较大事故次数		煤矿较大事故次数		重特大事故次数			
	全年实际	占全年指标/%	全年实际	占全年指标/%	全年实际	占全年指标/%	全年实际	占全年指标/%		

表 4-2　　　　　全国安全生产控制指标的发展(煤矿安全监管部分)

时间/年	重要内容	绝对指标	相对指标	相对指标	相对指标
2012	总体控制指标、重点行业(领域)控制指标、相对控制指标和事故起数控制指标4类共31个指标	煤矿事故死亡人数下降幅度不低于2.6%	煤矿百万吨死亡率下降7.2%	煤矿事故起数下降幅度不低于3.2%	煤矿重大事故起数下降幅度不低于5%;特别重大事故起数实行零控制
2011	总体控制指标、重点行业(领域)控制指标、相对控制指标和事故起数控制指标4类共31个指标	煤矿事故死亡人数下降幅度不低于2.5%	煤矿百万吨死亡率下降7.3%	煤矿事故起数下降幅度不低于3.2%	煤矿重大事故起数下降幅度不低于3.2%;特别重大事故起数实行零控制
2008	总体指标、绝对指标、相对指标和较大、重特大事故起数指标4类共27个指标	煤矿事故死亡人数下降幅度不低于2%	煤矿百万吨死亡率下降7.5%	煤矿较大事故起数下降3.0%	煤矿重特大事故起数下降3.0%
2006	由11项22个子指标构成,增加了煤矿企业一次死亡10人以上特大事故起数	煤矿企业死亡人数下降3.5%	煤矿百万吨死亡率下降7.2%		
2004	共7项,包括煤矿企业死亡人数和煤矿企业的万人死亡率	煤矿企业死亡人数	煤矿企业的万人死亡率		

2005年8月,国务院常务会议通过《关于预防煤矿生产安全事故的特别规定》,明确煤矿生产安全事故的责任主体,加强各类许可资格证的审核,夯实基层安全监管的基础,完善安全监管考核的奖惩体系,明确煤矿安全规范要求。

党的十七大提出了"坚持安全发展,强化安全生产管理和监督,有效遏制重特大安全事故"。2008年的全国安全生产控制指标出现新的变化和要求,一要确保逐级分解落实到地方各级人民政府和企业;二是把安全生产控制考核指标落实情况纳入地方各级领导干部和企业领导人员政绩、业绩的考核内容。总体上要进一步完善控制考核指标体系,保持全国各类生产安全事故死亡人数逐年下降。处理好指标与控制的关系、千方百计减少事故发生,以及把控制指标实施工作同安全监管监察、安全许可准入、打非治违等工作有机结合起来、紧密联系起来提出了要求。随后,国家安全生产监督管理总局通过《煤矿领导带班下井及安全监督检查规定》,首次明确要求煤矿领导带班下井进行日常性的监督检查,煤矿安全监察机构对煤矿领导带班下井实施国家监察,对煤矿违反带班下井制度的行为依法做出现场处理或者实施行政处罚。

2009 年全国安全生产控制指标中构建安全生产激励约束机制,实行安全生产控制考核指标"月通报、季发布、年考核"的制度,逐时掌握地方煤矿安全监管的动态过程。当年,我国重大矿难事故频发,其中黑龙江省鹤岗市国有新兴煤矿"11·21"特大瓦斯爆炸事故伤亡严重,最终确定该事故共造成 108 人死亡。加快煤矿安全生产监督的重要性得到了各地区的深入认识和重视,进一步健全并保障安全生产控制指标,尤其是加强制度建设,落实有效监管保障措施得到广泛响应。政府煤矿安全监察部门加快建设应急救援预警机制;建立企业提取安全费用制度;生产经营单位必须认真执行工伤保险制度;建立安全生产风险抵押金制度,煤矿安全监管绩效评估开始注重基层基础性监管措施的落实。

2012 年党的十八大对安全生产工作提出的新的更高要求,把安全生产工作纳入党和国家工作大局及"五位一体建设体系"中去审视、去谋划、去研判、去推动、去考核,把安全生产,特别是关系到人民群众利益的重点环节和关键领域务必要落实好考核政策。此外,安全生产工作要加强职业危害防治,重视基层煤矿安全生产过程保护和矿区生态修复,把矿工职业卫生工作纳入依法进行的轨道。

依据《国务院关于进一步加强安全生产工作的决定》要求,加快全国生产安全应急救援体系建设,尽快建立国家生产安全应急救援指挥中心,充分利用现有的应急救援资源,建设具有快速反应能力的专业化救援队伍,提高救援装备水平,增强生产安全事故的抢险救援能力。加强区域性生产安全应急救援基地建设。搞好重大危险源的普查登记,加强国家、省(区、市)、市(地)、县(市)四级重大危险源监控工作,建立应急救援预案和生产安全预警机制。[21]

当前,我国正处在工业化、城镇化、信息化快速发展过程中,煤炭行业在新时期迎来新的发展机遇,但是影响和制约我国煤矿安全生产的深层次矛盾和问题仍然没有根本解决。我国煤矿分布格局中尤其大量的中小煤矿是主体和其他涉煤化工等产业的安全保障形势依旧严峻。随着 2013 年经济回暖和生产经营活动的日趋活跃,事故总量有可能在部分地区和行业领域出现反弹,要时刻保持清醒头脑,切实加大工作力度。构建煤矿安全监管绩效评估符合我国当前经济与社会协调发展的需要,是维持经济稳定发展、落实可持续发展观的必然要求。

二、监管绩效评估的形势

我国煤矿安全监管绩效评估主要是通过"自上而下"式目标考核体制,在地方政府以行政主导力量的推进下,煤矿安全监管的地位逐渐得到重视,现实中存在的主要问题依旧没有解决。推行煤矿安全监管绩效评估有利于克服监管中出现的一些明显弊端,优化煤矿安全监管体系,引入煤矿安全绩效评估体系,规范政府管理实践中煤矿安全监管制度性的完善。

传统的政府煤矿安全监管评估注重财产和生命安全,煤矿安全监管绩效评估在变化和发展中趋向于从社会公众的立场出发,以群众的权益为立足点,提高社会公众对于煤矿安全监管的满意度。煤矿安全绩效评估与监管绩效评估的价值取向由政府本位向社会本位转变,体现在"自上而下式"的国家安全生产控制目标由国家安全监督管理总局向省级煤矿安全监察局、市、县级安监局逐渐落实控制指标,层层细化定量指标,完成全国煤矿安全生产的监督和管理;煤矿安全监管绩效评估在评估价值取向、职能定位、评估指标和体系上注重社会公众的参与和评价,始终坚持煤矿安全利益相关主体矿工的基本需求为评估目标,评估的核心标准是矿工的满意度,这样评估过程中社会公众和社会媒体的作用将大大增强。

2004 年国务院安委会建立全国安全生产控制指标以来,各级政府和地区纷纷围绕安全生产目标建立管理考核体系,结合地区安全监管的实际和各种因素,因地制宜的组织开展煤矿安全监管绩效评估,地方煤矿安全监管的主要形式集中在目标责任制为最终环节,自上而下推进式进行,考核重点是经济指标和安全指标,形成金字塔结构逐级分派给下级单位,依据各类指标和任务数字完成情况来评估全国安全生产。随着我国科学发展观的深入指导和国际社会绩效评估先进理念的引进,公共部门绩效评估的进入"科学政府绩效评估体系"的阶段,"绿色 GDP"、"以人为本"等理念运用到政府绩效评估中,将绩效评估的结果纳入到党政领导任职考核中,增加外部主体绩效评估的权重,丰富拓宽社会公众参与到煤矿安全监管绩效评估中的渠道,加强社会媒体的监督,确保绩效评估结果客观公正、透明公开,从体制上保证问责制度的有效落实,让以群众财产和生命利益为重的煤矿安全监管绩效评估发挥实际作用。

目前,国家公布的安全生产控制指标是监督煤矿安全生产的重要内容,通过定量指标的形式统一向各级地方政府推进。地方政府在执行煤矿安全监管绩效评估时往往立足于上级要求的控制指标,同时自发性的建立完善绩效评估的奖惩机制。地方政府结合地区经济目标实现的需求和政绩发展的需要,自发性的设计各类绩效评估制度,存在一定程度的不足和问题,规范化程度不高、缺乏统一的规划和指导。

国家人事部《中国政府绩效评估研究》课题组提出了由 3 个一级指标、11 个二级指标以及 33 个三级指标来构成政府绩效指标体系。我国安全生产控制指标也在逐渐的完善积累的规范性的要求和制度。在评估环节和评估程序上实行规范化、制度化,确保各级工作的稳定性和延续性,减少人力、物力、财力成本,提高煤矿安全监管绩效评估的信度和效度。"运动式"、"集中式"、"评比式"评估原先是我国政府开展绩效评估的主要模式,政府价值取向和行政职能的转变,大大促进政府绩效评估的规范性进程,政府煤矿安全绩效评估趋向于规范化、制度化、长效化,煤矿安全监管绩效评估与煤矿监管职责相结合,依据国家绩效评估发展的目标提高政府煤矿安全监管的效能。

三、监管绩效评估的意义

节约资源和保护环境是我国的基本国策,推进节能减排工作,加快建设资源节约型、环境友好型社会是我国经济社会发展的重大战略任务。[22]"低碳经济"发展符合当前我国生态文明观的现实需要,给资源消耗型煤矿产业发展带来新的挑战,煤矿安全监管面临着更加严峻的形势和艰巨的考验,开展煤矿安全监管绩效评估符合"低碳经济"的理念,适应我国当前经济社会发展的需要。

低碳经济的发展要求全国万元国内生产总值能耗下降到 0.869 吨标准煤(按 2005 年价格计算),比 2010 年的 1.034 吨标准煤下降 16%(比 2005 年的 1.276 吨标准煤下降 32%)。"十二五"期间,实现节约能源 6.7 亿吨标准煤,降低能耗,提高资源利用率和安全生态建设成为煤矿安全监管绩效评估的新内容。

低碳经济理念的核心要求降低资源能耗,避免"两高两底"的发展道路,客观上要求资源节约、保护环境,实行低能耗、低污染、低排放的低碳经济发展道路。低碳经济的内在要求,赋予了政府煤矿安全监管全面科学的考核要求,引入"低碳"元素来推进政府煤矿安全监管绩效评估势在必行。低碳经济背景下开展煤矿安全监管绩效评估,有效促进政府煤矿安全监管更好地履行职能。

低碳经济视角下政府煤矿安全监管绩效定位依赖于"人与自然的和谐",注重的是人与自然的和谐发展和生态安全价值取向,煤矿安全监管部门职能定位要关注煤矿生态安全建设,包括矿区环境修复、污染治理、健康保障、赔偿机制等领域,重要的是要注重矿工安全培训教育和职业健康安全保障。传统的煤矿安全监管注重的是生产领域的安全监督和管理,重点在于煤矿安全生产过程的规范和安全保证,新形势下煤矿安全监管绩效评估将事前的安全教育、应急机制、矿区生态平衡和事后健康保障水平纳入绩效评估中,注重监管中的生态保护、资源节约、矿工权益,反映了煤矿安全监管中基层职工人员的意愿,体现了政府高效运行的行政权力以最大化的维护群众利益的根本要求。相应的煤矿安全监管绩效评估体系得到进一步完善,基本上满足"顾客"对行政部门的期望,促进煤矿安全监管部门更好的发挥管理和服务职能,提高广大矿工的满意度。

煤矿安全监管绩效评估以"低碳理念"为重要依托,促使监管机构和部门更好的规范"打非治违"和产业结构优化,更好的发挥其依法行政的职能。立足于低碳指标的煤矿安全监管绩效评估,能够更加充分有效的发挥自主创新能力,采取科学的低碳监管措施和人性化执法方式,节约社会发展资源,提高监管机构的工作效率和效益。

北京大学政府管理学院教授李成言认为"绩效管理制度就像一根指挥棒,引导着各级政府机关不断改进作风、提高效能,从而提高政府的执行力和公信力,加快向服务型政府转变。"[23]政府绩效管理作为一种有效的公共管理模式和手段,在世界各国得到普遍推广和运用,我国推行绩效管理制度十分必要和及时。

推进服务型政府建设,直接关系到科学发展和经济发展方式的转变,关系到社会的和谐稳定,推进服务型政府建设,提高政府的服务效能和满意度,离不开政府绩效评估管理体制的发展。我国95%以上的煤矿为地下采煤,2011年发生矿难事故763次和矿难死亡人数1973人。煤矿生产安全关系到群众的生命和财产安全,影响到改革开放的大局和和谐社会的建设,完善煤矿安全监管绩效评估,有利于以人为本,公众满意为准的服务型政府的建设。煤矿安全监管绩效评估注重对政府监管部门制定科学的管理决策,实现绩效评估目标,提升煤矿安全监管队伍的服务意识和规范行政行为提供策略。煤矿安全监管绩效评估通过构建科学的绩效评估标准和指标体系,明确监管目标与政府监管人员目标一致,重视监管队伍培训和技能提高,注重人际沟通和团队协作,提高工作效率和效益,实现煤矿安全监管效能化。

公众满意度是服务型政府重要的价值取向,也是政府职能定位的基本立足点和出发点,煤矿安全监管绩效评估中的外部评估主体以社会媒体和公众参与为主,社会公众为主体形成的满意度影响到煤矿安全监管绩效评估,政府煤矿安全监管绩效评估坚持以矿工群众的安全为起点,注重矿工的全面发展,在评估过程中充分体现矿工群体的利益,外部群众为绩效评估主体的转变体现了服务型政府建设的内涵,一定程度上有利于加快我国服务型政府建设的进程。

第二节 煤矿安全监管绩效评估实证分析

通过详实的调查了解政府煤矿安全生产监管绩效评估的现状,分析当前政府煤矿安全监管绩效评估的问题,为什么既然存在政府煤矿安全监管绩效评估矿难却依旧居高不下,反思我国政府煤矿安全监管绩效评估体系的不足,探索如何构建有效遏制煤矿安全事故的政府煤矿安全生产监管绩效框架体系,从绩效评估价值取向、评估主体选择、评估指标体系设计和评估考核方法完善,绩效信息的收集、评估监督和评估结果的公布和运用,再通过改变传统的政绩观,培育良好的安全生产文化观念等配套措施减少乃至杜绝矿难的发生。

一、调查问卷的设计与实施

通过组织问卷调查,了解国家和地方开展煤矿安全监管的宏观背景和经济政策,掌握政府煤矿安全监管的目的和职能,了解煤矿安全监管主体的责任,了解执行煤矿安全监管的程序和过程,了解执行煤矿安全监管政策过程中遇到的困难,国家和地方煤矿安全监管部门的优点和不足,设计影响煤矿安全监管的绩效评估指标掌握煤矿从业人员对安全监管的满意度和有效建议。

调查内容主要掌握影响煤矿安全监管绩效的评估主体的意见:如煤矿安全监察分局、市政府安监部门、煤炭工业局具体对煤矿安全监管的政策;煤矿采取的安全管理的规范制度和新举措;煤矿从业人员的安全培训和职业健康保障情况;煤矿安全监管中监管队伍的培养和发展状况;煤矿安全监管的问责制度等。

问卷设置主要为单选题或多选题,影响煤矿安全的绩效评估指标分"最重要、非常重要、一般、不重要、非常不重要"等级,按分值"5、4、3、2、1"来确定分值,合理设计煤矿安全监管绩效评估指标的重要程度,初步设计依靠问卷数据收集来设置相关指标,通过信度与效度测评确定绩效评估的科学化和合理化,另有访谈问题和开放性建议。

调研对象包括煤矿安全监察局工作人员、煤炭工业局工作人员、安监局工作人员,地区部门矿的责任领导和大量一线矿工。调查时间为 2012 年 10 月 20

日至 10 月 30 日,同年 11 月 8 日至 11 月 15 日,调查共计 17 天。调查中包括集中式的问卷调查,访谈式的咨询,准备录音笔和记录本等调研工具。

调查过程,首先设计调研问卷,经过导师指导和要求,设计煤矿安全监管绩效评估问卷调查;联系调研单位,准备调研访谈的问题和相关问卷材料等,前往枣庄市相关部门调研,发放调研问卷,分析问卷构成和设计内容,现场监督问卷填写和上交,组织问卷数据统计和分析,确认有效问卷,整理访谈内容。结合论文中关于煤矿安全监管绩效评估的需要,整理基础性的问卷调研数据,对访谈问题的访谈记录进行梳理,收集煤矿安全监管绩效评估中的相关性资料。

二、煤矿安全监管现状

山东省是我国重要的煤炭能源基地,全省含煤面积约 1.65 万平方公里,占全省土地面积的 11.5%。枣庄市现有煤矿共计 39 处,总核定(设计)能力 1301 万吨/年。其中,市及区(市)属煤矿 34 处,核定(设计)能力 1156 万吨/年;枣矿集团破产改制煤矿 4 处,核定能力 115 万吨/年;基本建设矿井 1 处,设计能力 30 万吨/年。枣庄依据自身地理优势,加快煤炭产业升级转型,优化涉煤经济结构。

目前,枣庄市大中型煤矿采掘机械化程度达 96%。2010 年枣庄市百万吨死亡率 0.06,连续 3 年保持在 0.1 以下,连续 6 年居于全国前列。全市地方煤炭企业集团已发展到 12 家,现共有固定资产 304.15 亿元,在职职工总数达 5.68 万人。2011 年地方煤炭企业集团共实现销售收入 161.89 亿元,利税 46.92 亿元,利润 27.38 亿元。各煤炭企业集团按照各级党委、政府的要求,积极发挥"三大战役"主力军作用,坚持"以煤为基、多元发展、可持续发展",大力实施"走出去"战略,在市外、省外共占有资源储量 11.89 亿吨,可采储量 5.45 亿吨,已建及拟建煤矿 23 处,总设计能力达 1422 万吨;积极发展非煤替代产业,非煤比重达到 52.3%。各煤炭企业集团现有重点在建项目 35 个,总投资 146.9 亿元,为促进枣庄市城市转型和煤炭产业持续发展作出了突出贡献。[24]

一直以来,枣庄市煤矿安全监管基础工作扎实,整体安全生产形势稳定。2012 年 7 月 6 日,枣庄防备煤矿有限公司井下一255 米水平运输下山底部车场一台空气压缩机着火,造成重大影响。这次突发事故让枣庄市煤矿安全监管部门吸取教训,加强统筹并举开展安全排查,落实安全监管政策,全力保障煤矿安全生产。

（一）煤矿安全监管政策

近年来，枣庄市进一步增强责任意识、安全意识、防范意识，扎实开展"安全生产年"和"安全生产基层基础提升年"活动，不断完善和改进煤矿安全监管，强化企业安全生产基础建设，遏制重特大安全事故，控制一般事故，确保枣庄市煤矿安全监管发挥切实有效作用。

枣庄市各级煤矿安全监管单位积极落实《国务院关于预防煤矿生产安全事故的特别规定》（国务院令第446号）、《国务院办公厅转发安全监管总局等部门关于进一步做好煤矿整顿关闭工作意见的通知》（国办发〔2006〕82号）以及煤炭产业政策等，制定小煤矿整顿关闭规划；关闭不具备安全生产条件、不符合国家产业政策、浪费资源、污染环境的矿井；加强矿井关闭监管和废弃矿井治理工作，落实关闭矿井"六条标准"；打击非法煤矿和死灰复燃现象等情况。认真抓好《枣庄市生产安全事故隐患排查治理办法》（枣政办发〔2012〕54号）的宣传贯彻工作，重视企业事故隐患排查自查自纠体系建设，建立健全事故隐患排查治理机制。

2010年枣庄市开始注重培养煤矿职业化队伍建设，2011年又下发了《枣庄市煤矿职业化队伍建设标准及考核办法（试行）》、《枣庄市煤矿安全培训监督管理规定（试行）》两个指导性文件，各区（市）煤炭局积极研究落实推进煤矿职业化队伍建设的措施，重视煤矿安全生产的规范性和制度化。

枣庄市安全生产监督管理局深入贯彻山东省鲁南煤矿安全监察分局的指示，按照集中开展安全生产领域"打非治违"专项行动要求，对非法生产经营建设和经停产整顿仍未达到要求的，一律关闭取缔。宣传《煤矿矿长保护矿工生命安全七条规定》（以下简称《七条规定》）推进队伍体系建设。

枣庄市深刻吸取防备煤矿"7·6"事故教训，认真贯彻落实《枣庄市人民政府办公室关于贯彻落实鲁政办发〔2011〕67号文件进一步加强矿山企业安全生产工作的意见》，牢固树立"安全生产工作要始终坚持从零开始"的理念，枣庄市各区（市）煤炭局要严格按照《枣庄市关闭矿井监督管理办法》和市煤炭局《关于切实做好煤矿关闭工作的通知》要求，认真组织煤矿制定关闭方案和回撤作业计划，严格履行审查审批备案程序，严格关闭工作实施。

（二）煤矿安全监管职能

枣庄市负责煤矿安全监管的职能机构有：山东省鲁南煤矿安全监察机构（枣庄）、枣庄市安全生产监督管理局、枣庄市煤炭工业局，负责枣庄市煤炭系统领域的安全生产、监督管理、协调配置、综合治理、服务保障、应急管理等。

　　枣庄市安全生产监督管理局属于山东省安监局直属管理机构,下设市中区、薛城区、台儿庄、高新区、山亭区、峄城区、滕州市 7 个安全生产监督管理局。枣庄市煤炭工业局(Coal Industry Bureau of Zaozhuang)下设人事教育科、安全监察科、生产技术科和工会等 8 个机关科室;下设包括枣庄市煤矿安全监察执法支队、枣庄市煤矿安全生产调度指挥信息中心在内的 9 个直属单位;枣庄市煤炭技术协会和枣庄市煤炭产销协会两个社团组织,开设服务大厅和互动平台,推进办公服务化、信息化、高效化。

　　山东省鲁南煤矿安全监察机构应与枣庄市政府及其煤矿安全监局建立联合执法、情况通报等协调工作机制,重视沟通监察、监管工作情况,协调解决监察、监管工作中出现的问题,切实做到统筹协调,协商处理,确保监督检查工作的效率和质量。枣庄市政府坚持落实国家关于煤矿安全监管的重要的原则,始终把煤矿安全监管的监督和检查纳入煤矿安全监察工作的重要内容。通过上级监督和地方管理,促进煤矿企业安全生产主体责任的落实。枣庄市生产监督管理局完善"五级六线"安全管理网络,推行"五位一体"现场管理模式,创建工程施工和设备设施使用"两项安全许可制度",丰富精细化管理内涵,促进安全生产一线管理。

　　为进一步落实国家煤矿安全监管总局的政策,枣庄市统一执行凡不符合产业政策,不具备安全生产条件的煤矿,一律停产整顿;到期仍达不到标准要求的煤矿,坚决依法关闭淘汰。严禁借低水平的技改扩能逃避关闭退出,坚决停止审批新建 30 万吨/年以下高瓦斯矿井和 45 万吨/年以下煤与瓦斯突出矿井。全面落实工程质量检测、监理、监督认证和安全监管责任,坚持安全设施与主体工程"三同时",加强安全生产日常动态监管,实行预先告知、现场核查和逐级审查制度。

(三)煤矿安全监管绩效评估问卷分析

　　煤矿安全监管的效果直接关系到煤矿安全生产的稳定,国家重视并开展煤矿安全绩效评估主要为了实现地方政府正确规范行使煤矿安全监管职能,完善煤矿安全监管制度。通过参与煤矿安全监管绩效评估发现自身存在的问题和不足,从制度、政策、执行力、队伍建设等方面解决目前的问题,改进煤矿安全监管的效能。地方安监部门在调研中反映,个别部门把绩效评估运动看成"政绩数字工程",盲目追逐数字绩效评比,忽视绩效评估过程中绩效指标的理解和认识,很少从绩效评估中提高行政监管效率和管理水平。

　　在枣庄市通过对煤矿安全生产负责管理人员和矿工的问卷调查中发现,地方政府的煤矿安监系统管理部门政出多门,管安全生产的与抓安全保障的是独立开展,重视煤炭经济效益和强调安全保障的相互分离。垂直安监系统和地方政府的监管存在重叠和交叉,枣庄市成立枣矿集团,推进政企分开,实现煤矿安监行政职能和煤矿生产的市场功能相分离,但是具体落实国家安全监管的政策和法规过程中,既需要煤矿安全监察分局的传达和监督,又离不开地方市属安监部门的行政管理和执法监督,在涉及地方政府经济利益时,容易诱发"监管失灵"。

调研问卷共下发 200 份,经确认 180 份有效,调研人员年龄分析政府安监部门人员 25～30 岁占 10.6%,年龄在 31～40 岁的占 18.7%,煤矿中层管理人员 31～45 岁的占 21.6%,煤矿从业工人 21～40 岁的占 36.5%。因涉及评估主体多元化,统计依据各调研对象的工作岗位来确定的。

调研对象中设计政府安监部门工作人员其一般学历在大专以上,而同等情况下煤矿管理人员专业设计人员是本科及以上,其余一般为高中学历。而矿工群体中则初中占 54.5%,他们在接受安全培训和新技术的学习使用中存在一定不足。

调研中有 30.36% 的人认为安全投入是"安全生产五要素"中企业最薄弱的环节,19.64% 的人认为要重视安全文化建设,有 64.29% 受访者认为职工行为影响着煤矿生产,受访者认为该建立煤矿应急管理工作机制的占 33.93%,其中,21.43% 的受访者认为煤矿安全监管政策不到位,影响着煤矿安全。大部分矿工在调研中认为安全为枣庄市煤矿安全监管安全措施制度不落实、隐患排查整治不彻底、企业主体责任落实不到位、违法违规生产依旧存在。63.5% 的矿工认为煤矿的安全监管工作基本落实,53.14% 的矿工认为矿井下环境一般化,觉得在工作时感觉有点危险,认为加大安全监管投入,提高煤矿开采技术设备的现代化占 65.6%,有 32.1% 的政府煤矿安监工作人员认为当前煤矿安监绩效考评指标单一,建议执行和考核的过程需要加强协调和过程控制,争取从源头上解决安全生产隐患。53.6% 的政府工作人员觉得重视煤矿安监队伍和煤矿从业人员的安全培训是非常重要的,74.2% 的矿工迫切需要重视矿工职业健康,特别是要注意改善煤矿生产的环境。煤矿从业人员中,大专以上学历人员约 200 余人,仅占职工总数的 4.91%。

调研中收集的基础资料为煤矿安全监管绩效评估模型的设计积累了源数据,结合调研中的数据整理和访谈中的新发现,来寻找煤矿安全监管绩效评估的不足。

第三节 煤矿安全监管绩效评估问题

政府绩效评估作为几十年来世界各国政府再造运动的核心内容,已经表明它对提高政府管理绩效、改进政府工作,促进经济社会全面协调可持续发展具有深远的意义。当前我国的煤矿生产安全形势极为严峻,政府煤矿安全管理任重道远。

一、公众和第三方不够重视

政府绩效评估主要是以政府部门上级评估为主,下级评估、自我评估为辅,明确地区的安全目标考核、组织考察和工作检查为主要的绩效评估方式。部分地区开展了评议性、第三方评价的绩效评估形式,大部分仍旧采取的绩效评估模式都没有引进社会公众和独立第三方的评估制度。我国目前也没有现行较为完备的绩效评估的法律法规,缺乏明确制度性的保障,公众参与力量得不到保证,煤矿安全监管绩效评估的公众满意度的问题得不到社会认可,我国煤矿安全监管考核评估集中在部门机关的内部考核,属于制度领域的内部内容,这对于体制外部力量的社会组织、群体、媒体的监督存在一定的制约。

在绩效评估主体权重确定中,社会公众和第三方外部力量确实是当前煤矿安全监管绩效评估中普遍存在的现象。调研中,无论是煤矿安全生产控制指标的落实,还是煤矿安全监管绩效评估,占主导性作用的还是政府内部部门,往往是上级单位,如地方煤炭机构的直属上级机构就是煤矿安全监察分局,煤矿矿务集团的上级是负责安全生产的政府安监局。从枣庄市现行的煤矿安全生产资料来看,主要还是依靠煤矿安监机构和政府安全生产部门来综合考评,绩效评估的主体中大部分都是政府及监管人员,存在一定的协同性,具体监管绩效评估的实际有效性往往在这操纵中得不到真实的体现,上级或同级的单位或工作人员往往在绩效评估中起到举足轻重的地位。内部的行政级别隶属关系往往在开展煤矿安全监管绩效评估中产生"内部关系"的影响,直接造成煤矿安全监管绩效评估中存在一定的"寻租空间",影响绩效评估的公正性。

二、缺乏行政成本的评估

行政成本是各项工作正常开展所要消耗的必要性基础资源的。在政府煤矿安全监管绩效评估中,不仅仅看取得收益,还要对实现煤矿安全生产而投入的成本进行测定、评估和考核。客观公正地评估煤矿安全监管绩效评估,要依靠衡量单位成本所取得的产出是否达到了最大化、最优化,目的是让监管机构树立浓厚的成本意识,降低行政成本,节约开支,花更少的钱办更多事。

从调研情况看,各地煤矿安全监管部门的评估缺乏行政成本的评价,行政成本是否落实到实处关系到煤矿安全监管的效率和效益,据调研,煤矿安全监管的成本占预算行政开支的 37.7%,统计表明我国煤矿安全监管投入在国家大力加强安全发展的指导下,实际投入经费比例逐渐增加,煤矿安全生产形势一定程度上有所好转。煤矿安全监管机构的开支实属行政开支,煤矿安全监管部门作为公共服务机构,应当以尽可能少的行政开支支持其运转。但是,我国财政资金分配有向政府机构自身利益倾斜的趋势。世界上绝大部分国家的行政支出占财政支出的比重在 10% 以下。调研中有矿工反映:"安监部门的车和办公室都比较高级,日常检查中常常住豪华酒店,至于招待就不用说了。"这说明政府安监的行政成本需要进一步加强控制,产出的效益也需要着重加强考核。

不计成本的投入和不计收益的评估都不是科学高效的评估,在行政成本中,机构的运营开支则为行政开支,应当尽可能的降低运营的行政成本,缺乏绩效预算的审计,忽略成本的核算,无法科学反映政府工作的真实效益。在煤矿安全监管成本投入中缺乏科学的衡量指标,无绩效预算即无绩效评估。我国多数煤矿安全监管的绩效评估实践中,由于忽略了对行政成本的核算,因此无法科学反映政府工作效益。

三、政府绩效评估程序不够规范

现行的煤矿安全监管绩效评估中,往往由国家煤矿监察部门和地方政府共同负责煤矿安全监管,具体政府绩效评估执行过程中,基本的评估程序和流程往往不规范,存在重结果、轻流程的现象。如果有绩效评估程序存在不公正或缺少关键环节,则很可能直接影响绩效评估结果的不正确。

调研中发现,地方政府煤矿安全监管绩效评估中缺少社会公众和独立第三方参与到绩效评估指标设计中,绩效评估的分析和论证合理性环节缺少利益相关主体的参与,在绩效评估结果的运用和公开环节前没有足够的专家咨询反馈和建议,绩效评估的结果公正性和权威性受质疑。各个监管机构绩效评估通过定性分析,存在一定的缺陷和不足,煤矿安全监管绩效的第三方和社会公众不能发挥外部监督作用,关系到切身利益的矿工往往没有太多的发言权,造成绩效评估结果存在有失公允的情形,一定程度上挫伤了煤矿安全监管工作人员的工作积极性,不利于煤矿安全监管绩效评估信度和效度的检验,影响绩效评估作用的发挥。

枣庄市人民政府向各区(市)人民政府、新区管委会、枣矿集团下发了关于《枣庄市安全生产目标责任考核办法》,建立健全安全生产目标责任考核体系。

其中,通过自查、随机抽查、综合考评方式,考核结果分优秀、合格、不合格3个等次,95分以上为优秀,95~80分为合格,80分以下为不合格。突破年度安全生产控制指标或发生较大事故的,实行"一票否决",对于考核优秀的,市政府给予表彰和奖励;考核不合格的,不得参加评奖、授予荣誉称号等。凡未设立乡(镇、街道办事处)安全监管机构和村(居委会)未明确专人负责安全生产工作的县(区、市)人民政府对未完成安全生产考核指标单位,实行一票否决。实际上在整个指标体系中,上级政府只关注煤矿百万吨死亡率和煤矿事故死亡人数这两个结果性指标,虽然这体现了政府对结果和对公众的重视,但在一定程度上也造成地方政府对安全生产资金投入和人力投入、监管制度建设、人员培训等投入和管理过程的轻视。

四、评估的方法不够科学合理

政府绩效评估实际上是评估政府行为的经济性、效率性和效益性等三方面的效果,每一项都要借助于一些绩效示标。绩效示标即绩效的指示物、指示器。绩效示标是生产、管理活动中某一特定方面效果的规范化的量的指标。[25]现行的政府绩效评估依据政府的职能来设计指标体系,但是绩效指标体系往往不够科学,作为以煤矿安全重心的安监部门绩效评估在指标设计上与政府部门绩效的关联度不大,即使是独立第三方参与的绩效评估也不能科学有效的提升绩效。从一定程度上说明目前我国煤矿安全监管绩效评估中数据丰富但信息贫乏,反映出监管者没有很好地建立起评估与管理决策制定过程之间的联系。

在煤矿安全监管绩效评估中,对事故死亡人数和次数、经济产出、安全标准等采用定量考评的方式比较多,但也都是算术求和与加权平均求和等简单方法,较少采用主成分分析、层次分析、数据包络分析等计量分析方法。导致评估的结果不正确。有些指标设计明显不完整,如安全制度保障没有体现应急管理方案,市场监管只包括法规完善程度、执法状况、企业满意度等大量主观指标,缺乏客观定量指标,如打非治违次数,安全培训时间、安全责任书签订率等。还有的指标存在激励误区,引发混淆,如安全违章整修率,如果整修率很高,体现政府监管绩效差。如果以此来评估煤矿安全监管绩效,在信息不透明和缺乏监督的情况下,煤矿安全监管部门可能设法减少立案数量,尽可能的提高立案标准等,以减少整修率。另外,有的指标过细,有的相互矛盾,现在煤矿安全监管中设置的指标大多集中于生产安全管理相关,忽视矿工安全健康权益的保护,忽视生态文明建设的硬性要求。许多指标无法进行量化分析,在具体的评价过程中很难操作。调研中部分反映,现在煤矿安全监管评估很繁琐,既增加了考核的人力、物力成本,造成过于繁多的评价指标会严重干涉煤矿安全监管绩效评估的真实性。

五、绩效评估结果重奖励轻惩罚

煤矿安全关系到千万煤矿职工家庭的幸福,影响着地区社会的经济发展和稳定。加强煤矿安全监管,特别是重视煤矿安全监管绩效能够有效预防并保障煤矿安全生产的可持续发展。当前,国家的煤矿安全监管绩效评估依赖于全国安全生产控制指标,政府通过安全生产目标考核的方式加强煤矿安全监管绩效评估。

安全目标管理考核结果只是奖励个人、机构,未与组织再造、流程整合、人员优化联系起来。绩效评估和在此基础上的横向、纵向比较有助于形成一种竞争的氛围,对煤矿安全监管部门是一种无形的压力和动力,促使安全监管部门在获得有效的评估信息后积极主动的改进工作方式,针对性的调整工作重点促进组织部门朝更好的方向发展。煤矿安全监管重奖励,重物质奖励,轻精神奖励,这是当前煤矿安监部门中普遍存在的激励现象。毫无疑问,物质奖励与绩效评估结果挂钩,能够激发监管队伍工作的积极性,但也易助长监管人员的个人利益最大化。这与我国政府执政为民和公共服务的精神是不符合的。长此以往,必将影响到煤矿安监工作人员牢记职责、排忧解难和无私奉献的品质。调研中,个别安监部门加大绩效评估结果的物质奖励力度,让我们不得不反思激励机制所存在的不足。

重奖励、轻处罚或问而不责的现象比较普遍,随着问责制度的产生和服务型政府建设的需要,各地煤矿安全监管绩效评估中纷纷将绩效评估结果作为行政问责的重要依据。2008年,国家安监总局把安全生产控制考核指标落实情况纳入地方各级领导干部和企业领导人员政绩、业绩的考核内容,但是,绩效评估结果并未与煤矿安全监管改善、规范监管行政行为、行政执法程序联结起来,作为改进绩效提出的绩效评估本身并未能帮助煤矿安全监管部门提高其绩效。例如,调研中安监部门规定对绩效评估结果"一般"的监管单位取消评优资格,责令写整改报告,并通报该部门,降低单位员工的评优比例;监管人员连续两年绩效评估结果"不合格",则进行谈话,取消先进资格,延缓升职。问责制度被形容为"高高举起 缓缓放下",部门内部的隶属关系让绩效评估变得"充满学问",中国传统的"人情社会"和"熟人社会"的观念很大程度上使得煤矿安全监管绩效评估结果难以真正落实问责,势必影响绩效评估的优越性,导致政纪松弛,趋于平庸。

六、煤矿安全监管绩效评估模型构建

政府绩效评估作为一种切实提高政府绩效水平、深化行政管理体制改革的有效工具,必将在未来政府的改革进程中发挥重要作用。通过"投入—管理—产出—结果及效益"构建煤矿安全监管绩效评估模型对于加强煤矿安全监管具有全局性的意义,有利于新形势下煤矿安全生产的健康稳定发展。

第四节 煤矿安全监管绩效评估框架

目前,政府正在推进新一轮的行政管理体制改革,强调要加快政府职能转变,整合部门重叠、职能交叉、绩效偏低的现象,完善行政管理体制,形成行为规范、运转协调、公正透明、廉洁高效的行政管理体制。

"要提高政府效能,完善政府绩效管理体系;建立以公共服务为取向的政府绩效评价体系,建立政府绩效评估机制"。[26] 政府绩效评估的目的在于提高政府绩效,提升公众对政府的满意度,通过确定一套规范合适的指标体系,改进政府决策,提高行政效率,规范行政行为,扭转以经验为基础的决策的弊端,构建可测量实现定量考核和定性分析相结合的绩效评估,进而提升政府公信力。

政府部门开展绩效评估正处于日趋发展和不断完善的探索阶段。科学、规范、有效的绩效评估体系直接决定绩效评估的科学性,关系到政府部门工作开展的实际成效。课题组于 2012 年 11 月对枣庄市 4 个相关部门(山东省鲁南监察分局、山东省鲁南煤矿安全监察机构(枣庄)、枣庄市安全生产监督管理局、枣庄市煤炭工业局)做调研,走访枣庄市矿务集团、济宁煤矿等,通过调查问卷和访谈掌握了各部门职能、煤矿安全监管的机制、煤矿生产管理的现状与趋势、煤矿矿工的需求等基本信息,掌握安监部门曾采用过的绩效评估方法及其在实际运行中存在的不足。通过借鉴地方政府绩效评估程序的制度安排,构建枣庄市煤矿安全生产监管绩效评估模型。

一、明确监管绩效评估目标

煤炭工业是国家的重要产业,在全市国民经济和社会发展中具有举足轻重的作用。煤矿安全关系到国家长治久安和社会的和谐稳定,煤矿安全监管机构在维护和保障煤矿安全生产秩序发挥监督和管理作用,针对煤矿安全监管的绩效评估目的在于维护监管秩序,规范监管行为,协调煤矿安全监管相关事宜,促进煤矿安全监管健康稳定、规范有序、科学可持续发展。

明确政府绩效评估的目标,是深入开展绩效评估的首要因素。煤矿安全监管评估的工作目标不仅关系到投入产出的问题,它还必须关注长远的利益问题、对整个社会的影响以及管理目标之外产生的影响。现实中,由于地方政府的绩效评估侧重常因领导人的更迭而变换,原定目标也需重新排序,所以稳定性较差,容易影响绩效评估的效果。政府部门的决策者出于某种需要,或者不愿受明确目标的限制,往往把目标表述得模糊不清,这就给评估测度标准的选择带来混乱,造成衡量和评估政府部门目标实现的困难。因此,在进行煤矿安全生产监管绩效评估体系的构建时,必须明确绩效评估的目的。

煤矿安全监管绩效评估的目标主要包括:首先,地方煤矿安全监管部门行政职能"合法化"、依法开展行政监管、行政执法活动,严格遵守法律法规。其次,条例建立健全煤矿行政监管内部制度的规范化体系,形成规范合理的运转机制、管理等。再次,确保煤矿安全监管主体多元化,发挥社会力量监督作用,形成科学合理的考核体系,提高煤矿安全监管效能。然后,健全煤矿安全监管组织机构,促进监管人才队伍建设,提高监管科技水平的先进性,促进监管可持续化发展。还有保障煤矿从业人员的利益,引导监管部门注重煤矿职工安全培训和职业健康保障建设,影响监管部门作用有效发挥。

保障煤矿的生产安全,降低事故发生率,确保煤矿从业人员的身体健康和生命安全,规范监管行政执法,提高监管效能。通过煤矿安全监管绩效评估目标的确定,在社会中树立一个良好的政府形象,消除公众对政府煤矿安全生产监管不力的误会,便于公众与政府更好地就煤矿安全生产问题进行沟通,加深彼此的理解和合作,增强包括煤矿从业人员在内的公众对政府信任,促进"服务政府"和"责任政府"的建立。

绩效评估的价值取向是一个社会团体或组织为顺利实现其终极目的所进行的基本判断、确认和利益选择。政府绩效的价值取向是政府绩效评估的基础,是评估指标体系的灵魂,决定着绩效评估的标准。所以,我们在进行政府煤矿安全生产监管绩效评估之前,必须先确定评估的价值取向,只有这样才能建立科学的绩效评估标准。

政府公共行政以提供公共服务或公共物品为主旨,它强调"公共性",以公共利益为导向,追求社会利益的最大化,因此,政府绩效评估必须注重对公平性的评估、对社会效果的评估和对顾客满意度的评估。倪星提出政府绩效评估的价值标准应该是效率和公平并重、效率与民主兼顾、经济增长和社会发展同步。三者之间的价值标准是互相联系、相互影响的,经济增长和社会发展的进程中需要贯彻效率价值,公众参加经济建设的积极性可以通过提倡公平和民主价值的形式实现,从而有利于促进公民社会的形成。[29]

在实践方面,许多政府部门和公共部门也开始了以公众为导向的绩效管理模式,比如烟台市率先试行的社会服务承诺制,珠海市、南京市、沈阳市等地开展的"万人评政府"活动。具体到政府煤矿安全生产监管绩效来看,以公共利益为导向的管理理念,可以把政府与煤矿的关系由管理者与被管理者的关系变为公共服务的提供者和顾客的关系。地方政府为煤矿及其从业人员提供安全生产保障,为他们的生命财产安全提供服务,这体现了以人为本的执政理念和价值取向。政府监管部门重视并倾听真实(即矿工及煤矿从业者)的声音,应当对"顾客"的合理要求做出有效应对,以煤矿的一线从业人员的满意度作为基本的价值定位。

二、界定监管职能范围

绩效评估是政府行政职能履行的效率和质量的重要工具。地方政府煤矿安全生产监管的职能一定程度上受煤矿安全生产监管绩效评估的制约和影响,明确煤矿安全监管职能,不同的职能重点,决定不同的指标内容;不同的职能关系,决定不同的指标结构。正确把握煤矿安全监管职能的基本内容是构建煤矿安全生产监管绩效评估模型时重要前提。当前,煤矿安全管理存在着多头管理、职能交叉的问题,协调各部门开展工作难度大,不利形成高效、灵活的工作机制,造成煤矿安全监管效率不高。煤矿的生产、安全监管主体往往不是单一的,各监管职能机构只对负责的领域发挥作用,另外煤矿涉及的安全检查、评估、培训较多,但真正落实解决实际问题的不多。

表4-3显示我国煤矿安全生产监管领域中,逐步形成了国家安全生产监督管理总局(国家煤矿安全监察局)主导的垂直管理体制和煤矿安全监管属地管理的复合型管理体制格局。"国家监察、地方监管、企业负责"的原则,确定了煤

矿企业是预防事故的主要单位,安全生产监管部门、煤矿安全监察机构监督监管检查和处理违规职能。我国地方政府统筹协调、政府各部门共同执法的制度,为充分发挥各部门互补优势和综合运用政府行政资源,提供了有力保障。

表 4-3　　　　　　　　枣庄市煤矿安全监管机构职能定位

名　称	行政级别	成立时间/年	地点	主要职能	备　注
国家安全生产监督管理总局	正部级	2003	北京	地方政府安全生产监督管理机构	国务院直属管理机构
国家煤矿安全监察局	副部级	2000	北京	地方政府煤矿安全生产监管工作监督监察职责	监察地方煤矿安全防治煤矿事故
山东煤矿安全监察局	正局级	2001	济南	从事地方煤矿安全监察工作行政机构	国家安监总局垂直管理
山东省鲁南监察分局	副局级	2000	枣庄	负责枣庄等市的煤矿安全监察	分区煤矿安全监察
枣庄市安全生产监督管理局	正处级	2000	枣庄	地方煤矿安全监督管理	枣庄市煤矿安全监管

国家安全生产监管部门与煤矿安全监察局主要是全国煤矿安全监管的领导机构,负责全国各省、直辖市、自治区煤矿安全监察局的领导职责,负责制定全国安全生产控制目标,宣传贯彻执行国家煤矿安全生产法律、法规和方针、政策,研究制定煤矿安全生产重大政策及措施;建立健全省、市、县、乡四级安全生产监督管理组织体系,建立健全执法体系;健全煤矿生产安全应急救援体系等。[27]地方煤矿安全监察局、安监局、煤监局、煤炭工业局、县一级安监局、煤矿工业局,主要负责督促煤矿安全生产有序开展,定期不定期组织煤矿安全检查职能的监察,依法规范合理处理煤矿违规行为;负责煤矿安全生产各类资格证、许可证的审核;督促安全生产目标责任制执行和行政责任追究落实,及时组织处理煤矿安全生产工作中的各种突发问题;组织煤矿安全生产专项整治及隐患排查,组建安全应急救援队伍演习,依法关闭和整改不符合规定要求的煤矿,健全地方应急预警管理体系,负责基层安全培训和安全演习等。[28]最重要的是地方政府的煤矿安全监管部门既要负责煤矿安全监督和管理,还要负责煤矿生产经营的效益和发展,维护地方经济发展,支持配合国家煤矿安全监管的监察。

国家煤矿安全监察局和地方政府煤矿安全生产监管职能有所区别、各有侧重,前者承担的独立的监督责任较为重大,在拥有权力上则稍微欠缺,独立性强,而后者权力则要比前者大,但承担的责任却相对较少。他们的职能设置中都负责督促检查煤矿企业贯彻落实国家煤矿安全生产法律、标准和方针政策落实的情况,依法对煤矿生产和建设中有关违反安全规定的行为进行查处。总的来说,煤矿安全监察局与地方政府监管部门分工明确,避免职能重叠和交叉,地方政府要严格按照国家相关法律法规在完成自身职责的同时,密切配合监察分局,做好煤矿安全生产监管工作,促使煤炭资源开发监督管理和安全监察、行业管理相统一。

三、选择监管绩效评估主体

政府绩效评估主体是一个多元主体组成的治理结构。多元的评估主体相互之间可以弥补自身评估信息的缺失,有利于保证政府绩效信息的真实性和可靠性,关系到政府绩效评估结果的科学性,评估主体多元化影响绩效评估信度和效度。

（一）评估主体多元化

评估主体的构成应该按照客观性、效用性、评价成本的高低三个维度来确定评估主体的。评估主题的选择首先应该考虑拥有相关信息和知识的主体,其次可以从评估对象涉及的利益相关者中选取(上级、同级、服务对象等),还可以从与评估对象不存在利益关系的群体中选取(独立的第三方),以组成多元化的评估主体组合。这就要求选择评估主体时要注意评估主体点的准确性和面的广泛性,依据绩效评估对象的实际情况,针对性的选取客观性、效用性、评价成本相统一的绩效评估主体,初步确定评估主体的原则和要求。

另外,评估主体在客观履行评估过程中,本身要具备一定的资格要求。评估主体独立的判断权、评估主体的专业性、评估主体的权威性、职业道德、成熟的政治理性和低廉的评估成本,具备以上五个评估主体的条件,就可能形成较为理想的绩效评估主体。评估主体在整体构成上的多样化和专业性有利于扩大政府绩效评估主体的范围,避免部分绩效评估主题的缺失而影响整个绩效评估的结论,提高政府绩效评估的科学性和准确性。

政府绩效评估的主体可分为内部主体和外部主体两大类。理论上,政府绩效评估系统中可以有六种评估主体,即上级评估、同级评估、自我评估、下级评估、社会公众(顾客)评估和专家评估,评估主体的多元化有助于多方面接受不同立场和视野的评估,整合绩效评估需要的外部资源,降低绩效评估的误差和失误,及时发现并弥补绩效评估过程中出现的问题和不足,促进绩效评估主体发挥监督作用,尤其是在绩效评估过程中,实现绩效评估主体结构的合理优化,为绩效评估指标体系的构建奠定良好的基础。当然,评估主体的角色不同,其知识水平、道德素质、专业水准、工作态度也一定程度上影响着绩效评估的发展。

(二)内部评估主体和外部评估主体相结合

传统绩效评估通过目标考核的一种内部管理方式,按照上级部署、下级落实,自上而下逐级推进运行。外部评估加入到以内部评估为主的绩效评估中是地方政府绩效评估的新趋势,稳固单一的内部绩效评估主体,同时协调外部评估主体积极参与进来。

内部评估主体主要包括上级评估主体、同级评估主体和下级评估主体三种,其中,上级评估主体是我国绩效评估的主要力量,上级主管作为对下级政府部门独立的评估主体,具有特别的优势。上级部门通过绩效评估来引导、激励是监督下级部门的有效途径,推动工作计划的事实和目标责任制的完成。另外,由于上级部门特有的熟悉和理解,便于上级部门在绩效评估中以定性的方式来弥补评估中难以精确反映的工作绩效。但是上级部门对下级部门的领导与非领导关系,形成上级部门既是监督者又是评估执行者的情况,不易真正发挥绩效评估的作用,容易导致内部的自我满足,弱化绩效评估的功能。由于上下级部门同属一个系统,考虑部门整体利益,绩效评估非原则性问题下可能存在袒护行为。如地方煤矿安监局、煤炭工业局接受上级分管煤矿监察分局的监督和领导,存在组织利益上的直接隶属关系。同级评估中同事或部门处于共同的工作环境,非排他性竞争利益下的绩效评估客观全面,一旦存在利益冲突,评估结果就会存在失真。下级评估时由于信息掌握不全,往往不能全面反映上级真实的工作绩效,尤其是下级考虑上级的领导地位往往不敢真正表达意见,使绩效评估的效果打折扣。地方安监部门接受上级监察机构检查时往往"面面俱到",更不用说在绩效评估时体现自己的"忠诚"和"服从"。

美国著名管理学家彼得·德鲁克说:"成绩存在于组织外部。企业的成绩是使顾客满意;医院的成绩是使患者满意;学校的成绩是使学生掌握一定知识并在将来用于实践。在组织内部,只有费用。"[30]组织的工作绩效是由其外部的环境因素决定的,组织绩效应该由组织外部环境因素决定的,其绩效也需要由政府的服务对象——用户评估。外部评估可以弥补组织自身不足,提出合理有效的完善意见。外部评估主体包括社会公众评估、专家学者评估、新闻媒介评估。外部评估主体中社会公众主要是煤矿安全监管利益直接相关者——矿工,他们是煤矿安全的当事人和直接承受人。政府安全监管政策的落实和制度的保障中,矿工感触深刻、掌握全面、认识清楚,最有发言权。但是调研中62.5%矿工系初中毕业,对具体绩效评估的概念和操作方法认识上还不够清晰,需要选择具有代表性的群体,并在实践中加强矿工的专业化培训。此外,通过问卷调查和访谈的形式了解矿工对于煤矿安全监管的满意度,获得煤矿安全利益相关人的真实绩效信息。

专家指在一定学科范围内具有丰富的理论基础和实践经验,相关学科领域拥有权威性和科学性的一类人,他们在绩效评估中对绩效评估体系的设计和问题的反馈具有重要指导意义,往往在绩效评估的信息获取和评估结果准备中起到关键作用。新闻媒介指的是包括网络、杂志、报刊等在内的社会大众传媒。作为独立第三方,它直接影响着社会对绩效评估的观点和看法,并能从客观性和专业性角度分析煤矿安全监管绩效评估,独立第三方的专业测评组织往往在评估中能够敏锐的发现问题,专家、教授学者组成的社会团体,在监管中能过提出科学合理的建议,连接政府和公众的交流,为促进绩效评估科学稳定开展提供积极有益作用。

(三)评估主体及权重的确立

合理的权重设计能够科学有效的反映评估的真实性和权威性。权重设计中的外部评估主体主要以社会公众为主。社会公众作为特殊的绩效评估主体,范围广、人员多,为保证参与评估的公民有较好的科学构成,必须采取以下技术手段:首先,要有一定代表性的参与数量。评估主体的确立以及权重的明确是整个绩效评估过程中的首要环节。多元的评估主体可以有效弥补评估信息的缺失,有利于保证政府绩效信息的科学性和有效性。

合理确定绩效评估主体的权重,发挥评估主体的作用最优化是确保客观评定评估对象的重要途径。吴建男提出谁是"最佳的评价者"概念,认为判断一个评价主体是否是最佳的评价主体应该从客观性、效用性以及评价成本三项原则入手,其中客观性包括独立性、准确性、全面性,效用性包括可用性、时效性、紧急性,评价成本信息包括信息搜集成本、信息处理成本、决策成本。[31]

评估主体实现内部评估主体和外部评估主体相结合,相对于内部评估主体的传统地位和长期影响,引入外部主体,专门设置公众评估、社会媒体评估、专家学者评估,并赋予一定的评估权重。煤矿安全监管绩效评估运用效能监察、满意度测评等形式,突破了原先以安全生产控制目标单一的目标责任制,努力营造"对公众负责、请公众监督、让公众满意"的绩效评估制度。在权重的设置中,保证基础性内部评估地位,同时提高外部性评估主体的权重,增强外部评估主体在绩效评估中的作用。煤矿安全监管绩效评估的外部评估主体来源于普通职工和基层管理人员,其中主要是煤矿安全生产直接利益相关者矿工,部分矿区工作人员为辅。评估主体构成通过部分推荐和组织随即抽取的方式确定,专家参与的权重确定依据于煤矿安全监管领域的突出问题解决的实际需要,无论是事先绩效评估程序和指标的确立,还是绩效评估结果的分析和运用都离不开专家的宝贵意见,其独立的第三方性质让专家在绩效评估中起到举足轻重的地位。社会媒介权重的确立主要考虑其在绩效评估过程中起到监督和宣传作用,引导社会力量和"NGO"以新媒体的方式积极参与到煤矿安全监管绩效评估中来,丰富绩效评估绩效信息收集,有利于全面客观的开展绩效评估。评估主体权重的确定通过定性分析访谈政府煤矿监管主体部门和定量测评问卷调查形式,表 4-4 确定各级评估主体在绩效评估中的权重比例。

表 4-4 评估主体及权重

	评估主体	权重	主体单位	考核性质
内部评估主体	上级政府	10％	省政府、监察局	定量
	政府自身	10％	安监局	定性
	下级政府	10％	区、乡镇政府	定量
外部评估主体	专家学者	30％	煤矿专业学者、教授	定量
	新闻媒体	10％	电视台、网络、报刊	定性
	独立社会组织	10％	安全协会、职业健康组织	定量
	行为相关人	20％	矿工代表、工会代表等	定量

社会公众参与评估存在一定的缺陷,比如公众不了解政府的运作过程掌握的信息有限,缺乏专门的评估技术,公众代表的知识水平和背景也参差不齐,尤其是利益相关者矿工,文化素质基本不高,在调查中发现,受调查的矿工文化水平 38.4％都是小学生。所以为了保证公民参与评估的质量,政府要尽量公开自身的运作机制和过程,制定科学的工作流程和工作标准,并及时公布有关信息,做到"阳光行政"。此外,要对评估主体进行系统的培训,减少和规避由评估主体主观错误所造成的误差,使评估主体掌握一定的绩效评估信息收集方法和技能,熟悉在评估过程中使用的各个绩效评估指标,了解它们的真正含义,让煤矿一线从业人员熟悉监管考核的具体指标和导向,确保各个评估主体对评估指标理解的同质性。针对绩效评估主体在考评过程中的职责和地位,因地制宜的结

合工作效果、学历学识、工作年限、评估部门等进行专业化的学习,要培训评估主体采用合适的评估方法,增强对评估方法的认同感和信任感。

四、构建监管绩效评估模型

20 世纪 90 年代初,美国政府会计标准委员会发表一份政府工作服务于成就的报告,标志着一个创新性和操作性的绩效评估指标体系初步形成,为政府绩效评估发展奠定了理论基础。报告显示,通过绩效指标体系在组织建立统一的、赏罚分明管理制度,不仅全面考虑到各部门工作的差异性,还保证公平必要的权威性。绩效指标体系一般包括四类指标,即投入指标(input indicators)、产出指标(output indicators)、后果指标(outcome indicators)、效率与成本效益指标(efficiency and cost-effectiveness indicators)。[32]其中,政府为社会提供管理和服务所需的资源的消费,包括人力、物力和财力的支出等属于投入指标;政府以规范制度为实现目标而使用的管理措施、体现的行政权力是"管理";政府履行社会管理和公共服务所输出内容,结果是指政府行政行为在社会中产生的影响是产出。其中,政府绩效评估主要依靠构建绩效评估指标体系来考核,一般包括投入指标、产出指标、结果指标、效率指标、成本效益指标等,主要涉及到指标因素可以细分到政府公共服务和社会管理投入的资源和取得的成果,衡量服务投入与服务结果,注重政府行政效能是绩效政府管理发展的新趋势。

(一)指标体系的建立

结合通过对政府安监局人员和煤矿管理人员的实证调研发现,大部分认为煤矿安全维护投入不足时导致影响煤矿安全生产的主要原因,尤其是一般煤矿,平时生产投入就很大,不愿意再投入资金维护安全设备等。一位煤矿安监局领导提到,政府对煤矿的安全生产高度重视,安全生产时基本的保障,施行"一票否决"制度,可见安全责任重于泰山,任重道远,如今国家对企业投入安全资金有具体的规定和要求,煤矿企业觉得投入安全维护资金负担太重,企业以利润最大化为目的往往不愿意支付,政府通过行政命令强制执行,自身也投入部分资金专用于企业更新安全设备等,往往投入的安全资金没有落实到实处,存在变相挪用的现象,往往又是掩盖隐患而不是预警和彻底清除隐患,安监部门在排查时发现隐患责令停产,全力避免安全隐患引发生产事故。

安全投入是保证安全监管有效落实的必然要求,也是国家明确加强煤矿安全监管的必要措施,传统观念认为煤矿安全的维护所需要的大部分投入主要是安全技术设备、监管队伍和技术人员生产培训费用，很少投入到煤矿安全监管信息化管理系统和必要的应急管理制度演习中，监管队伍管理建设所占比例一般不高。安全投入指标体系见表 4-5 所示。

表 4-5　　　　　　　　　　安全投入指标体系

序号	维度	一级指标	二级指标	变量标识	单位
1	投入	安全投入	安全投入绩效预算	X_1	万元
2			安全管理专项经费	X_2	万元
3			安全风险抵押金上缴率	X_3	%
4			监管支出占经费比重	X_4	%
5		健康经费	职业病防治投入	X_5	万元
6		宣传投入	煤矿安全教育宣传	X_6	万元
7		教育培训	安全培训投入占教育培训总额的比重	X_7	%
8		信息建设	信息化设备投入	X_8	万元
9		人力资源	政府监管人员/煤矿数	X_9	%
10			监管人员本科以上学历占监管人员比重	X_{10}	%
11			监管专业技术人员数量	X_{11}	人

　　煤矿安全投入来源于煤矿工业局按国家安委会规定的每吨煤中提取 10 元左右，另外安全监管的行政罚金 50% 上缴国家财政，另外上缴地方财政，负责各地区安全安全监管费用的维持和管理。同时，煤矿安全监察分局依据国家煤矿安全监察局的要求，制定安全投入资金使用计划额度，设置各专项安全经费，如瓦斯防治、安全监管系统平台、职业病预防和治疗等，并且负责对安全经费使用进行监督和检查。其中，安全风险抵押金上缴率是为保障安全监管有效性，提前收集安全风险抵押金，确保煤矿安全生产的监管落实到具体可行性的机制上来。

　　安全投入从总的绩效预算到人员、设备、培训的单项绩效评估指标，体现了从事先的经费投入要有充分的保障，反映出绩效评估通过评估指标载体来凸显政府行政目标，并且超越单纯的目标管理，着实反映出绩效评估的工具理性，准确把握目标的定位。重视安全培训、注重信息建设、提升监管队伍素质，体现信息化社会发展中，煤矿安全监管紧密结合社会经济发展的需要，构建煤矿安全生产信息监控系统平台，注重安全培训的长效机制，专项和定期相结合。人力资源方面，煤矿安全监管的执行关键依靠监管工作人员来实施，当前监管队伍的专业性和学历层次人才存在一定不足,严重制约煤矿安全监管作用的发挥。政府安监部门存在监管人员数量、专业技术人员、煤矿数量之间存在的比例不平衡。加大煤矿安监队伍建设,建设经验丰富、技术过硬、基础扎实、结构合理的高素质监管队伍是确保煤矿安监投入科学有效落实的关键。

（二）过程管理的环节

实证调研过程中了解到煤矿安全监管过程结构,政府为确保煤矿的安全生产以及煤炭资源的合理开采,而安全监管涉及生产、制度、行政、培训和检查,从应急预案、制度规范、依法行政、监管排查、安全培训、职业健康6个方面来进行煤矿安全绩效评估研究,分类归纳指标的作用和影响,构成绩效指标体系。

管理过程维度指标中重点是预防事故、规范制度和完善安全健康保障条例,依据事先预防为主,治理中加强依法行政一级指标中的安全监管行政行为,考核指标充分体现政府在执行监督管理过程中构建多元的绩效考核指标类型,围绕政府煤矿安全监管具体职能和监管目标进行绩效评估。美国安全工程师海因里希的300：29：1法则提醒在安全监管过程中细微的安全隐患足够引起重大的矿难事故,警示要切实采取严密措施消除人和物的不安全状态。依据管理过程维度的要求,针对应急预案要掌握预案的达标率和安全演习举办次数,实现安全监管理念与实践相统一的思路,更加有效的推进制度规范化建设。安全目标责任书签订率和安全会议次数也并不一定依据数量的上升表明绩效改进、政府公信力增强,在行政执法环节中既体现各个单项监管任务的落实,又加强各项工作之间的内在联系,反映指标要素之间相互制约和影响的关系,注重信息公开和监管满意度绩效评估,体现现代服务型政府建设下,政府监管部门执政理念以人为本,注重社会管理的力度和适应度,把握群众的满意度成为工作的重要指标。此外,煤矿安全监管部门要落实考核等级和责任追究落实情况,注重监管排查中整改修复时间和安全生产平台体系建设,形成整个煤矿安全监管绩效评估的系统性,不是单一的监督,注重过程的管理,更加重视健全监管过程的薄弱环节。

从管理过程的一级指标到二级指标分类见表4-6可以得知,从制度的规范性设计到管理过程的执行与落实,从结果性导向的处罚模式转向预警性的治理模式,力争把煤矿安全监管管理过程中依法行政和监管排查作为行政管理职能所体现的监管体系。从行政审批的便捷化、电子政府建设的信息公开到应对投诉的处理和监管满意度的回应,符合服务性政府理念下更加积极地注重公民的诉求,在煤矿安全监管中"打非治违"是日常监管的重点工作,传统的监管所倡导的是行政处罚和整改,力求发现隐患、消灭隐患,单一的处罚和简单的处理问题没有从根源上排除潜在隐患的根源。构建规范的安全培训体系,保证定期定时适应新形势下的岗位培训与资质培训,通过资格证的考核来提升安全监管途径,确保当前煤矿安全监管的制度性设计符合煤矿安全生产的特殊性,理性的制度设计相比重复性的监管工作显得更有力度和效果。

表 4-6　　　　　　　　　　　　　**管理过程维度指标**

序号	维度	一级指标	二级指标	变量标识	单位
12		应急预案	应急预案编制评审达标率	X_{12}	%
13			安全风险预警建设	X_{13}	等级
14			安全演习举办次数	X_{14}	次
15		制度规范	安全生产信用挂钩联动制度	X_{15}	等级
16			安全生产责任追究制度	X_{16}	等级
17			安全目标责任书签订率	X_{17}	%
18			安全管理会议/月	X_{18}	次
19		依法行政	行政审批规范化	X_{19}	等级
20			应急事故指挥	X_{20}	等级
21			行政执法力度	X_{21}	等级
22			电子政务建设	X_{22}	等级
23	管理过程		监管信息公开化	X_{23}	等级
24			投诉上访处理次数	X_{24}	次
25			行政监管满意度	X_{25}	等级
26		监管排查	"打非治违"次数	X_{26}	次数
27			隐患整改次数	X_{27}	次数
28			隐患发现到修复时间	X_{28}	分钟
29			监管排查规范化	X_{29}	等级
30			安全生产应急平台体系建设	X_{30}	等级
31		安全培训	企业法人、安全员安全培训次数/月	X_{31}	次
32			安全培训资质通过率	X_{32}	%
33			安全文化宣传	X_{33}	次
34		职业健康	职业健康培训和宣传	X_{34}	次
35			职业健康档案人数	X_{35}	人

现行的煤矿安全监管绩效评估指标中涉及安全培训和职业健康的指标不多，往往以文件和政策宣传角度来衡量设计矿工生命安全利益的环节。通过定量的数据汇总和法定的安全资格证书审核确保煤矿安全监管中的安全制度教育培训发挥有效能动作用。此外，必须持续加强安全监管排查的"打非治违"、"隐患整改"、"安全应急"建设等基础工作的扎实开展，"安全管理，重在基石，基础不牢，地动山摇"较好的体现了绩效评估下煤矿安全监管的基础工作要高度重视，无论是煤炭生产许可证的审核，还是煤矿安全隐患排查都要尽职尽责，要重视安全培训和职业健康方面绩效评估的力度。在安全教育和职业健康方面，笔者通过访谈了解到国有重点煤矿和国有地方煤矿的培训工作开展得较为丰富，经常组织安全培训教育来提高煤矿从业人员的安全意识和技能，但在中小型煤矿中，60%以上为初中学历以下，文化专业素质薄弱，缺乏安全培训导致的操作不规范影响着矿工的身体健康。另外，职业健康教育保障制度的落实工作有待推进，安监部门督促各地区认真执行煤矿作业场所职业危害防治规定，将职业安全健康纳入到煤矿安全监管绩效评估中，注重煤矿工作场所危险因素的监测，建立矿工职业病医疗档案，以煤矿尘肺病为监管重点，落实矿工职业健康保障体系，改善煤矿井下作业环境，完善防尘系统、粉尘浓度检测制度，组织矿工定期职业病体检，全面提升煤矿职业健康保障水平。

加强煤矿生产行政审批规范化，实现"六证"审核"采矿许可证、营业执照、安全生产许可证、生产许可证、矿长证、矿长安全资格证"的规范性、程序性、制度化。表4-7体现了煤矿安全监管单位实施资格认证、行政许可，将安全监管的工作落实在"事先"的监管和控制中，设置行政许可、行政审批规范化定性绩效评估，主要体现安全监管中人员坚持为公众服务的工作立足点，规范行政执法的纪律性、原则性要求。尤其是2005年以来，安全监管的"风暴"要求关闭或整改不符合国家安委会要求的中小煤矿，加强煤矿企业集团化整合，注重产业化、规模化、效益化发展趋势，这对煤矿安全监管部门的行政行为提出了更高的要求。

表 4-7　　　　　　　　　地方政府煤炭局行政许可事项[33]

序号	行政许可事项		
	名　称	类别	承办科室
1	煤炭生产许可证申办、延续、变更、注销、年检市级初审	审核	行政许可科
2	煤炭经营资格证取得、变更、延续、注销、年检市级初审	审核	行政许可科

序号	行政许可事项		
	名　　称	类别	承办科室
3	矿长资格证、安全资格证核发市级初审	审核	行政许可科
4	安全生产管理人员资格证核发市级初审	审核	行政许可科
5	特种作业操作证核发市级初审	审核	行政许可科
6	关闭煤矿或报废矿井审批(市属煤矿)	审批	行政许可科
7	开办煤矿企业初审	审核	行政许可科
8	建设项目(新建、改扩)、大型技术改造项目预验收	审核	行政许可科
9	建设项目(新建、改扩)开工报告市级初审	审核	行政许可科

　　政府安监部门加强煤矿行政审批的制约性监管机制建设,深入煤矿生产一线的监察和调研,发现地方煤矿中存在的安全隐患和不足,监督煤矿单位落实安全责任,避免防范措施不到位,坚持安全监管工的将预防和排查环节相结合,重视煤矿生产设备信息化更新和专业技术的提升,体现绩效评估的针对性和目的性。

　　信息公开是政府公开的重要环节和主要内容。煤矿监管信息公开地区煤炭安全生产形势,发布煤炭生产信息和伤亡事故统计的具体内容。根据社会发展的要求,分析社会关心的热点,收集了信息公开资料内容,确定了四大类公开信息的范围,即机构职能类、政策法规类、业务工作类和其他类。信息平台建设,通过网络、期刊、报纸、广播等新闻媒介等方式主动公开政府信息。信息公开的数量关系到政府政务公开的有效性,煤矿安全监管部门积极公开信息,提高其行政行为的公开性和透明度,自觉接受社会公众的监督,有利于提高政府行政效率,将信息公开纳入绩效评估体系,既落实服务型政府的要求,也拓宽了社会公众参与煤矿安全监管的渠道。表 4-6 显示 2010 年,枣庄市共主动公开政府信息 430 条,在主动公开的信息中,机构职能类信息 2 条,占总体比例的 0.46%;政策法规类的信息 27 条,占总比例为 6.2%;业务工作类信息 340 条,占总体的比例为 79%;其他信息 59 条,占总体的比例为 13%。

表 4-8　　　　　　2010 年政府信息公开工作情况统计表[34]

政府/部门	枣庄市煤炭工业局		
联系人	王　　政	联系电话	3066652

政府/部门		枣庄市煤炭工业局					
公开信息	分类统计	机构职能	政策法规	规划计划	业务工作	统计数据	其他信息
	数量(条)	2	27	2	340	0	59
	比例(%)	0.46	6.2	0.46	79		13
	备注	本年度主动公开政府信息总计 430 条。					

（三）产出及结果指标体系的构成

目前考核地方政府煤矿安全生产监管绩效评估最重要的指标就是煤矿百万吨死亡率，它体现了政府以人为本的价值取向。这种完全以结果为导向的考核方式也存在一定的弊端，只考虑产出不考虑投入可能会造成政府压力过大，容易引起抵触，不利于工作的开展。其次，在设计产出指标体系的构成时，还要综合考虑公众满意度等因素，注意绝对指标与相对指标的结合。

产出结果的考核集中体现了绩效评估理论由经济性、效率性、有效性发展向以市场化以及顾客和结果为导向的转变，反映了传统目标管理为基础的考核方式开始发展为注重公众满意度为目标的绩效评估方式的变化。加强绩效评估产出和结果的考核一定程度上有利于节约行政成本，降低行政资源消耗，适应低碳经济发展趋势。煤矿安全监管绩效评估中的结果评估体系中侧重于矿难赔偿的申请和补助绩效评估，确保社会弱势群体利益得到维护和保障。

定量指标所以要区分煤矿事故起数和重特大煤矿事故起数，一方面是因为重特大事故伤亡重，造成的恶劣影响比较严重，容易引起人们的关注，所以要特地单列。重特大煤矿事故发生毕竟是少数，在枣庄市在 2009 年发生过两起重特大事故，但这并不代表当地煤矿生产已经安全，很多小的伤亡事故仍继续存在。虽然国家已经下发关于煤矿难的赔偿标准，但是各地区在具体执行时略有偏差，通过加强事故赔偿落实率的指标评估地方监管部门在保障矿工合法性利益的时候，其政府职能的发挥是否立足于社会公众的利益为立足点和出发点。其中，定性指标，煤矿从业人员满意度和事故调查结案满意度可以直接反映行政相对人对煤矿安全监管现状的独立评价，政府安全监管职能的综合满意度评价虽然存在一定的模糊性和主观性，但是以"顾客主导"为目标的绩效评估中，公众的满意度可以有效影响政府的决策和政策执行的力度。

（四）效率与成本效益指标

按照投入—管理过程—产出及结果维度初步设计的政府煤矿安全生产监

管绩效评估指标体系要求,效率与成本效益指标是为了避免重视形式忽视结果的煤矿安全监管绩效评估,表 4-9 产出结果维度指标、表 4-10 效率成本维度指标中依据绩效要素结构,提炼出成本指标、效益指标、结果指标,注重对绩效评估投入成本的考核时当前国际绩效评估的趋势,也是保障经费投入落实到具体的监管工作和事故预防、处理中的重要措施,能够带来好的结果及真正的绩效。

表 4-9   产出结果维度指标

序号	维度	一级指标	二级指标	变量标识	单位
36	产出结果	定量指标	煤矿事故次数/年	X_{36}	次/年
37			重特大煤矿事故次数	X_{37}	次
38			煤矿百万吨死亡率(控制在 0.0056 以下)	X_{38}	%
39			煤矿事故伤亡人数(3 人以下)	X_{39}	人/年
40			工伤事故死亡职工一次性赔偿标准	X_{40}	万元
41			煤矿事故造成财产损失	X_{41}	万元
42		定性指标	事故上报时效性	X_{42}	分钟
43			事故调查公开性/透明度	X_{43}	等级
44			事故赔偿落实率	X_{44}	%
45			事故调查结案满意度	X_{45}	等级

效率指标和成本指标较好的体现了政府及监管机构在履行监管职能、维护地方煤矿安全监管过程中行政成本和工作绩效的考评,体现出工作过程和行政成本的公开,有利于节约成本,强化行政主体的工作执行力,推进行政监管部门改进工作方式方法,转变工作态度,发挥社会群众的监督作用。效率成本维度指标见表 4-10 所示。

表 4-10   效率成本维度指标

序号	维度	一级指标	二级指标	变量标识	单位
	效率成本	效率指标	受理一次事故的人力	X_{46}	人
			受理一次事故的时间	X_{47}	天
		成本指标	排查一次安全隐患的成本	X_{48}	万元
			处理一次煤矿事故的成本	X_{49}	万元

五、煤矿安全监管绩效评估指标分析

依据煤矿安全监管绩效评估的指标的设计和调研资料,首先验证煤矿安全监管绩效指标评估体系 $X^{(1)}$ 并结合国内外政府绩效评估研究的有益理论部分进行比对。理论上,煤矿安全监管指标的选择来源于我国政府煤矿安全监管的实际需要,按照绩效评估指标体系遴选的原理,开展煤矿安全监管绩效评估指标的隶属度分析、相关性分析和鉴别能力分析是必不可少的环节,提高评估指标的实用价值。

(一)评估指标的隶属度分析

通过设计煤矿安全监管绩效指标过程中咨询政府绩效研究的学者和枣庄市煤炭工业局、政府安监局的工作人员,这些专家学者不仅具有较为丰富的绩效管理专业知识和煤矿监管实践经验,而且对政府绩效评估有充分的认识和理解,虽然专家在判断和选择政府煤矿安全监管绩效指标存在个人主观性,但是通过笔者问卷实证调研、访谈,反复比对问卷指标与实践内容,集中主要专家意见,可实现主观向客观转化,通过问卷隶属度分析,改善和优化绩效评估指标,增强绩效评估指标的实用性,去掉绩效评估指标中的不合理成分。

实证调研中,利用问卷调查煤矿安全监管行政相对人和监管主体,确定煤矿安全监管绩效评估指标,选取有效绩效评估指标。为验证实证调研取得绩效评估指标的科学性和有效性,立足于煤矿安全监管绩效评估指标,进行隶属度客观分析。主要是通过在模糊数学的定义下,利用集合论来进行描述。例如,元素对应某个集合,不能直接确定是否属于,只能先确定隶属于的程度比例。运用到绩效评估体系中将{X}定义为一个模糊集合,煤矿安全监管绩效评估指标则为其中元素,对应进行其中指标的隶属度分析。假设对于 X_i 个绩效评估指标,实证调研中该指标被选择的总次数为 M_i,如果在统计中出现 M_i 数量的人选择政府煤矿安全监管绩效评估指标的最优化选择,则该指标的隶属度为 R_i $=M_i/180$ [35]

如果统计结果发现比值很大,则指标很可能是来自模糊集合,在评估指标体系中 X_i 评估指标次重要,继续进行评估指标体系 $X^{(2)}$ 的遴选;反之,该指标在不属于重要程度指标,直接去掉。通过调研数据整理和统计分析,初步获得 49 个评估指标的隶属度,去掉了隶属度低于 0.35 的 8 个指标,形成政府煤矿安全监管绩效评估体系 $X^{(2)}$。维度指标的隶属度检验见表 4-11 所示

表 4-11　　　　　　　　　维度指标的隶属度检验

序号	维度	一级指标	二级指标	变量标识	单位	隶属度
3	投入	安全投入	安全风险抵押金上缴率	X_3	％	0.278
5		健康经费	职业病防治投入	X_5	万元	0.259
11		人力资源	监管专业技术人员数量	X_{11}	人	0.289
22	管理	依法行政	电子政务建设	X_{22}	等级	0.196
25			行政执法力度	X_{25}	等级	0.268
27		监管排查	隐患整改次数	X_{27}	次数	0.293
35		职业健康	职业健康监护档案人数	X_{35}	人	0.274
43	产出	结果	事故调查公开性/透明度	X_{43}	等级	0.237

（二）评估指标的相关性分析

经过初步验证的绩效评估指标体系 $X^{(2)}$ 中绩效评估指标存在相关性的可能,但是可能是设计的影响和指标评估过程的经常使用,客观上使得已经优化的绩效评估结果可能存在一定偏差。如何避免绩效评估指标内在的偏差,进行煤矿安全监管绩效评估指标的内在相关性分析,保留较高隶属度的绩效评估指标,避免绩效评估指标的内在重复性和绩效信息失真的负面影响。

进行评估指标标准化处理、相关系数计算、临界值得判定是确定煤矿安全监管绩效评估指标相关性分析的内在要求。其中,评估指标标准化处理对原始的数据进行处理,减少由于评估指标中计量单位差异化导致绩效评估结果的影响。假设 X_i 为评估指标值,$\overline{X}$ 为评估指标的平均值,S_i 为评估指标的标准差,Z_j 为标准化值,则有：

$$Z_i = \frac{X_i - \overline{X}}{S_i}$$

得出结果后,再运用指标计算出煤矿安全监管绩效评估指标相互间相关系数 R_{ij},计算公式为：

$$R_{ij} = \frac{\sum_{k=1}^{n}(Z_{ki} - \overline{Z_i})(Z_{ki} - \overline{Z_j})}{\sqrt{\sum_{k=1}^{n}(Z_{ki} - \overline{Z_i})^2(Z_{ki} - \overline{Z_j})^2}}$$

按照政府煤矿安全监管绩效评估指标确定研究的需要,先设置临界值 $M(0 < M < 1)$。最后经过计算,依据 R_{ij} 和 M 之间大小关系,确定保留或删除评估指标（X_i 或 X_j）,继续分析调研中二次分析评估指标体系中 $X^{(2)}$ 中 5 个调查指标

的数据。通过数据进行 $X^{(2)}$ 进行相关性分析,得到绩效评估指标的相关系数。通过与给定临界值 M 为 0.8 比较分析,共有 5 对煤矿安全监管绩效评估指标的相关系数大于 M 值,则按要求去掉 5 个隶属度比较低的绩效评估指标,最终留下 36 个绩效评估指标成为煤矿安全监管绩效评估指标 $X^{(3)}$。[36] 相关性系数大于临界值(0.8)的评估指标见表 4-12 所示。

表 4-12　　　　　　　　**相关性系数大于临界值(0.8)的评估指标**

序号	保留的评估指标(X_i)	删除的评估指标(X_j)	相关系数
1	安全投入绩效预算	安全管理专项经费	0.865
2	安全生产信用挂钩联动制度	安全生产责任追究制度	0.873
3	安全风险预警建设	安全生产应急平台体系建设	0.843
4	煤矿事故造成财产损失	工伤事故死亡职工一次性赔偿标准	0.887
5	事故调查结案满意度	事故赔偿落实率	0.912

（三）评估指标体系的信度和效度检测

绩效评估的信度和效度测量关系到绩效评估指标体系设置的准确性和真实性,直接影响到绩效评估指标体系的结构优化和内容是否合理,开展绩效评估信度和效度检测对于我国煤矿安全监管绩效评估来说是不可分离的重要组成部分。

信度是指测量工具反映被测量对象特征的可靠程度,或者是测量结果在不同条件下的一致性程度的指标,它是衡量测量工具可靠性和一致性的有效途径。通常使用相关系数(R)来评估测量工具的信度;若相关系数 R 为 1,则反映测量的结果值得信赖;若 $R=0.00$,则表明测量结果不真实可靠。一般认为,当相关系数达到了 0.7,测量工具就基本上符合数据的要求。[37]

为有效核算煤矿安全监管绩效评估指标内在一致性,通过克劳伯克 α 系数来评定其内在一致性信度,α 系数的计算公式如下:

$$R_a = \frac{K}{K-1}\left[1 - \frac{\sum S_i^2}{S^2}\right]$$

式中　K——所有的绩效评估指标数量;

　　　S_i——第 i 个评估指标的标准差;

　　　S_i^2——第 i 个评估指标的方差;

　　　S——整个评估总得分的标准差;

S^2——整个评估总得分的方差。

结果表明,煤矿安全监管绩效评估指标中安全投入相关系数尚未达到 0.7 外,其他相关系数正常,说明其内部一致性符合评估理论要求。在整个煤矿安全监管绩效评估指标体系中,各指标类别之间存在一定的差异性来保持相对独立。政府煤矿安全监管绩效评估体系 $X^{(4)}$ 的总体系数是 0.676,整个结果属于基本稳定正常。政府煤矿安全监管绩效体 $X_{(4)}$ 的内部一致性信度(α 系数)见表 4-13 所示。

表 4-13　　政府煤矿安全监管绩效体 $X_{(4)}$ 的内部一致性信度(α 系数)

总体	安全投入	人力资源	制度规范	依法行政	监管排查	安全教育
0.676	0.643	0.784	0.821	0.785	0.783	0.886

运用折半信度来检验煤矿安全监管绩效评估指标体系 $X_{(4)}$ 的信度指标,具体方法为先将评估体系的 49 个指标按奇、偶数分成两半,分别计分,求出两半分的相关系数,依据斯尔皮曼公式确定评估体系的信度系数的可信水平。

效度验证关系到煤矿安全监管绩效评估指标的科学有效程度,其相关性程度越高越能体现测量的工具性。在效度的测量中,确定绩效评估项目与被测内容两者间的相关性程度。常用的效度测量方法是内容效度比(CVR),其计算公式为:

$$CVR = \frac{n_{e-} - \dfrac{n}{2}}{\dfrac{n}{2}}$$

上式中,n_e 为测量过程选择人中认为某个指标被认为较好地体现测量内容的人数;n 为调研过程中有效参与的总人数。若相关性的内容选择小于或等于半数时,CVR 值为负,如果全部认为不当,CVR=-1.00;当期中认为项目匹配和不匹配的人数各一半,则 CVR 值为零;CVR=1.00,则所有评判者认为项目内容整体很好时。[38] 笔者从地方煤炭工业局、安全监管局、枣庄市煤矿管理人员和煤矿从业人员来作为确定有效性的选择者,确定该评估体系的 36 个指标与政府煤矿安全监管绩效评估之间的相关性程度高。实证调研中评估主体选择者中有 126 位表示,36 个指标反映了政府煤矿安全监管绩效指标评估体系的内容,效度测量 CVR 值为 0.67,体现政府煤矿安全监管绩效评估体系 $X^{(4)}$ 整体效度可靠稳定。

第五节 优化煤矿安全监管绩效评估的途径

煤矿安全监管绩效评估是一项极其复杂的工作,加强政府管理煤矿安全监管的效能是当前保障安全生产形势的重要途径。我国煤矿安全监管中的绩效评估重结果轻过程,实际上评估结果是否有效直接关系到它在实践中的应用和推广。如何实现科学有效的发挥煤矿安全监管绩效评估的在遏制煤矿安全事故中的作用成为当前的重要瓶颈。积极提升绩效评估科学化水平,实现政府绩效评估的主体多元化,坚持内部评估主体与外部评估主体相结合;以"顾客导向"为原则,坚持群众利益为指标设计立足点,保障社会公众和新闻媒介的监督主体地位,建设人民满意的煤矿安全监管绩效评估;政府绩效评估要公开透明,要做到标准公开、过程公平、评估结果公正,探索政府绩效评估与奖惩制度有效结合,实现以绩效评估结果为基准的科学奖惩制度。

一、努力提高绩效评估的科学化水平

要切实提高政府绩效评估水平,必须要从绩效评估的指标中确定具有权威性、代表性、可行性的测量指标,形成完整的政府绩效评估制度。政府煤矿安全监管绩效评估涉及煤矿安全生产,煤炭业的在高速发展的经济建设为中心的驱动下出现与社会的发展不协调,明确"绿色 GDP"考核要求,扭转政府煤矿监管部门"只对上负责,不对下负责和不对人民负责"的煤矿安全监管理念,遏制监管考核中的"形象工程"和"政绩工程"出现,提升政府的公信力,建立科学的煤矿安全监管绩效评估体系,促进我国煤炭经济与社会发展全面协调可持续化。

煤矿安全监管绩效评估的实践进程主要包括:全国安全生产控制指标的落实。地方政府自主设计的安全目标考核管理制度。努力提高煤矿安全绩效评估的设计和实践中的科学化,需要首先对煤矿安全监管绩效评估的概念进行严格的定义,提高政府绩效评价的表面效度,确定绩效评估的主要对象和目标范围。其次,加强对煤矿安全监管考核指标的严密构思,"没有调查就没有发言权",可以通过实地调研的方式掌握地方煤矿安全监察机构、政府安监局、煤炭工业局、矿务集团、个体煤矿等各个监管责任单位的监管制度和落实形式,结合访谈探析当前绩效评估存在的不足,咨询该领域专家学者,避免指标主观随意性,突出定量指标的可行性和有效性,提高绩效评估指标的内在相关性。

煤矿安全监管绩效评估的具体执行方式直接关系到绩效效果,提高绩效评估指标的鉴别力分析,让绩效评估的指标得到越来越多人的理解,提升绩效评估对实际煤矿安全监管成效的解释能力。绩效评估指标体系作为政府绩效评估的核心,构建科学有效的合理的绩效评估体系,决定着整个绩效评估的科学程度和有效程度,影响着煤矿安全监管绩效评估工作的科学水平,影响着政府绩效评估水平的提升。因此,有必要严格优化评估指标体系和指标权重,结合我国"十二五"期间煤炭集团组建化发展和关闭"两高两低"小煤矿的趋势,构建信度和效度较高,又具有普遍指导切实可操作性的政府绩效评估制度。

建立科学的绩效评估的基本出发点是把政府绩效结构系统中涉及的所有领域的复杂关系简化,煤矿安全监管绩效评估用简化合理的绩效评估指标获取尽可能多的安全监管绩效信息,为把握和了解政府绩效建设现状提供科学的依据。同时,完整的煤矿安全绩效评估还应反映绩效结构的各个方面发生的变化趋势和变化程度,由此发现阻碍和影响绩效评估连续提高的不利因素,分析原因,并采取积极有效的对策。

二、加快建立绩效预算制度

国家煤矿安全投入低集中体现在国有大中型煤矿,小型煤矿的安全投入更是匮乏。国家煤矿安全监察部门规定的煤矿安全管理费用提取政策存在"提取少,使用多"的现状,按月每吨提取 10 元左右,但是要投入到煤矿安全监管的设备技术更新、瓦斯、防水、爆破等安全防范中,相对来说矿工的安全培训和职业健康保障等存在一定投入缺失。煤矿安全监管费用的投入来源是有制度性保障,目前监管成本和行政支出缺乏必要绩效审计制度,一定程度上影响着煤矿安全监管支出费用的效益。当前,我国政府管理效率低下问题突出,政府成本过高,造成煤矿安全监管支出—效益产出不高。煤矿安全监管中政府成本过高,突出表现在行政管理费用不正常增长,浪费型公共支出过多。煤矿生产利润高,政府安全监管的预算和行政处罚的力度和适度要结合实际发展水平,科学有效的途径是构建有效的绩效预算制度,目前国外大多采取绩效预算和绩效审计模式来加强政府绩效考核,可以有效避免公共支出的浪费,控制经费使用的有效性,加快绩效预算制度,引入社会公众的监督,促使行政支出公开化、透明化是加强政府绩效建设的必然要求。

必须采取坚决的措施加以抑制政府监管行为中的不规范行为和权力寻租。实行煤矿安全监管支出绩效审计制度,财政财务收支的真实合法审计与效益审计并重,逐步加大效益审计分量;要控制行政事业费支出占政府总支出的规模,力争将行政事业费支出的规模控制在占政府总支出 15％的水平(中等收入国家水平)。

服务型政府建设要求以群众的利益为工作的出发点和立足点,提高人民群众的满意度,让社会公众享受到改革发展带来的成果。据统计,中国煤炭业因事故和尘肺死亡人数多达一万人左右,是全世界除中国以外其他产煤国家事故总死亡人数的 10 倍以上。[39]发挥绩效审计的引导作用,通过绩效审计制度的落实,保证安全投入经费落实到煤矿安全监管的必要技术设备更新中,注重煤矿安全监管费用倾向保证煤矿工人必要的安全培训经费和职业健康支出。同时,要建立和完善推进煤矿安全监管绩效审计信息的公开、透明,遵循方便绩效评估主体知情、便于社会公众参与和监督的原则,在绩效审计实践中,要创新信息公开平台,通过电子政务建设提升信息传播速度,丰富公开形式,完善公开制度,实现绩效审计制度规范化、标准化,确保绩效审计保障下的煤矿安全监管工作落实到位。

三、凸显绩效评估主体的作用

完善政府绩效评估的主体,坚持以社会公众满意度在绩效评估中的权重和引入第三方监督,避免绩效评估"穿新鞋、走老路",扭转政府部门安全监管绩效评估时"上级评估下级、自己评自己"的局面,有效引导第三方社会力量加入到绩效评估中,对于改善政府绩效评估的效果具有积极的意义。注重满足社会大众的满意度,意味着煤矿安全监管维护社会公众的利益,满足生态文明建设背景下发展煤矿生产,合理表达正当建议和要求,引入工会组织和"NGO"参与到绩效评估中,提高新闻媒介的舆论监督效用,有利于体现煤矿安全监管中绩效评估的信度和效度的提高,有利于丰富社会公众参与途径,及时满足公众的意愿和诉求,让矿工群体在煤矿安全监管绩效考评中发挥独立自主的地位,有利于促使政府绩效评估结果的客观性和公正性。

重视煤矿行业及企业内部的监督,组建独立于政府监察部门及煤矿企业的第三方专家小组或煤炭协会的监督体制。首先要保证协会或专家组的独立性地位,解决其在经费和技术性监督的独立性,加强此类组织与煤矿一线从业工人的联系,保障矿工个人合法权益,设置自媒体化的监督联系方式,如电话、网络、微博等。

引入外部评估主体主要是煤矿安全监管机构之外影响煤矿安全生产的社会组织、相关学者、普通代表等。独立的评估主体有利于监督政府煤矿安监部门工作人员提高工作的效能,让政府绩效评估促使政府煤矿监管部门勇于承担监管责任成为一种固定的制度,落实到日常具体"打非治违"和"隐患排查"工作中,明确政府煤矿安全监管的目标和绩效评估的目标相统一,避免绩效目标和组织目标脱节,造成安全监管工作人员脱离群众的工作现象。拓宽社会公众参与绩效评估渠道,构成煤矿安全监管的重要力量,有利于实现政府绩效评估价值功能从管理控制向服务改进的变化,推进政府绩效评估模式内在型向外向型转变,促进绩效评估过程与结果不断公开化。

组织煤矿从业人员和一线工作人员纳入到煤矿安全监管绩效评估主体中,通过知识结构和经验的组织培训提高他们对煤矿安全监管绩效评估方法和内容的认识,提高绩效评估的准确性和有效性,发挥绩效评估主体的真正作用。

四、改进评估结果的运用机制

评估结果的公布和运用对于绩效评估监督和整改来说具有十分重要的作用。目前煤矿安全监管绩效评估结果重奖轻罚现象相对突出,首先政府应该组织煤矿安全生产领域专家全面分析评估结果的意义和不足,针对存在的问题和不足提出合理的整改措施,争取将问题的解决落实到实处。绩效评估结果应第一时间通过新闻媒体向社会公众公布,不是局限于煤炭行业内部信息分享,重要的是评估结果接受社会公众的监督。

现代政府管理激励,以精神激励为主,物质激励为辅,在激励中合理运用评估结果,体现现代政府的公正与透明。评估结果的运用指的是将煤矿安全监管绩效评估的结果与部门考核和领导政绩相挂钩,与部门客观主体的责任追究制度相统一,既兑现奖励,也追究责任。如果绩效评估的结果公示不与行政问责和奖惩相结合,绩效评估的激励作用将渐渐淡化。依据职责权利相统一的原则,对违反规定、存在隐患、管理不力和行政不作为等问题,要即刻通知行为相关人限期总结不足并加以整改。通过充分利用评估结果,分析查找管理中的不足之处,改进政府工作效能,提升政府形象,强化监管人员为公众服务的精神。

绩效结果的奖惩要分明又合理,健全以公共服务为核心的绩效评估结果问责制度。依据服务型政府建设理念,提高政府绩效评估结果的运营水平,健全政府以公共服务为主要内容的行政问责,将行政问责与"一票否决"制度相联系,切实解决煤矿安全监管中考核,避免避重就轻的问责现象。依法明确政府公共服务职责权限,及时履行公共服务职责,合理追究未完成的绩效评估。良性激励是增强团队凝聚力,提高政府绩效评估水平的重要手段。现代政府坚持以人为本的核心服务理念,强化服务意识,促使煤矿安全监管机构树立公共服务微量标杆,推动各级政府监管部门优质高效的完成政府履行的工作职责。

第五章　煤矿安全监管文化建设

人类社会的进步与发展离不开文化,作为其子系统的安全文化,也随着人类社会的生产实践而被提出。当企业安全文化理论运用到煤矿生产实践中的时候,煤矿安全文化也就应运而生了。通过煤矿监管中安全文化的建设,将安全文化的理念贯彻到煤矿生产管理的全过程。

第一节　煤矿监管安全文化的提出

近年来,煤矿安全生产形势依然严峻,严重阻碍了社会的稳定发展与长治久安。阐述煤矿安全监管中安全文化的范围,介绍当前煤矿安全监管中安全文化建设的形势,进一步提出在煤矿安全监管中开展安全文化建设的意义。加强煤矿监管中的安全文化建设是落实科学发展观重要思想的具体体现,是煤炭行业特点的必然选择,是企业本身管理发展的实际需要,是创新煤矿监管制度的迫切要求。

一、煤矿监管安全文化概念

企业安全文化是安全文化在企业生产实践中的具体运用,同时也是企业文化发展到一定阶段后新出现的重要组成部分,是安全文化与企业文化交汇融合的产物。

（一）安全文化的概念

"安全文化"的英文为"safety culture",国际原子能机构针对1986年发生的切尔诺贝利核电站核泄漏事故调查,并在1991年编写的"75—INSAG—4"评审报告中,首次提出了"安全文化"的概念。国际原子能机构的研究成果和安全理念被我国核工业总公司迅速引入,并在1992年《核安全文化》一书翻译出版。之后,核安全文化被我国安全科学界引入到一般安全生产与安全生活领域,从而形成一般意义上的安全文化观念。中国劳保科技学会副秘书长徐德蜀[①]认为,安全文化的定义包含一切安全行为活动、安全保障体系,是安全物质财富和安全精神财富的总和。西南交通大学曹琦[②]教授认为,安全文化是安全价值观和安全行为准则的总和,其中安全价值观是指安全文化的里层结构,安全行为准则是安全文化的表层结构。在2009年开始实施《企业安全文化建设导则》中,将企业安全文化定义为"被企业组织的员工群体所共享的安全价值观、态度、道德和行为规范组成的统一体"。综上所述,安全文化是人类社会发展过程中,为了保障安全而形成的意识形态及创造的各类物态产品。其宗旨是保障人的生命,保护人的健康,实现人的价值,在具体的操作层面则表现为安全行为标准与安全价值观,包括观念、精神、物态、行为。

安全文化的研究范畴划分为:安全观念文化、安全行为文化、安全制度文化和安全物态文化四个方面。安全观念文化是安全行为文化、制度文化和物态文化的基础,是安全文化的灵魂和核心。[③] 安全观念文化是群体成员关于安全意识、安全价值观、安全理念、安全认知、安全态度和安全使命等精神和意识方面的元素所达成的高度一致和认同。安全行为文化是在安全观念文化的指导下,组织成员在生产过程中自觉、普遍接受的安全行为规范、安全行为实践、安全行为习惯等安全价值关系、思维方式及行为模式的表现。安全制度文化是指组织为了成员认知和自觉执行安全法律、规程、规范所采取的方式和达到的水平。安全制度文化包括法规、标准和规章的制定,法治观念的建立,法制意识的强化以及法制态度的端正。所以,安全制度文化也称安全管理文化。安全物态文化是安全文化的表层部分,是其他三项文化的形态表现和载体,是形成和表现安全观念文化和安全行为文化的条件和形式。安全物态文化是组织内安全信息环境、安全警示、安全活动条件、安全标识等安全文化物态载体的总和。

(二)煤矿监管安全文化范围

随着安全文化的提出和发展,煤矿安全文化也进入学者的研究范畴,并且已有一定的理论基础和实践意义。煤矿安全文化是煤矿企业在长期的生产经营活动中员工一致认同和遵循的安全生产意识、安全生产信念、安全生产行为准则以及安全价值观的总和。煤矿安全文化其核心是以人为本,提高人的安全

---

① 徐德蜀.安全文化的形成和发展[J].安全、健康和环境.2006(01):9.
② 曹琦.安全文化管理模式研究[J].西南交通大学学报.2000(06):323—325.
③ 张传毅,李泉.安全文化建设研究[M].徐州:中国矿业大学出版社,2012:6—8.

素质;其目标为对企业进行立体式、全方位的管理;其目的为保障安全生产,最大限度减少生产事故带来的损失;在内涵上具有层次性,在外延上具有广泛性。煤矿监管中的安全文化又是随着煤矿安全文化的理论发展延伸而来,把安全文化的理念和价值观贯穿到煤矿安全监管中。在文化观方面既包括环境、物态、行为等实践及物质的内容,也包括观念、精神等意识形态的内容。

在煤矿安全监管中,安全观念文化主要包括科学发展观、以人为本的观念和安全就是效益、安全优先保障、风险最小化、安全管理科学化的观点。从企业管理者的角度而言,就是要有事故可预防、安全也是生产力的观点及社会责任感。从员工的角度而言,就是要有自律自责、自我防护、防患于未然的观念和意识。在煤矿安全监管中,安全行为文化包括安全法规、规范和标准的执行力,科学的安全领导和指挥,应急自救技能的掌握,高质量的安全学习,合理的安全操作等等。在煤矿安全监管中,安全制度文化从政府的角度而言,包括科学地制定法规、标准和规章,端正法制态度,强化法制意识,自觉的自发行为和严格的执法程序。从企业的角度而言,通过丰富安全管理的手段和方法,提高安全制度的执行力,提升安全管理的有效性及科学性,包括亲情式管理、人性化管理、自律式管理和参与式管理等。在煤矿安全监管中,安全物态文化在安全生产中主要包括三个方面:第一,生产工作中应用道德技术和生产工艺的本质安全性。第二,技术和工具等人造物的安全条件及有关安全装置、设备、仪器等物态本身的安全可靠性。第三,声光环境、标识、人物器具、警示等有形的安全文化氛围。

虽然,长期以来,党和政府对煤矿安全生产非常重视,相继采取了一系列措施,完善煤矿安全生产监督管理机构。2000 年建立垂直管理的煤矿安全监察体系,制定了与煤矿安全生产有关的法律法规以及规范性文件。但是,成效并不理想,煤矿安全生产形势仍然十分严峻,矿难频发,煤炭百万吨死亡率高于其他产煤国家,这不仅给矿工、矿工家属、社会造成了不可估量的损失,影响了安定团结的大局,也有悖社会主义和谐社会的发展主题。根据科学发展观的执政理念,党的十七大提出了"文化软实力"这一概念,而安全发展的软实力又离不开安全文化。安全文化强调"以人文本,安全第一",以保护人的安全健康为宗旨。倡导重视人的价值,保护人的身体健康,尊重人的生命,通过宣传教育,强化员工的安全意识。对于煤炭这种高危行业,安全文化是管理方式研究与实践的成果,是进行煤矿安全生产的灵魂和基础,是安全科学发展之本,安全文化建设必不可少,意义深远。煤矿事故频发,除了传统的监督和管理不到位外,没有从安全文化的高度开展安全工作也是重要的原因。通过安全文化的传播与熏陶,提高管理者和员工的安全素质,塑造组织成员的安全意识、安全价值观、安全思维及安全行为。要把矿工的安全生产、安全生存、安全生活置于尊重人的生命,重视人的价值的安全习俗与氛围中。安全文化对人的安全意识、安全观念、安全态度有着广泛而深刻的影响,是人类安全价值观和安全行为准则的总和。通过煤矿安全文化建设,保障煤炭生产安全进行,减少事故发生率,最大限度的降低煤炭行业的危险系数,减少经济发展中人员伤亡的代价。

二、煤矿监管安全文化建设形势

当前,煤矿企业对于安全文化建设重视不够,没有意识到安全文化对于煤矿企业的重要性。煤矿安全生产需要安全文化作为保障,煤矿企业安全文化需要建立长效机制,以利于政府的监管。煤矿安全监管中急需注入安全文化,进一步促进企业安全文化建设。

(一)安全文化建设重视不够

煤矿企业如果对于安全生产都没有引起足够的重视,更谈不上领会安全文化建设的重要意义。一些煤矿企业的领导安全意识淡化,不遵循"以人为本"的原则,没有把安全问题当作头等大事。在安全生产过程中,只对一般工作进行布置,认为按照法律法规、规章等规范性文件进行安全生产会消耗企业的人力、财力、物力,增加企业的生产成本。所以在管理过程中,不够严格,存在侥幸心理,监督责任没落到实处。在监督检查的过程中,形式主义、敷衍了事、弄虚作假的现象总是存在,导致对重大安全隐患监控不落实,整改不到位。另外,安全保障不到位与安全生产物资不足、生产条件差也存在关联。事故发生后,行政责任追究没有严格按照法律执行,大事化小,小事化了,甚至不了了之,使法律权威失去了震慑作用。安全文化是意识范畴的概念,对于安全文化的建设也流于形式,具体表现在麻痹大意,有时因为工作繁忙而忽视开展安全活动,安全活动弄虚作假或编造活动记录。只有把安全文化的理念深刻的嵌入意识之中,才能在生产过程中避免人为失误造成的损失。理解安全文化建设的真谛,弄清安全文化建设的真正目的,为煤矿企业的安全生产提供保证。安全文化建设要考虑全局,在考虑领导意志的同时还要考虑员工的需求,充分发挥员工积极性,培养员工的主人翁意识,从而达到组织的整体协调。当然,国外一些先进的理念和做法可以借鉴,但不能照搬照抄国外的做法,还要考虑自身特有的环境与背景等因素,注重自身企业文化的提炼和建设,使之具有创造性和实践性。

（二）安全文化需求迫切

行为源于认识，在煤矿企业中，职工的侥幸、盲目心理和习惯性违章操作容易诱发各类安全事故。预防胜于处罚，需要通过耐心、细致的教育工作，引导、教育、宣传来实现职工缓慢而微妙的心理转变。责任重于泰山，使员工从思想上和心态上注重安全，树立安全价值观。形成人人具有安全意识并为安全尽责的良好安全文化氛围。煤矿企业开展安全文化建设，就是要在煤矿企业中形成一种浓郁的、强大的安全文化氛围。在这种安全氛围中，安全渗透在一切活动中，员工能够用科学的安全价值取向及安全行为准则规范自己的行为，实现企业的经济价值与实现人的价值并不冲突，煤矿企业的经济效益和社会效益也并不冲突。改善煤矿企业的劳动条件和环境，培养掌握先进的安全生产技能、拥有科学的思维方式、具有良好的心理素质，追求企业共同的安全行为取向的员工。安全文化是煤矿企业生产运营的主导，从观念文化入手，辐射其他文化载体的一个系统，对煤矿安全生产进行全方位、立体式地协调管理。让组织所有成员一致认同的和接受的安全价值观念。煤矿安全文化必须通过一定的手段和物质实体在生产过程中呈现出来，它是安全文化的表层现象。优秀的煤矿安全文化与整个社会的精神文明建设也是息息相关的，企业与社会之间其实是一种互利的关系，对社会大文化辐射出良好的影响。

大力发展安全文化建设，是落实科学发展观的必然要求。切实可行的安全文化建设，可以在安全工作的过程中，调动人的积极性，启发人的觉悟，从本质上加强和巩固安全生产工作。人的行为受意识的调控，而结果又是由行为产生的，安全文化建设是否到位，安全意识是否强烈，关系着安全行为的规范与安全生产的保证。很多事故的发生，都是由于安全意识淡薄，安全知识培训不足，操作行为不规范等因素造成。所以，强化安全意识，搞好安全文化建设势在必行。就目前我国安全生产的形势而言，对于煤矿企业的安全文化的探讨十分必要，研究和思考煤矿安全文化不仅具有深远的理论价值，还具有应用实效。从一定程度上，还会影响工业文明生产与进步以及我国经济的稳定、持续发展。

（三）安全文化缺少长效建设

自安全文化的概念引入以来，安全文化在管理领域已作为前沿问题进入研究，且在相关行业也取得一些建设实践成效。可是就煤矿企业而言，安全文化的系统建设还存在不足甚至空白之处。基于目前有限的煤矿安全文化研究几乎还是相对于企业管理而言，企图建立一种与"人机环境"相协调的安全氛围，对人的意识、态度、观念、行为进行研究，从而对人的不安全行为进行控制。企业安全文化建设不是一蹴而就、一劳永逸的。因为人的意识观念的形成是一个长期的过程,这个发展规律不可忽视,以较少的财力和物力投入,是不可能在短期内建设成企业的良好安全文化的。企业安全文化建设是一项系统工程,应建立长效管理机制。针对一些企业煤矿安全文化的开展情况,资金投入不足,基础薄弱,条件不具备,这些消极因素阻碍了安全文化的建设和发展。煤矿安全文化的形成机理缺乏系统性的研究,认为安全文化就是搞文体活动,贴标语,把安全文化简化为简单的文字,让员工背熟,或者在期刊上发表几篇安全文化建设的文章,这只是安全文化建设的部分内容。形式只是安全文化建设采取的一种手段,但是员工要发自内心的去接受它,让安全文化不再虚幻。认为安全文化建设没有用途,对于安全生产作用不大,是务虚的东西,对于提高经济效益没有直观的效果。在煤矿的生产运营过程中,首先,树立安全文化观念,形成管理者和员工的安全意识以及正确的认知态度,使安全观念在每个组织成员脑海中根深蒂固。其次,完善企业的制度,监督和约束员工的日常行为,保证按照规章操作生产。再次,安全行为文化要渗透到安全生产的每个细节,企业管理者要保证安全生产投入到位,管理严格,员工要进行培训,自觉进行安全作业。最后,重视煤矿企业的物态文化建设,提高安全生产水平。

国家煤矿安全监察的部门以及工作人员,应该承担起落实安全发展观、建设安全文化的任务。对煤矿企业进行安全生产监管,是政府发挥公共管理职能的重要举措。煤矿企业的安全工作不仅是生产技术和企业管理层面的问题,更是行政管理领域要研究的问题,关系到我党的执政能力、执政水平以及国家的政治文明发展。通过安全监管是否能把煤矿企业的生产事故造成的健康和生命损害降到最低,检验了我国的安全生产监管体制完善程度以及贯彻执行的力度。"十二五"时期我国安全生产奋斗目标要求到 2015 年,煤矿百万吨死亡率下降 28％以上,到 2020 年实现安全生产状况根本好转。① 这意味着国家和政府对于煤矿安全的高度重视,同时监管任务也更加艰巨。人是安全生产的实践主体,安全生产工作要以维护劳动者的身体健康和生命安全为首要目标。以人为本是党的执政方略,是科学发展观的核心,也是安全生产必须遵循的指导方针。

---

① 中国煤炭新闻网. http://www.cwestc.com/ShowNews.aspx? newId=196482

三、安全文化的建设意义

煤矿企业首要的工作任务是保证安全生产,这是进行其他工作的前提条件,对于煤矿企业而言,搞好安全文化建设,意义重大。安全文化是煤矿企业所有职工在安全工作中共同形成的一种"安全第一"的安全意识和安全观念,减少事故发生率,打破煤矿企业持续健康发展的事故瓶颈,是企业安全生产的灵魂和长治久安发展强有力的保障。

(一)落实安全发展观的体现

安全文化作为企业文化的构成要素,有其特殊的作用功能。通过对安全生产科学知识的广泛宣传,提高职工对安全事故的防范能力和技术操作水平,形成"安全第一、关爱生命"的舆论氛围,提高领导和职工的安全文化素质从而降低事故发生率,减少灾害的可能性,维护生命和身体健康。这不仅是生产力发展提出的新要求,也是先进文化发展的新方向,最终从根本上代表了广大人民的根本利益。安全文化建设的基本准则和核心理念是人本观念,在"以人为本"的先进理念下,无论对于企业的安全生产还是构建和谐社会都有重要的指导意义和实践价值。是安全行为文化、安全制度文化和安全物态文化的最终归宿。企业安全文化的建设与最广大人民群众的根本利益一致,重要任务是建立以人为本的安全价值观和管理理念,推进安全文化建设,也是构建社会主义和谐社会的理论基础和精神动力。实现生产的价值和人的价值并不矛盾,生产的经济价值是企业发展的动力机制,人的生命价值是确保企业非良性发展的制约机制。生产的最终目的是为了满足人的需要和发展,所以,在企业的生产经营机制和安全管理机制中要贯穿尊重生命价值、远离健康伤害、实现职工价值、安全生产管理的意识和理念。最终,通过安全文化建设把实现生产的价值和实现人的价值统一起来。安全生产管理的基础是树立安全生产观,安全文化建设作为新型的管理理论,其价值就是把安全生产观和安全生产紧密的联系在一起,把"安全就是效益","安全为重,预防为主"的管理理念注入到整个企业的经营管理活动之中,把安全文化的思想和理念渗透到企业的价值观、企业精神和经营理念中,促进煤矿安全生产管理朝着稳定、健康、有序的方向发展。加强安全文化建设,通过对员工的宣传教育和安全培训,推动员工成为维护企业生产管理的重要力量。煤炭作为我国经济发展不可或缺的能源,在国民经济中的地位不言而喻。所以,煤矿企业的安全生产至关重要,对于个体而言,保障职工的生命安全,对于国家和社会而言,影响了煤炭行业的健康发展和社会稳定。煤矿企业的安全发展,不仅是企业自身发展的需要,也是落实科学发展观和构建社会主义和谐社会的要求所在。对于煤矿企业而言,加强安全文化建设,十分必要。它是企业安全生产和经营的灵魂,是做好其他各项工作的前提,是实现长治久安的保证。从企业的管理者到职工形成"安全第一"的共识,任何时候都把安全生产放在第一位,突破事故对于煤炭行业发展的瓶颈制约。

（二）煤炭行业特点的必然选择

煤炭行业属于危险性行业之一,自然条件艰苦,尤其是井下作业的矿工,对于他们而言,水、火、瓦斯、煤尘、顶板等自然灾害随时都可能发生事故。所以,矿工的生命保障相比其他行业人员,要低得多。在实际的安全生产过程中,由于人为因素造成的事故,例如,违章指挥、违章操作和违反纪律也增加了煤炭行业的事故发生率。在人为因素造成的事故中,能否认识到自己行为的目的和责任又是关键因素。同样的工作环境、同样的工种、同样的危险系数,每个劳动主体的行为方式不同,造成的后果也就不同。所以,对行为后果的认识就非常重要,这种对行为后果的认识取决于人的安全文化素质。因此,加强企业安全文化建设,不仅是企业文化建设的重要部分,而且还有利于增加管理干部和职工的安全防范意识,降低事故发生率和危险性,提高整个煤炭行业的安全系数。所以,加强煤炭企业的安全文化建设,是煤炭企业发展的新课题。加强企业安全文化建设对煤矿企业的事故预防作用主要体现在以下几方面:第一,全局意识,开展安全文化建设并不影响生产效率,加大安全文化建设资金投入,总体上并不会增加企业成本。企业有一个安全的生产环境,企业的正常运行秩序才有保证,安全生产管理才有效率,企业发展的步伐才不会被打断,员工的工作积极性也才更高。第二,长远意识。在安全管理中研究安全文化的建设问题,从基础上强化生产管理工作,满足企业的安全发展需要,也有利于企业建立安全生产管理的长效机制。第三,预防意识。对于安全隐患提前预防,并付诸行动,把事故解决在萌芽状态,做到防患于未然,才能搞好安全生产。第四,人本意识。在安全文化的建设过程中,让员工主动参与安全目标和安全计划的制定,群策群力,既调动了他们在安全文化建设中的主动性和积极性,又在安全文化建设的实施过程中,激发了他们的创造性,创建了符合自身实际情况的安全文化建设模式,促进安全生产管理的高效发展。

（三）企业发展的实际需要

随着市场经济的发展,企业之间的竞争越来越激烈,无论是生产规模的扩大,产品结构的完善,还是市场占有率的提高,经济效益的增长都离不开安全稳定的环境,一个安全稳定的环境是企业共同的追求。虽然政府对于安全生产工作十分重视,但是安全生产形势并不乐观,重、特大事故仍然高频率的发生,人的违章行为不能有效的解决和控制,安全隐患依然令人担忧。事故的发生,从眼前看,给企业造成了经济损失,从长远看,企业的正常运行秩序被打乱,发展的步伐被打断,就有可能错失发展的机遇。企业的生存与发展及需要"硬件"也需要"软件",如果把安全生产比作"硬件"的话,那么"软件"就是安全文化,它是企业生存发展的软实力。安全文化是一个企业职工广泛认同的价值观,是对企业的思维模式和行为规范的遵守和执行。让安全文化成为安全生产的推动力量,提高职工的安全文化素质,形成被所有职工可认同和接受的安全文化观念和安全价值观,营造浓厚的安全文化氛围,在少灾、无害、安全的环境中工作,进一步提高企业的安全生产水平,企业才能提升市场竞争力,走在行业发展的前列。通过管理创新,加强企业安全文化建设,牢固树立安全意识,提高安全防护能力,加强对职工生命和健康的保障。企业中往往存在这样的现象,企业具有严格的安全管理制度,但是违章作业的现象却经常存在,究其原因,工作环境中没有安全文化氛围,职工的安全责任意识没有形成,在工作中,缺乏自主管理能力。安全文化是实现企业安全生产和安全管理的灵魂,在某种程度上说,在安全的工作环境下,企业可以集中精力搞安全生产和经营,也利于提高企业的市场竞争力。无论对于个人还是对于企业而言,安全文化建设都是必要的。

（四）创新煤矿监管的迫切要求

安全监管的目的是为了实现安全生产目标,对安全生产系统工程从方针政策、法律法规、安全准入、行政许可、行政执法、专项监察、事故善后、追究责任等方面进行的系统管理,而加强安全文化建设,又是强化安全监管的重要途径。安全文化建设的必要性在于在安全文化氛围下,宣传安全教育,传播安全知识,开展安全培训,引导舆论监督,从源头预防安全事故的发生。可以看出,在大量事故的背后,折射出政治体制机制的缺陷和滞后,反映出当代中国安全生产监管体制已经不能完全适应生产力发展的要求,迫切需要用改革的精神进行持续的安全生产监管体制的创新,不断使有关安全生产的各种生产关系和上层建筑适应生产力发展和经济基础客观规律的要求,在安全生产领域推进政治文明建设。当代中国的安全生产监管体制创新,就是按照科学发展观的要求,牢固地确立安全发展观,紧密地结合中国实际,学习国外先进经验,坚持走中国特色的安全生产方面的政治发展道路。对有关安全生产监督和管理的政治理念、政治体制、政治制度、运行机制、政治文化进行不断的修改和完善,着力解决深层次的问题和矛盾,建立长效机制,建设安全生产制度文明和政治文明,以达到最终实现安全生产形势根本好转的目的。因此,安全生产监管体制创新,是我国政治体制改革和政治发展的重要组成部分,是社会主义制度的自我完善和发展,是建设中国特色社会主义,推进安全生产方面的政治文明的必由之路。

第二节 安全文化建设问题分析

党和政府一直对煤矿安全非常重视,从煤矿监察体制的建立到各项具体措施的实施。为什么目前我国煤矿安全生产的形势依然严峻,煤矿事故屡禁不止,百万吨死亡率远远高于世界其他产煤国。领导的不够重视、安全绩效考核制度不健全,安全培训机制不完善、社会监督不到位等种种原因造成了理想与现实之间的困境。

一、领导安全责任意识淡薄

安全生产的实现离不开安全责任的落实,安全责任是实现安全生产的重要保证。作为企业基本管理制度而言,安全生产管理制度本质上强调的是职能部门、领导及劳动者对本职工作所应承担的责任。传统安全管理缺乏文化理念的传播和引导,所以其模式到一定程度后很难对安全表现有所改观,亟需新的管理方式来改进。在实践活动中,培育企业安全文化,让每一个组织成员将安全作为信念,在安全核心价值观下共同遵循行为规范,塑造安全文化氛围,保证职责、原则、制度等可传承和持续执行,为安全生产和安全管理提供动力支持。

作为监管主体机构的国家安全生产监督管理总局对于安全生产过程中的安全文化建设给予了较高的关注与重视。但在实际过程中,安全文化建设的效果并不理想,在具体的工作落实过程中,仍然存在着监管传统习惯中安全意识淡薄,传统监管习惯中领导思想重视程度不够。工作实践中没有落实以人为本和科学发展观的理念,在煤矿监管中安全文化建设就不可能开展和落实。国家安全生产监管部门对"十二五"期间安全文化建设做了总体部署和详细规划。安全文化建设的目的与意义与邓小平理论、"三个代表"、科学发展观和十八大所倡导的精神是相符的。重视安全文化的建设水平,落实企业的安全生产主体责任突出针对性和实效性,构建安全文化建设长效机制,使其进一步引领和推动安全生产工作。安全文化所提倡的自我约束和逐渐改进可以有效的提高安全意识,增强预防技能,减少事故伤害,增强风险控制。将安全文化渗透到安全生产管理的流程细节中,人的行动受认识的支配,从自发习惯到自觉自然,把安全文化的理念融入到职工在日常行为上对安全规章、规范和制度的共同遵守和信奉。所以,安全文化建设的目的就是使得组织中的全体成员在工作中潜移默化地用安全文化的理念规范自己的行为。

对于企业来说,其安全生产的第一责任人为掌握生产经营决策权的法人代表。企业是安全生产的责任主体,企业负责是根本,实行法人代表负责制。领导在管理过程中,安全意识强,职工就会在日常工作中不折不扣地自觉遵守和执行安全生产的规章制度,企业的安全生产就有了保障。一些领导仅仅宣传和倡导安全文化,却没有推广和维护安全文化。一方面,一些领导对安全生产工作认识不到位,思想上没有引起足够的重视。领导对于安全文化的建设程度非常重要,领导如果对安全文化的建设都没有引起足够的重视,那么就不可能营造出有安全意识的安全文化氛围,更谈不上企业的安全生产状况通过安全文化建设有所好转,在实践中践行安全价值观。一些领导认为对于事故隐患没有必要用安全投入来消除,同时也没有长远的安全规划来预防,只求自己任期内不出事故,片面追求生产进度,轻视安全工作。"安全第一"仅仅作为一种口号宣传,在侥幸心理和麻痹思想的作用下,在政策、制度和措施的执行过程中都是坚持生产第一,只停留在安全文化理论的学习层面,没有认真开展调研,取其精华,去其糟粕,建立与本企业发展相符的文化体系,发挥安全文化的作用力。另一方面,一部分领导者主观上也有抓好安全生产工作的动机,但客观上缺乏系统的、必要的安全生产管理知识。有些也吸收了一些企业先进的文化理念和良好的做法,但是做法过于浮于形式,领导者缺少不断地总结和归纳,工作中找不准切入点和重点,使得安全文化建设格式化,僵硬化,不能深入到企业安全文化建设项目的具体设计。每个企业的企业精神、经营管理理念和核心价值不一样,安全文化建设的规划也要科学合理、符合实际、便于操作。导致安全生产管理工作不能抓住重点,有的放矢,最终不能落实到位。在坚持以人为本,牢固树立安全发展理念的指引下,领导的头脑中要有"安全大于天、事故猛于虎、责任重于山"安全理念,使各级领导成为企业安全文化的设计者、倡导者、执行者和培育者。

二、安全文化绩效考核缺失

柔性的文化理念需要通过刚性的制度来保障,才能发挥其应有的作用。对于政府监管主体而言,GDP考核标准下的驱利选择使得在监管的过程中很难体现安全文化的理念。对于煤矿企业而言,当前安全生产管理已经有较为完善的安全绩效考核体系,但是安全文化的绩效考核体系尚未形成。

（一）GDP考核标准下的监管者驱利选择

绩效评价一般来讲应包括定性和定量两个方面,虽然,现在不提倡把 GDP 作为衡量地区经济发展的最重要的甚至是唯一的指标。政府及官员的绩效考核体系还应包括人均收入、就业率、物价指数、环境质量等等,但这些指标是定性的,很难作横向比较,而定量的指标衡量地区的经济发展更具有直观性,易于考核。这也反映出中央政府对地方政府缺乏科学完备的政绩考核体系。据一项对中国 100 个重点产煤县的初步调查,煤炭生产占这些县工业总产值的 40% 左右,是当地政府的经济支柱产业。[①] 山西省是煤炭资源较丰富的省份,该省 80% 的县的财政收入靠煤炭开采,该省吕梁地区内的 10 个贫困县的煤炭收入占到了政府财政收入的 70%~75%。对于这些经济十分落后的地区而言,经济发展的迫切性和安全生产的重要性确实令当地政府陷入两难境地。加之,GDP 一直是中央考察地方官员的政绩的一大指标,造成了不少地方官员对 GDP 数据的强烈追求,其结果是造成了严重的角色错位,这种状况也就造成了一些地方政府的官员和某些违规生产的企业结成了密切的利益群体,成了各种事故的保护伞,导致了地方上监管者与被监管者利益的盘根错节和安全事故的恶性循环。

（二）安全文化绩效考核体系尚未形成

根据国家煤矿安全监察局的监管要求,煤矿企业要强化安全管理,认真履行安全岗位责任制,实现煤矿安全生产,制定安全绩效考核制度。煤矿企业的安全绩效考核还比较完善,这种考核制度易于量化,容易兑现。包括组织机构,即安全管理绩效评价考核领导组,由组长、副组长、成员组成,并明确领导组职责、办公室职责、业务处室职责。评价考核范围及内容,包括安全生产管理、事故调查处理、职业危害防治等等。评价考核周期分为月度评价、季度评价、半年评价和年度评价,每次考核结束后,根据考核结果计算员工的绩效分值并对其进行排序,这种评价结果直接与员工的工资、安全生产奖金、评优评先以及其他奖励内容挂钩。考核制度的内容要具体明确,例如对于发生矿井安全生产事故的,可以取消安全生产奖金的发放。考核的结果要做到公开、透明,在集团人力资源部门做出最终的绩效评价分值排序表后,矿井要通过公司内部网络或公告

---

① 徐小雯.多中心治理视野下的煤矿安全监管模式研究[D].南京:南京理工大学大学,2009:27.

栏公布考核结果,接受员工的监督与反馈。评价考核过程中及考核后形成的一系列材料,评价考核办公室要做到及时的建档、归档保存。评价考核的过程还需要公司管理部门以及安监部门联合加强监督检查,对各部门考核过程中存在的问题要及时纠正。但安全文化绩效考核还没有形成体系,安全文化既体现在显性的制度方面,还体现在隐性的意识方面,安全文化建设的效果可以通过安全生产状况反映出来,但不能完全反映。文化可以对制度涉及不到的隐性的、萌芽的状态起到思想和行为上的制约作用。

三、安全文化制度化建设有待健全

安全文化活动是安全文化建设的重要内容之一,是安全文化形象化、具体化的一种体现,其最终目的还是坚持以人为本,实现本质安全,促进安全生产。安全文化活动开展的目的是更好的为安全生产服务,降低人的工作危险性,体现以人为本的价值观,这就需要制度化管理来保障实施。因此,安全文化活动和制度化管理应该是紧密结合在一起的。知识经济社会的发展离不开生产资料、机器设备和人力资本,人与生产资料和机器设备的区别在于人是有思想、精神和感情的。因此现代管理制度强调人的创造性和积极性,在以人为本的基础上挖掘人的潜力。优秀的安全文化可以改变人的不安全行为以及人对物的不安全状态的控制。但是这些不能只依靠一些开明的管理者通过可有可无、可重视可不重视的安全文化活动的开展,而是要通过制定相关的制度加以保证安全文化活动的实施。

国家安全生产监管总局联合其他部门主办了"安全生产万里行"活动。依托中央和地方的主流媒体对矿山及企业生产经营情况进行报道,对于先进的经验予以推广,对于违法、违章、违规的行为予以披露。通过新闻媒体的广泛传播力和社会认可度宣传安全生产的法律法规、方针政策、安全理念及有关安全的公益广告。一方面,从宣传教育的角度传播安全文化,另一方面,从媒体监督的角度关注安全生产,从而关注安全文化的建设和发展水平。活动内容强调安全第一,深入贯彻和积极落实科学发展观,建议预防为主,开展和深化安全生产宣传教育,提倡综合治理,推动安全生产工作良性发展。通过安全文化的建设把安全生产、科学发展的文化理念以"安全生产年"、"安全生产月"的活动形式深入到企业和职工中去,积极预防事故的发生,消除安全隐患,为促进安全生产形势的好转创造良好的安全氛围。总之,党和国家关于安全生产的目标任务落实到具体的工作中,落实到安全文化建设中,落实到对企业的监管上。组织有关安全主题的报告会、演讲大赛、文艺演出、安全宣誓,通过丰富多彩的活动形式开展安全文化宣传教育。利用这些有针对性的宣教活动,试图更好的解决安全生产工作中面临的难题。在一定程度上,也形成了安全文化的社会氛围。

煤矿企业的安全文化活动还处在一个比较原始的阶段,对安全文化活动的重视性不够,煤矿企业安全宣传文化活动质量不高、内容贫乏。一方面,在企业及班组的安全文化活动中,普遍存在活动次数少,时间滞后,缺乏针对性,形式单一、内容枯燥等现象。在实际工作中,有些管理人员尤其是基层管理人员和员工没有认识到安全活动的目的和意义,片面的认为工作的任务就是生产。认为安全活动的开展是上级领导和部门的事,可有可无,对安全活动等基础管理工作缺乏主管能动性。表现为,一些管理人员认为安全活动的开展是为了应付上级检查的,是一种形式上的需要,是纸上谈兵。职工认为安全活动是企业和部门的事,与自己无关。员工缺乏主动参与、讨论不到位,被动学习,积极性低,久而久之无法产生认同感,会出现厌烦情绪。另一方面,安全活动方式陈旧,流于形式,只习惯于坐在室内学安全文件、规程、安全简报、事故通报没有结合实际到生产现场进行讨论、分析和交流。缺乏制度约束,参加活动的人员,活动的时间,活动的频次,领导对于活动的参加、检查和指导等没有以制度的形式规范起来。对安全活动的检查工作不到位,甚至敷衍了事。关于安全文化活动的考核几近空白,一些企业要么压根就没有考核制度,无章可循,要么不严格按考核制度执行,有章不循。甚至对安全活动的记录进行编造和弄虚作假,或者安全活动没有抓住重点和紧密联系实际,为什么开展安全活动,目的还不明确。

四、煤矿安全培训教育的缺乏与不足

煤矿安全生产离不开安全教育培训,为了提高煤矿生产的安全系数,降低事故的发生率,对员工进行经常性的教育和有计划的培训十分必要。煤矿安全培训教育机制的欠缺或不完善与政府和企业对安全培训教育重视不够,投入不足有关。煤矿企业的安全培训工作不仅是煤矿安全监察的主要内容,也是其重要组成部分。安全培训工作能否搞好,切实关系着煤矿安全监察和煤矿安全工作。《安全生产法》第二十条、第二十一条、第二十二条、第二十三条、第三十六条、第五十条,对安全生产教育培训做出了明确规定。包括对生产经营单位主要负责人的安全生产教育培训,安全生产管理人员的培训,生产经营单位及其他从业人员安全生产的教育培训,特种作业人员的安全生产教育。对生产经营单位主要负责人的安全生产教育培训的内容比较广泛,包括对安全生产法律法

规、规章制度规范标准的领会;安全生产基本管理知识和方法的掌握;了解国外先进的生产管理经验;学会分析典型案例和事故;熟知专业的安全生产管理知识和安全技术;有关重大事故的预防和危险源的管理以及制定救援措施和实施调查处理方法等等。安全生产管理人员的培训除了对主要负责人的教育培训内容熟悉外,还应对于工伤保险的政策、法律、法规,事故现场勘验技术,以及应急处理措施方面的内容进行学习与考核。

　　安全生产的重点是依靠科技进步和劳动者素质的提高,包括他们的安全知识、安全文化素质、安全意识和安全技术等。围绕企业管理和煤矿安全生产的需要,实实在在搞好安全教育培训工作,使得安全教育培训工作真正为煤矿安全生产服务。这不仅是新时期社会和企业的发展要求,也是政府和企业应履行的义务。西方发达国家煤炭的百万吨死亡率比较低,除了机械化程度高以外,完善的企业安全培训制度与之有着很大的关联。从培训经费看,美国企业培训经费一般占员工工资总额的 10% 左右,欧洲国家是 5%,我国是 1.5%。据美国有关机构统计,美国企业培训的投资回报率一般在 33% 左右。[①] 西方发达国家煤矿企业,煤矿从业人员有严格的上岗培训教育,除了岗前培训外,还要接受每年工作期间的再培训。在德国,长期没有安全事故记录的员工还会获得增加工资的奖励。

　　目前,我国一些产煤地区煤矿安全培训没有纳入安全生产工作的总体部署,煤矿安全培训长效机制不完善安全培训工作得不到保障。职工缺乏基本的安全知识,就容易冒险违章作业,酿成安全生产事故。煤矿教育培训的缺乏和不足体现在以下几个方面:第一,目前煤矿企业的安全培训工作,形式单一,主要为课堂理论教学。而且培训场所主要为课堂,脱离了实验室,教学的直观性不强,不能很好的发挥学员的主动参与作用。第二,简单的发奖金、发东西,而没有与从业人员培训的实绩挂钩,除了物质奖励外,晋级、委以重任、赋予更多的权限较为缺乏。使得安全培训流于形式,安全培训建设得不到保证。第三,在安全培训过程中,没有最大限度调动职工的积极性,实行严格的轮岗分流及岗位淘汰制。第四,没有严格的培训考核管理,领导和部门责任也就不能明确。安全培训也就不能通过制度保证得以实现。从当前我国安全培训的效果和实际状况来看,当前安全培训还存在质量不高,效果不好的问题。

---

① 张传毅,李泉.安全文化建设研究[M].徐州:中国矿业大学出版社,2012:7.

五、安全文化的社会氛围短缺

相比较世界其他产煤国家的煤矿安全监管,我国的监管体制建立的比较晚,相关方式和制度还处于摸索阶段,并不完善。虽然 2000 年形成了独立的监察体系,但生产与安全监察粘在一起的情况依然存在,给煤矿安全监察的具体操作带来种种困难。我国安全生产监管监察工作,是在国务院的统一领导下,各部门各负其责、相互协作。国务院安全生产委员会负责全面落实统筹协调安全生产工作;国家安全生产监督管理总局对全国安全生产实施综合管理,国家煤矿安全生产监察局负责煤矿生产安全监督监察工作。从国家和行政管理部门职责的角度而言,国家对煤矿安全生产实施综合管理,行政管理部门实施行业管理;从中央政府和地方政府职责的角度而言,中央政府对煤矿安全生产实施国家监管,地方政府实施地方监管;从政府和企业职责的角度而言,政府对企业实行安全监管,企业进行自身管理。

根据我国煤矿安全监管的相关法规和政策要求,各级安全监管部门要强化安全生产专项整治和维护矿业采矿安全秩序。对于不具备安全生产条件的煤矿要坚决关闭,提高办矿的门槛准入,严把安全生产许可,认真做好监管工作,履行监管职责,提高监管水平。对于违规开采、违规建设、违规生产的行为要严厉打击,并且会同有关部门,认真、严格、公正、廉洁地搞好联合执法,加大工作力度,重点解决"乱、散、差"的问题,提升安全生产水平,促进企业主体责任落实到位。但在执行过程中,往往事与愿违。政策、法规"制定——不执行——再制定——再不执行"的怪圈长期存在有法不依、有章不循使得规章制度成为一种摆设和应付检查的装饰。就连煤炭行业协会,其成立和运作过程受到政府干涉,缺乏独立性。

目前,对于煤矿安全生产的监管还是政府占据主导,安全生产的监管还主要靠政府及有关部门工作的实施。社会各方面参与不足,媒体不能完全报道事故的真实情况,群众也很难知道真相,缺乏舆论监督和群众监督使得安全监管机制和权力制约监督机制形式单一。在政府统一领导下,监管部门严格执法、媒体、群众参与监督,企业全面负责的安全生产工作格局还未真正形成起来。这就需要民间监督力量的参与,如群众监督和媒体监督。南非以井工矿为主,煤矿地质条件与我国相似,该国的煤矿安全问题就是由安全与健康统一委员会负责,该机构的 15 名成员分别由矿工、企业主和政府三方组成。美国发生任何死亡 3 人以上的煤矿事故都由外地的安全监察员去进行调查处理,当地政府的安全监察员不得参与。媒体的报道权没有完全放开给民众对于公权力的制约造成了障碍,因为各种条件的限制,公众对社会上发生的各种事件都是通过报纸、电视、网络等了解到的,如果公众通过这些载体不能获得知情权或部分知情权,造成了监督方与被监督方不具有平等对话的权利,也就是民间组织力量处于弱势,就不能发挥监督作用。把公民社会力量排除在外,没有起到实实在在的监督作用。

第三节　安全文化困境溯源

从安全观念文化的安全责任意识,安全行为文化的教育培训体系建设,安全制度文化的安全文化绩效考核与社会监管氛围,安全物态文化的文化建设载体分析煤矿安全监管中的安全文化问题现状出现的原因。

一、安全生产责任制度重视不够

造成事故的因素有很多种,但无一例外都与没有最大限度发挥人的主观能动性有关,即安全生产责任没有落实到位。安全生产管理与人的安全生产责任管理息息相关。安全生产责任制度的有效实施不能只停留在在纯粹的管理体系上,应向安全行为、安全文化等安全生产管理上转移。

近年来,由于对安全生产工作思想不统一、认识不到位,导致煤矿企业安全生产工作形势严峻。领导对安全生产工作的重视程度不同,其工作的方法、方式、重心也就不同,当然,随之而来的结果也就不同。对安全生产工作的思想认识问题是一个很抽象的问题,很难用一个具体明确的指标来衡量,因此,常常不被人们所重视。但是它既是一个理论性和哲理性很强的问题,又是一个政策性和指导性很强的问题,思想上高度重视是做好安全生产工作的前提和基础。党中央和国务院对于安全生产工作高度重视,对于煤炭这种危险系数较高的行业,安全生产至关重要,领导是否对安全生产重视,直接关系着煤矿企业的安全生产状况。对于领导而言,也有从"要我安全"到"我要安全"的观念意识的转变,领导对于安全生产的重视不仅仅出于法律政策的规定、制度规范的要求。思想上有一种安全责任意识,对企业负责,对职工负责,对社会负责,这也是落实安全文化理念的一种行为表现。在安全文化指导作用的发挥下,安全生产责任制度在企业管理制度中落实,在职工工作行为中体现,在人们脑海意识中强化。领导的安全生产责任制体现在"谁主管、谁负责"的原则上,在此基础上加强对安全生产工作的管理,并建立健全监督组织机构,落实安全生产的主体责任。领导在强烈的责任意识的支配下,才会表现为行为上的负责与作为。

学习和发展安全文化,就是要把煤矿安全检查工作落实到实处,必要时,管理人员可进行突击检查,以了解煤矿生产工作的真实情况。煤矿监督管理人员在实际工作中,要有一颗强烈的责任心,这是做好本职工作的前提。对于那些未造成人员伤亡和设备损害严重的小事故或未遂事故,在一些领导的思想上并没有引起重视,采取措施加以防范。而是事故发生后,首先想到的是消除事故的不良影响,采取措施百般遮掩,企图大事化小,小事化了。领导的工作作风也影响着职工的行为取向,对于职工而言,在操作过程中,对于违章行为也不能引起足够的重视,为事故的发生埋下了隐患。领导对于安全文化建设的重视程度与管理水平的高低关系着企业安全工作的成效。认识是行动的先导,开展安全文化建设,要有安全意识,将安全文化理念植入安全生产管理的全部流程。使得员工在日常行为上,自觉遵守安全制度、规章、规范。一些领导在安全检查时,走马看花,心存侥幸,疏忽麻痹,对于安全意识淡薄、工作中容易犯错误的职工,没有及时纠正错误。这是对矿工的生命不负责,对矿工的家庭不负责,对社会的和谐不负责。对监督检查中发现的安全问题,不按照严格执法的要求严肃对待,对于一般隐患不及时要求整改,对于重大隐患没有挂牌督办及责令停产整顿。监管人员不能把安全监管重于一切的思想牢记在心,关怀矿工、关爱生命、严格监管、秉公执法、尽职尽责也就无从谈起。

二、考核评价体系不健全

安全绩效考核制度的导向和约束功能不健全,导致安全文化建设缺乏安全绩效考核制度保障。从政府监管的角度而言,GDP 绩效考核制度制约政策对安全的导向作用。从企业的安全管理而言,安全文化绩效考核制度的不健导致对安全管理没有形成制约。

GDP 绩效考核制度制约政策对安全的导向作用,不能把人的价值放在第一位。安全文化不被提起或者成为空谈,以人为本的理念自然就得不到贯彻,这不仅阻碍了安全文化建设与发展的进程,而且削弱了安全文化对安全的促进和保障作用。可行性是安全文化建设的原则之一,从地区的经济基础实际出发,从经济角度考虑安全文化建设的可行性、可能性。煤矿矿难频发的一个很重要原因是煤矿生产追求利润、忽视安全,把人的生命和价值置于经济利益之下。这种局面的形成又和一个地区的经济格局是有关系的,"单一经济"是煤矿矿难高发的政治经济根源。在"单一经济"模式下,GDP 和财政收入的创造主要依赖煤矿经济,尤其近年来,我国快速发展,煤炭资源紧缺,供求关系发生变化,煤价上升,所以在利益驱动下,冒险开采、超时开采、超量开采屡禁不止。对于矿工来说,下井挖矿成为他们唯一的经济来源,为了生活,不得不铤而走险。高密度、高强度的开采存在很多事故隐患,矿工生命安全、安全生产条件、煤矿职业病防治甚至过度开采造成的地表塌陷等问题在巨大的经济利润面前被忽视。

政策是安全文化建设的导向,没有政策的正确引导,安全文化也不能朝着积极的方向发展。同样,安全文化作为政策的载体,配套法律规范做支撑,政策才能更好的深入贯彻实施下去。地方政府对发展缺乏正确的科学理解,科学发展观不只是口号,标语,更应在发展中落实,体现。发展不仅仅是指物质财富的增加,这只是其中的一方面,环境、生态以及精神文明的进步等等都是衡量发展的标准。虽然发展经济的目的是为了满足人民日益增长的物质文化需要,但这种需要不仅仅是指当代人的,包括世世代代人的发展需要。

煤矿企业的安全文化起步较晚,虽然一定的研究基础和实践意义,但是还没有形成一整套的绩效考核评价体系。安全文化包含了观念文化、行为文化、制度文化、物态文化这四个层面,是安全价值观、行为规范、道德风气的综合体。安全文化建设的效果需要通过定量指标衡量评价,定性的衡量指标不能完全凸显安全文化建设的效果,安全文化建设也就不能对安全管理形成有效的制约。

对于安全生产形势的预测和安全文化的建设都离不开安全文化的准确评价。安全文化涉及到价值观、道德和行为规范,所以它的表现形式既有显性的,又有隐性的,既有眼前的,也有滞后的。因此,如何科学、量化评价安全文化,是值得探讨和思索的问题。当前对于安全文化评价的研究,往往采用量表打分法来评估企业的安全文化。即把安全文化包含的内容分成若干小项目,并赋予每个小项目的分值与所占比重,然后请考核者进行打分,计算分值。这种方法虽然方便简单、容易操作,但是缺乏整体的连贯性,而且受人的主观因素影响较大,安全文化的绩效考核制度应该是能够反映安全文化各个维度的科学的评价体系。

三、缺乏制度化规制

在煤矿安全生产的问题上,安全文化根本上是由安全生产的制度安排决定的,应把安全文化活动的开展与实施纳入制度的框架之中,以更科学的管理方式发挥安全文化对煤矿安全生产的推动作用。安全文化是安全管理的基础,安全管理是企业安全文化的一种表现形式。在制度化的规范和约束下有效提高安全文化活动的效果,从而扭转煤矿安全生产的形势。目前企业安全文化活动普遍存在质量不高、内容贫乏等问题。造成这种情况的因素既有主观方面的,又有客观方面的。客观方面,理论能力偏低;主观方面,一些领导缺乏对安全文化的学习,没有真正认识到安全文化活动的意义和目的。无论主观因素还是客观因素,都与安全文化活动缺乏制度化的规范和约束有关。所以,对于企业和管理人员来说,他们认为安全文化活动的开展只是一种形式需要。安全文化活动的开展会需要一些资金注入作为支持,会增加企业的成本,安全文化活动的开展会占据工作时间,即企业生产经营的时间。这些因素都影响了安全文化活动的开展和实施。

人是安全生产的实践主体,人的安全意识的强弱,通过安全生产的具体工作体现出来。可以说,安全意识的淡薄是安全事故的隐患,因此,要强化职工的安全意识,切断事故的导火索。但是光有安全意识还不够,安全意识只是安全的基础和前提,还应该提高安全素质,即对安全生产法律法规、政策方针、生产常识的掌握。通过安全文化活动的形式和宣传工具促进职工安全意识的增强和安全素质的提高。安全文化所需要的资金投入相对于安全的生产环境和氛围给企业创造的经济效益相比,是微不足道的。从眼前来看,是增加了生产成本,从长远来看,大大降低了生产成本,这也是"安全就是效益"观念的体现。"预防为主"是安全生产工作的方针之一,但是至于怎么预防,这是企业和管理者需要思考的问题。一些煤矿企业只重视生产,不重视教育培训,存在侥幸的思想和应付的心理,认为安全生产教育只是一种形式,完成上级要求的教训培训计划就足够。预防,就是对未发生的情况做好准备,组织不良状况的出现或者出现后采取的应对措施。预防首先表现在思想上重视,其次是行为上落实。只关注生产、销售、效益,淡薄安全教育培训。试想,在工作中,没有"安全第一、关爱生命"的氛围管理者违规指挥,职工违规操作,安全事故频发,职工的生命健康得不到保障没有安全,何来效益。安全文化活动的举行表面看占据生产、工作时间,但实际是职工通过安全文化活动的学习和教育,在工作中更熟悉安全规程、操作技能、以及工作中要注意的地方。这不仅在工作中保证了安全,也提高了效率,磨刀不误砍柴工就是这个道理。

安全文化活动的开展绝不是为了应付上级的检查而走过场,企业领导、管理者乃至职工要明白政府的规定、上级的检查、行业部门的考核最终只是起到引导和监督的作用,企业安全最大的受益者是本企业及本企业所有的人员。人的大脑有一种惯性思维,惯性思维的作用就是通过意识的强化,使人的行为向意识所要表达的方向靠拢。思想上没有认识到安全文化的重要性,安全文化活动的开展就没有保障,安全文化活动的资金投入不足,设备和师资不足,教育培训走过场,从而为安全生产埋下了隐患。企业应该通过安全文化活动这种有效载体来开展安全文化建设,把安全生产的教育和实践紧密联系起来,使职工在教育实践的启发中,增强安全意识,学习安全知识,懂的法律法规,加强自我防护。当安全生产的理念在职工的大脑中形成惯性思维的时候,在生产和工作中就会想到安全制度和规定,考虑影响到安全的因素,从而采取防范措施以达到安全的目的。安全惯性思维的培养可以通过安全文化活动的方式来实现。制度在组织中发挥的是共同知识的作用,通过制度建设,依靠激励或惩罚的方式,将组织成员的行为纳入预期合理的轨道。制度减少不确定性,安全文化活动的开展和实施缺乏制度化的约束,造成相关煤矿企业的安全文化建设水平参差不齐,对安全生产影响的程度也不一样。对于安全文化活动的开展和实施有选择性和不确定性,甚至随着领导和管理人员的变更而改变,随意性较大。安全文化活动对于安全生产的积极作用是潜移默化的,是一个教化和影响的过程。通过安全文化实行柔性管理,结合制度的规范性,安全文化活动制度化有利于安全文化理念制度化,从而更好地为安全生产和安全管理服务。

四、安全教育培训不完善

教育是培养和提高员工安全素质的重要手段,系统的安全教育培训也是煤矿安全生产的重要保障之一。为了适应现代安全管理的需要和安全科技的快速发展,企业员工的安全教育工作要常抓不懈,以提高职工的安全素质。宣传、教育的内容包括管理者、职工以及职工家属的安全文化教育。对于企业的主要负责人而言,掌握安全法律法规、方针政策,认识到安全对于生产的重要性;对于管理人员而言,主要是掌握安全生产知识和提高安全管理能力,监督检查企业的安全生产;对于一般职工而言,主要是培养安全意识和安全技能,使得他们思想上克服麻痹大意,行为上做到遵章守纪。

国家安全生产监督管理总局对于煤矿安全培训做了明确要求,新员工上岗,要进行规章制度和入职安全知识的教育和培训。企业的主管及各级生产管理人员、特殊工种的资格教育培训。对于一般职工的安全法律法规及标准的告知和工作环境潜在危险的识别。对于员工家属进行安全科普和安全文化知识教育。通过教育的手段和形式,培养和塑造保证自身安全和适应企业发展的高素质的员工。根据有关资料统计,在煤矿事故中因"三违"造成的事故,占所有事故的80%以上,而80%"三违"又是由于缺乏安全培训,职工安全意识淡薄引起的。① 企业出于降低成本的考虑,对职工不培训或者有名无实、应付式的培训,实质上都是对于职工依法享有培训权力的一种剥夺。

企业的安全生产教育培训的效果不明显。安全生产教育培训光有理论,安全教育培训模式老一套,脱离实际。纯粹的课堂理论灌输式教育,这不利于职工的知识和技能的形成,学习能力不能得到有效开发,从而影响学习效果,安全培训工作的作用也就不明显。不利于对安全知识的记忆和强化,这容易造成理论教学与实习教学的脱节、理论课之间及理论课与实习课之间知识的重复,实际操作技能与岗位需求水平不相符。对于企业的安全生产培训教育工作资金投入量少,没有完善的制度保障,更没有必要的评价机制,安全教育培训有点走过场的成分。当今社会,随着生产力和科学技术的发展,煤矿企业采用大量的新设备、新技术、新材料。安全生产教育培训的教材与内容没有与时更新,企业的一些新工种和新设备没有涉及到。安全生产教育培训缺少深度,仅仅停留在对生产事故的叙述或简单的说明原因,对于事故的产生原因和解决办法应该是重点,这样才能减少类似事故的发生率,促进安全生产有效进行。

安全培训包括"培训——考核——使用——待遇"一整套运行机制。有些企业为了完善安全培训激励机制,没有严格的管理和考核制度,也就意味着缺乏严明的奖惩制度。煤矿企业,尤其是地方煤矿和乡镇煤矿,大都是劳动密集型企业,同时煤矿行业又是高危行业,矿工不仅仅有力气工作就行,安全培训工作必不可少。煤矿行业的工种具有既多,又零散的特点,职工的上班规律和工作环境不完全相同,对企业职工要么不培训,要么不完全培训,使得培训不具有针对性和实用性。随着经济的发展和城镇化进程的加快,大量农民工进城打工,成为廉价劳动力,他们综合素质比较低,缺乏安全生产工作的基本知识、工作经验以及技能,对于事故也没有保护自己的应急办法,对安全管理上的失误更无辨别能力。职工总体的安全素质不高,也给控制人为事故的发生带来了一定的难度。

---

① 杨荣生.当前安全形势下的煤矿安全培训[J].能源与环境,2005(03):86-87.

五、传统惯性模式的影响

传统安全生产监督模式以政府和有关监管部分为主导,具体包括三个方面:第一,县级以上人民政府对安全生产实施的监督管理。县级以上地方各级政府组织本行政区域内的部门对生产单位的安全事故进行严格检查,对于发现的事故隐患,及时处理。第二,负有安全生产监督管理职责的部门对安全生产实施的监督管理。审批和验收安全生产的事项,并按照法定条件和程序进行及时的监督检查。第三,监察机关对于安全生产工作实施的监督管理。按照行政监察法的规定,对有监督管理职责的部门及其工作人员的监督检查工作进行监察。仅靠政府及其有关部门是不够的,不能从根本上保障生产经营单位的安全生产。国家安全生产监督管理总局的主要职责是综合监督管理全国安全生产工作。国家安全生产监督管理总局的监管职责和范围包括以下几个方面:第一,制定有关安全生产的发展计划,对地方监管部门实行业务指导。第二,负责统计安全生产伤亡事故,并发布真实的安全生产信息,分析行政执法工作,从而对全国安全生产形势进行研究并预测。第三,对于重特大事故组织调查处理,并检查监督处理结果是否落实。对于安全事故的应急救援工作进行组织、指挥,协调各部门有效开展救援。总之,国家安全生产监督管理总局对于其他相关部门的安全生产监督工作进行指导、协调和监督管理,依照属地和分级的原则,依法行使其综合监督管理权。县级以上地方各级人民政府组织进行的安全生产检查,其有关部门在各自职责范围内进行的县级以上的各级政府对煤矿安全生产工作的检查不属于常规性的监督检查,是一种非日常性的检查。由于县级以上地方政府抓地方上的全面工作,涉及面较广,任务繁多,不可能所有的日常性安全检查都有政府负责组织,这也不利于其他相关部门职能的发挥。

传统的安全生产监督模式有其存在的弊端,容易造成信息不对称,企业为了应付监督,会让检查人员看到与平时不一样的情况,监管人员没有看到最真实的状况,也就导致监督不到位,达不到监督的效果。虽然监督检查也有以抽查的方式进行,企业为了获取信息,或者为了其生产经营能够进行下去,可能会对监管人员进行寻租,寻租又增加了成本,企业把这部分成本转嫁到生产上,一些监管人员以各种方式在煤矿入股,监管的质量和效果大打折扣,甚至违背了监管的初衷,为腐败的滋生提供平台。若采取媒体监督、群众监督、全民监督,那么面对广泛的监督主体,企业就不能也不可能进行寻租。而且发动社会群体的力量进行监督,了解的情况也更真实,更全面,更广泛。同时,多方参与监督,各种力量相互制约与平衡,对于监督主体而言,彼此还能形成一种监督,在文化理念的传播下,通过制度的规范与保证,形成全民关注安全,全民监督安全,最终全民享受安全的安全文化氛围。中国的公民社会目前还是政府主导型的,缺乏反馈的渠道和制约的手段,群众监督和舆论监督还只是浮于表面,虽然有参政、议政、监督权,但是没有渗透到安全监管体制的核心,南非的煤矿安全监管体制明晰,矿难事故相比我国而言就少多了。我国是当地安全监察员或国家安监机构委派的监察员调查事故发生的原因,我国现在的安全生产主要靠安监部门的从上对下的监督,这种单一的监督形式使得安全监管机制和权力制约体制难以发挥应有的作用。媒体和群众对权力部门的行政职能的行使没有顺畅的监督渠道和可行的监督途径,阻碍了我国民主化进程和政治文明的发展,公民社会的建立与完善也更加困难。

第四节　安全文化建设途径

在安全文化的理念下针对煤矿安全监管中存在的问题,煤矿监管职能的部门和人员必须本着"以人为本"的思想,尽快采取积极有效的措施,把寻求经济的发展与重视人的价值统一起来,走出安全监管困境,顺利推进煤矿安全生产,促进社会稳定、有效、长远的发展。

一、强化安全文化建设领导责任

在安全管理中倡导安全文化是以人为本现代管理理念的体现,安全文化对安全管理发挥着促进指导作用,使得安全管理朝着更高层次的方向发展,同时也是安全管理的升华。如何利用文化对安全行为的影响和渗透,树立正确的安全观,这就涉及到煤矿企业的安全管理。促使职工对于安全的需要转化到安全工作目标和工作行为上,以尊重人的价值为根本出发点,为安全生产工作提供精神动力。其中,领导重视非常重要,领导不重视什么事都落实不了。领导的重视又通过安全生产责任的履行体现出来,建立各级领导干部的安全生产责任制,实行政府行政首长负责制和企业法定代表人负责制,主要领导对所在领域或部门的安全工作负主要责任,副职领导在其职责的基础上各负其责。在党政领导干部中要形成"谁主管、谁负责",齐抓共管的良好局面。

2010 年,国家安全生产监管总局为了加强对煤矿安全的监督检查,规定了领导包括煤矿主要负责人、副总工程师及领导班子成员带班下井制度。领导带班下井制度的实施一方面更有效的保障安全生产,另一方面还是转变领导监管思想的有效方法和实际行动。这也是在安全文化理念下,国家安全生产监管总局加强对煤矿监管的思维转变和制度创新,也是落实安全文化的具体体现。无论是政府还是企业,思想上对安全重视了,再转化为具体的实施方案和实际行动,就一定能够搞好安全生产工作,营造安全文化氛围,扭转安全生产形势。领导亲自到达生产一线、生产现场,才能全面、真实的了解安全生产状况,发现问题以便及时采取措施,防患于未然。领导亲临现场对于职工也起到一种激励的作用,打破原本领导坐办公室,偶尔检查,职工在一线,努力干活的局面,缩小了领导与职工之间由于级别差异所产生的无形距离。

对于煤矿企业而言,煤矿安全生产中的安全检查的目的在于及时发现隐患,安全死角,最终为安全生产服务。企业要根据国家和政府部门出台的新规定和新要求,及时补充、修改和完善企业责任制度。领导在安全管理过程中,要把这种责任意识转化到安全工作的每一个细节,深入现场、深入基层;善于发现问题,解决问题;一丝不苟,求真务实。把安全管理的各个方面外化于行,内化于心,让安全执行力形成一种动力,一种习惯。由负责安全监督的部门牵头组织,联合其他生产部门和辅助单位,开展拉网式安全检查。对于安全生产的现场情况,管理人员要及时掌握动态,并把隐患问题记录下来,在会议场合组织管理人员和职工对隐患问题、事故原因进行讨论、自我检查,以及找到思想上的根源。增强管理人员和职工的责任感、在以后的工作中按章指挥、按章作业。并由专门部门对检查的情况进行汇总、建档、通报,对存在的隐患问题,要求限期整改,并监督整改要求是否落实。对出现问题的部门及管理人员,要追究责任。通过开展对安全隐患的大排查活动,查看是否在工作中真正落实"安全第一"的思想与"先安全再生产"的原则。在煤矿安全生产工作中,要高度重视安全,不放过一个细节,做到高标准、不马虎,严要求、不应付。管理人员要重点排查生产现场的管理隐患,对于发现的问题要及时解决,保证制度措施真正落实到具体的工作中,对存在问题的原因要深入分析,尽量做到类似情况的不再发生。总之,在安全生产中养成良好的习惯,时时有安全的意识,事事有安全的行为。

二、加强安全文化绩效考核

完善促进安全文化发展的安全绩效考核制度,才能保证安全文化建设的制度化、常规化和规范化,发挥安全文化建设应有的作用。从政府监管的角度,健全对于煤矿监管主体的绩效考核评价制度。从企业管理的角度,采用平衡计分卡的方法进行安全文化绩效考核。

只有改变以 GDP 为主要衡量标准的绩效考核办法,才能从根本上转变为了追求眼前利益而不顾资源环境为代价的发展模式,改变片面追求经济增长速度而不顾经济发展的效益和质量的扩张冲动的局面。以 GDP 考核地区的发展状况和官员的政绩,其可测性和直观性决定这种方式具有一定的合理性。但这种考核模式的弊端逐渐凸显,并且日益严重,以牺牲资源和环境的经济发展模式是野蛮式的,不可取的。对于自己而言,是对子孙后代的不负责,对于社会而言,是对人民的不负责,对于国家而言,是对改革成果的不负责。当然,对于那些自然地理条件恶劣,地区偏远,发展经济相对难度较大的地区,过度依赖煤矿发展,除了当前我国以 GDP 为主的绩效考核制度外,还存在其现实困难性与必然选择性。这些地区可转变发展观念,发展和落实安全文化,坚持科学发展观,在国家的大力扶持下,利用一切可利用的资源,逐步走出"单一经济"困局,从源头上控制对依靠煤矿发展经济的过度依赖。此外,无论对于地方政府还是官员,打破以 GDP 为主要衡量标准的绩效考核办法,对每个地区的事故发生率、伤亡人数、财产损失、安全周期纳入绩效考核标准。在经济发展的同时,还应该看到经济发展背后所付出的代价和成本,这也是科学发展观和安全文化所倡导的以人为本的理念。把煤矿安全事故与地方官员的晋升挂钩,以法律条文的形式规定什么级别的事故相对应不得晋升或者延缓晋升。没有政绩可能不会晋升,但是出了事故就会降职,地方官员在这种情况下,权衡利弊,会加大对安全生产的重视程度。在这种考核制度下,官员思想上重视,行动上作为,从而降低事故的发生率,从一定程度上扭转安全生产形势。

针对当前安全文化的评价方法存在的缺陷,采用一种更为科学、合理、有效的安全文化绩效考核方法对煤矿安全文化进行考核。平衡计分卡就是这样一种有效的绩效评价工具,其评价原理为:首先,确立安全文化的评价维度和指标,指标要与企业的安全生产工作有联系,可量化。其次,在保证各种考核指标大致平衡的前提下设置指标的权重,统计平均值,计算标准差。最后,分析计算统计结果。可以从以下四个维度进行考核:安全维度、企业管理的维度、满意维度和学习与发展维度。

安全维度,对于煤矿企业来说,安全是第一位的,安全得不到保障,效益就得不到保障,安全文化的价值也就无法定位。这里的效益既包括经济效益,也包括社会效益。员工的安全理念和安全价值观通过行为的自觉性体现出来,行为的自觉性可以通过事故发生率,伤亡损失率,违规操作率和安全周期这四个指标来衡量和体现。

企业管理的维度,安全需求的满足和安全文化的建设离不开企业的内部管理。把企业安全物态文化的建设和员工的行为选择作为企业管理的两个维度,包括安全理念认同率、安全资金投入量、安全活动参与率、安全制度执行力等衡量指标。

满意维度,满意维度是考量安全文化建设的重要维度,体现了安全文化建设的价值性及必要性。满意维度包括政府满意、企业满意和员工家属满意三个方面。政府的满意体现在尊重人权和人文关怀,企业满意体现在安全的经济利益回报,员工家属满意体现在家庭和谐幸福、社会稳定有序。

学习与发展维度,学习与发展的衡量指标主要有安全培训的资金投入,安全培训的环境与设施、安全培训的时间、安全培训的技术创新成果和员工激励等。学习与发展维度是平衡计分卡其他三个维度的基础,把学习与发展放到一个战略重要性的位置,用正确的技巧和方法激励员工,因为员工才是创造经济价值、安全价值和满足社会需求的关键因素。

三、提高安全文化的制度化建设

不可忽视安全文化对整个体系的指导和规范作用,通过安全思想意识对行为潜移默化的影响过程中,进行有效的指导,实现安全决策和安全操作。从而形成关注健康、热爱生命的安全文化氛围,发挥安全意识对安全生产管理积极的推动作用。

党和政府高度重视安全生产工作,采取了一系列措施来确保安全生产工作的进行,更好的解决安全生产中的实际问题。除了加大宣传外,还把国家和地方政府制定的有关安全生产法规、政策落实到各项工作中,从而进一步引导和督促各级领导特别是基层领导做好安全生产工作的责任感和紧迫感。党和政府对安全生产工作的高度重视既转化为实实在在的工作活动,又同时增强了人民群众对党和政府的信任。近十年来,由国家安全生产监督管理总局和其他相关部门把每年的 6 月份作为全国"安全生产月",并成立了活动组委会,在组委会的组织和部署下,把我国有关安全生产的法律法规、方针政策通过喜闻乐见的方式向社会和企业宣传教育,普及安全知识,同时,也是安全文化建设的一种方式。使"安全第一、生命至上"的理念成为人人具有的意识,使"预防为先、安全为重"的方针被全社会所了解和认知,在一定程度上,对于贯彻落实安全生产的措施也起到了推动的作用。"安全生产月"举办的活动包括事故警示教育、安全研讨交流、应急预案演练等等。

提高企业安全文化活动的效果首先要认真宣传贯彻党和国家关于安全生产的方针政策,它是安全生产工作的经验教训的结晶。这项措施不仅促进安全生产工作的有效进行,也使安全发展成为全社会、全行业的共识,体现政府、企业、职工的共同愿望。企业凝聚力的增强,一方面通过企业的经济效益增长与职工物质生活水平的提高来保证,毕竟,无论是企业还是职工,开展生产和进行工作的最初动机是从经济利益的角度出发的。但是,仅仅由物质和经济利益上的满足还不够,根据马斯洛的需要层次理论,当人的初级需要得到满足后,就会追求更高层次的需要。另一方面对于安全需要、人际交流、情感归属也必不可少。而通过开展形式丰富的安全文化活动可以培养安全责任意识、增强组织凝聚力。企业可以根据自身发展的实际情况和自身需要选择安全文化活动的方式,例如,事故报告会、安全演讲比赛、不伤害自己、不伤害别人、保证自己不被别人伤害的"三不伤害"活动、亲情寄语等等。

在组织安全文化活动的过程中,可以采取定期举行和不定期举行的方式。定期的活动形式有安全科技月、安全教育月、安全检查月等等。不定期的活动形式有安全演讲比赛,领导现身说教,事故案例教学,模拟培训启发等等。无论是定期的安全文化活动还是不定期的安全文化活动,目的是一致的。都是为了调动工作人员主动参与,积极互动,交流经验,并把有关安全生产的理论知识和规章制度等内容,把枯燥的文字换成具体活动,结合自身的工作和各项安全要求进行对比,以这样的方式让大家学习知识,增强记忆,学以致用。对于宣传教育的时间选择上也要有周详的考虑,不是每个时间点,宣传教育的效果都相同。重大政策出台的时候,安全检查发现问题的时候,生产任务下达的时候,作业现场发生险情的时候,发生工伤事故的时候,员工碰到重大困难的时候,新工人上岗的时候,员工放假回来上班的时候,员工调岗的时候,下岗员工重新上岗的时候,逢年过节的时候,时令季节变换的时候,进行工作总结评比的时候,运用新原料、新设备、新工艺、新技术、新产品的时候等。在这些时机进行宣传教育,将会收到事半功倍的效果。

同时,调动政府、企业、部门各方积极参与安全生产,实现安全文化宣传机构上下沟通,文化活动宣传联动教育体系,继续推进安全生产。通过发挥安全文化活动的机制建设,发挥安全文化活动的作用,使得安全文化活动向社会化进程迈进。提高安全文化建设影响力,实行任务共担、资源共享,加强与妇联、工会、共青团等群众团体的协调。区长、班组长在企业基层的安全文化建设中,要发挥模范先锋带头作用,加强专题业务培训,具备生产技术硬本领,使得职工在生产工作中不违规操作,同时,提高处理突发事故的能力。利用信息技术的发展成果,拓宽安全文化建设的平台,打造建设安全文化、促进安全生产的网络阵地。依托政府部门和行业性专业网站,利用手机、互联网等信息传播载体,引导网络舆论,宣传安全生产的政策、方针,展示安全文化建设成果,交流安全工作经验。

四、健全安全文化教育培训体系

煤矿企业之所以要进行安全教育培训,是因为其对安全生产意义重大。毫不夸张的说,煤矿企业的安全生产形势、煤矿企业职工的安全素质以及煤矿企业的健康持续发展与煤矿安全培训工作的效果好坏和质量高低紧密联系在一起。安全培训的必要性是由煤炭行业的高危险性决定的,无论是煤矿企业的生产安全还是煤矿职工的生命安全都与之密切相关。安全文化理念下实施安全教育培训,是建立煤矿企业安全生产长效机制的前提与保证。安全教育培训在理念上体现了"以人为本",在行为上保障了员工的人身安全。煤矿行业属于高危行业,健全、完善的煤矿安全教育培训体系可以强化职工安全意识,提高职工安全素质,减少事故发生率,保障煤炭行业的持续、稳定发展。加强安全培训工作,是落实党的十八大精神,实施安全发展战略,深入贯彻科学发展观的必然要求。是提升安全监管监察效能,强化安全生产基础设施的重要途径。煤矿安全文化建设的重要任务是实现"要我安全"到"我要安全"的观念转变。

首先,建立健全煤矿教育培训体系,发挥好安全培训的宣传教育作用,使安全生产意识深入人心,培养人的安全心态,规范人的安全行为。拓宽宣传教育方式,安全知识竞赛,演讲比赛,板报、报刊等方式,将安全常识、安全操作规程、防灾避灾知识普及到员工之中,建立起整体性的全员的安全氛围和环境。通过培训,使职工了解国家有关安全生产的法律法规和规章;掌握本岗位的操作流程、操作技能;了解入井安全基本知识和安全设施及常见事故的防范;提高安全意识,自救、互救等基本方法,做好自主保安。

其次,安全培训采用分组的方式进行,不同小组的成员接受的培训内容和侧重点不同,实施分层施教。对于管理人员而言,应主要培养安全管理的思维和理念;对于技术人员而言,应主要学习业务流程和操作技能;对于一般职工而言,应主要掌握安全常识和操作规范。总之,各掌其能、各司其职、各尽其责。在培训过程中,可以采用一体化教学的方式,即打破传统的教学模式和教学体系,既包括理论教学,又包括实践教学。

再次,在教学过程中,积极推进现代化教学手段,采用多媒体教学,使抽象的问题形象化,从而提高教学的质量。在实践中消化理论,如观察演示、按步骤模仿等,让学员在实际操作过程中发现问题,独立分析问题,然后与同事、老师互动交流,请老师和同事给予提示、指导,从而提高效率、强化认识、深化记忆。增强了直观性,既能在宽松、和谐的环境下学习,又能较快地学习到知识和技能,使教学收到事半功倍的良好效果。创新安全教育培训的方式方法,培训的对象不同、内容不同、所采用的培训形式和方法也应该不同。例如,理论讲解完后,让大家互相讨论,并结合实际交换心得和看法;仿真情境模拟,查找隐患原因,在实践训练中领会和消化安全知识;还有现场观摩评析、案例分析讲解等等。总之,最大限度的发挥施教者和被教育者的积极性以提高对安全的认识,这才是培训的目的。

五、创造安全文化的社会氛围

监察执法与社会监督相结合是安全生产监察应遵循的原则之一。安全生产是一项系统工程,内容繁多,十分复杂。既包括物质条件方面的因素,又包括人的因素和管理方面的因素。要真正建立起有效的安全监督机制,仅靠政府和相关监管部门还不够,还要充分鼓励和调动社会各方的力量,走专门机关与群众相结合的道路,充分调动他们的积极性,对安全生产工作进行监督,群防群治,齐抓共管,从根本上保障企业的安全生产。因此,监督体系就包括政府及有关部门的监督和社会力量的监督。社会力量的监督又包括三个方面:社会公众的监督、基层群众性自治组织的监督和新闻媒体的监督。社会公众的监督,就是公众有权利向负有安全生产监督管理职责的部门报告或举报,任何单位或者个人对事故隐患或者安全生产违法行为。基层群众性自治组织的监督,主要指村民委员会、居民委员会等基层群众性自治组织向当地政府或者有关部门报告或者举报所在区域的生产经营单位存在事故隐瞒或安全生产违法行为。新闻媒体的监督,既包括利用报纸、新闻媒体的监督,又包括利用网络、报纸、电视等信息传播载体将有违安全生产法律法规的企业公之于众,制造舆论方面的压力,迫使其朝着安全生产的方向改进。

改革开放以来,舆论监督在反腐倡廉、聚集民情、反映民意、引导社会公平和正义等方面发挥着越来越重要的作用。根据党的"十八大"报告精神,权力运行机制离不开舆论监督,要进一步完善信息公开、事故报道、救援公布、新闻发布会和新闻发言人的机制,从决策到执行对权力的监督。权力民赋,受民监督,才能建立合理、科学、严密、有效的权力运行机制,才能真正地为民谋福利。广大新闻工作者及研究者认为,舆论监督体现政治文明,体现执政党的信心和力量。[①] 在坚持正确引导、有序开放、公开透明、舆情分析的原则下引导社会舆论。政府要出台相关政策鼓励媒体和群众举报瞒报事故的线索,并组织力量、及时仔细的核查举报情况,情况属实的,从严处理。与此同时,各级政府和部门除了积极配合与支持媒体与群众外,还应该采取措施保障媒体人员在履行监督权时的人身安全,以防被举报者打击报复。

煤矿安全群众监督员是加强煤矿企业安全生产群众监督,强化作业场所安全管理,及时发现和消除各类事故隐患,有效防范安全事故的一支重要力量。可以说班组在国家安全管理体系中具有基础地位,班组群监员作为兵头尾将,在安全管理和安全监督中具有举足轻重的位置。班组群监员最熟悉生产一线的流程,最熟悉职工群众的喜怒哀乐,工作在生产经营一线,在安全管理上最能讲实话、真话,在安全监督上最有针对性,最有发言权。班组群监员作用发挥好了,安全管理、安全监督就夯实了基层工作,安全生产就有了坚实的基础。各级政府和企业管理者是政策的制定者和执行者,在国家安全管理体系和安全生产格局中,群众监督占有重要的不可替代的位置。从国家安全管理体系看,群众监督是四位一体中的重要力量和重要一环。从安全生产格局看,群众监督是重要方面并处于基础地位。班组是企业的细胞,是企业最基层的生产管理组织,班组群监员身兼双岗,既是企业班组安全质量的把关人,又是工会班组安全监督哨兵。

① 王永亮.舆论监督:政治文明的推进器——从"定南收报事件"引起的思索[J].新闻界,2003(2):29.

第六章　煤矿安全治理监督

为了保障煤矿生产安全,保护煤矿职工人身安全和身体健康,国家根据安全生产的需要在煤矿生产领域建立了煤炭法、煤炭安全监察条例等若干相关煤矿安全生产的公共政策。由于诸多的历史矛盾和现实冲突,虽然在煤炭安全生产领域的"国家监察、地方监管、企业负责"大的安全生产格局下,安全生产形势仍然不得不接受机制缺失和政策不力的挑战。煤矿安全生产监督政策是为了能够严格的规范有关煤矿安全生产条件,使得煤矿资源能够合理有效地开发利用,并能够很好的保护煤炭资源,进而对煤矿安全的监管方面进一步加强管理,使煤矿生产事故减少和进而消失,这不仅仅是为了煤矿工人的安全,更是为了保证广大人民群众的生命安全和财产安全,能够更加有效地促进经济社会的发展。

第一节　煤矿安全监督的提出

政策是国家政权机关、政党组织和其他社会政治集团为了实现自己所代表的阶级、阶层的利益与意志,以权威形式标准化地规定在一定的历史时期内,应该达到的奋斗目标、遵循的行动原则、完成的明确任务、实行的工作方式、采取的一般步骤和具体措施。《现代汉语词典》中这样解释,"所谓政策,是指国家或政党为实现一定历史时期的路线而制定的行为准则"。西方行政学的创始人、美国著名政治学家和行政学家伍德罗·威尔逊认为"政策是具有立法权的政治家制定出来的由公共行政人员所执行的法律和法规。"[①]决策论研究者詹姆斯·安德森认为"政策是一个有目的的活动过程,而这些活动是由一个或一批行为者,为处理某一问题或有关事务而采取的政策是由政府机关或政府官员制定的政策。"[②]《事故共和国:残疾的工人、贫穷的寡妇与美国法的重构》一书作者、美国学者维特教授曾说:"防止铁路事故的最好方法就是将公司董事捆绑在每辆

---

① 陈潭. 公共政策学[M]. 湖南:湖南师范大学出版社,2003:(4).
② 詹姆斯·安德森. 公共决策[M]. 北京:华夏出版社,1990:4-5.

火车的车头处。"也就是说,要有效地降低现代工业体系的风险事故,关键在于让最有能力预防事故的主体承担起事故的成本。"带班下井"政策的实质,就是要让领导与矿工同生共死,让他们成为利益共同体,让最有能力预防事故的主体承担起事故的成本。

一、煤矿安全监督的现实意义

煤矿安全问题的解决是一项长期而复杂的工程,不能仅仅归结为某一个层面的原因,事故的发生往往是由于多方面的影响造成的。领导带班下井政策作为一项煤矿安全生产的监督性公共政策,对于我国目前的煤矿安全生产管理来说是有效的措施。用马克思主义的世界观和方法论来观察、认识、解决煤矿安全生产过程中的情况与问题,那就要尊重安全生产规律,规律是事物间内在的本质的必然联系,它决定着事物发展的必然趋势。规律的客观存在性决定了它是不以人的意志为转移的,一切违背自然规律而进行的违章操作都将受到大自然的惩罚。人们必须通过实践认识规律,把握规律,遵循规律,按照煤矿开采的规律进行科学规范生产。

近年来的数起煤矿安全生产事故教训表明,一般情况下,事故都是由于违章作业、违章指挥、违反劳动纪律造成的。其本质就是不遵守法律法规和制度,违反客观规律必将受到规律惩罚的一种主观行为。三违的思想原因,从领导的层面上看,主要是生产轻安全,抢进度、赶任务、争业绩,没有做到"敬畏生命、敬畏规律、敬畏法律、敬畏监督"。如果矿领导当时在井下,他们就不可能允许有违规操作的情况发生,一方面是由于他们所具备的知识经验,使他们对煤矿安全生产的客观规律了解的更为透彻,可以对现场进行很好的指导。另一方面,为了自己的安全着想,也要严格杜绝违规现象的发生。因此,领导干部带班下井,可以较大程度上促进煤矿科学规范生产,减少矿难的发生。

实践是检验真理的唯一标准,山西省也通过实践证明了,是否有矿领导带班下井,安全生产效果有天壤之别。长治市的煤矿数量、产量占到全省十分之一,从 2000 开始执行带班下井制度以来,基本没有矿难发生,这要归功于山西省政协原副主席吕日周在担任长治市委书记时,制定的"县委书记、县长必须下井"制度。正如原国家煤监局局长赵铁锤所说,大量的事实和实践经验表明,相当一部分事故在有领导带班下井的情况下是完全可以避免的。这是因为,在煤矿发现严重险情时,带班领导在采取立即停产、排除隐患、组织撤人等紧急处置措施方面发挥着不可替代的重要作用。领导带班下井的实质,就是要让领导与矿工同生共死,让他们成为利益共同体,让最有能力预防事故的主体承担起事故的成本。带班下井政策出台后,在社会上引起了很大的反响,众说纷纭。甚至有的报道称这是一项"赔死"政策,"带班下井制度"是让"矿领导陪死"吗？这是个伪命题。倘若领导下井能令矿难不再发生,倘若矿难发生的时候领导没有下井,这都不是领导陪死。"矿领导陪死"唯一的情形是,当矿难发生时,带班领导的确在井下。换个角度,带班下井其实是陪活。按照规定,能够带班下井的领导范围,是具有一定的工作经验和能力的群体,井下情况复杂,但他们深入到井下一方面可以掌握工人劳动情况进行现场管理,另一方面,当遇到紧急情况时,他们能够当机立断,避免决策延误或失误而引起不必要的事故。

在调研过程中,有的一线工作人员也表示,执行带班下井非常重要,因为领导不下到井下,就很难体会到井下的危险与艰苦,对井下的隐患也不重视;他们下井后,就会对井下有一个直观的认识,了解一线井的工人的作业辛苦程度、危险程度,增强他们的责任心、同情心,促进他们更好地改善生产环境、提高安全防护能力,确保一线工人的生命安全、身体健康。

还有一位具有多年井下工作经验的人员表示,生命和安全是自己的,即使没有领导在井下,我们也会尽量注意安全生产,但有了领导来到现场进行安全督促,我们的安全意识更强了。而且和领导离着近了,工作上有什么想法和建议,沟通起来就方便多了。

也有矿工表示,强制推行"煤矿领导带班下井制度",其根本目的就是为了保障安全生产。这可算是一记"绝招",绝就绝在捍卫生命是人的本能,只有让矿领导亲自"下井"体验,把他们的生命与矿工的生命紧紧的拴在一起,才能促使他们真的重视安全生产。

二、煤矿安全监督的有利经验

早在 2005 年 10 月,国务院办公厅转发了发展改革委、安全监管总局关于煤矿负责人和生产经营管理人员下井带班的指导意见(国办发[2005]53 号),2006 年、2007 年总局、煤监局等七部委先后出台了国有重点煤矿和小煤矿两个《指导意见》,这些文件都对煤矿领导带班下井提出了要求。这些文件的出台,对推进煤矿领导带班下井,强化煤矿现场安全管理起到了很大的促进作用。但是,由于这些文件都是以《指导意见》的形式下发,不少企业在实际执行过程中刚性度不强,存在一些突出的问题,主要是:国有重点煤矿基本上都对煤矿领导下井(包括下井次数、职责等)有明确的规定,也基本做到了"工人三班倒,班班有领导"，但距离"同时下井，同时升井"的要求还有差距；一些小煤矿也制定了领导带班下井制度并认真执行，但还有相当数量的小煤矿执行的不够好；更有甚者，有些煤矿以包代管，层层转包，只有小包工头下井，根本谈不上煤矿领导带班下井，现场管理极为混乱，事故多发频发。

其实，煤矿领导带班下井政策并非一项新规。原国家安全生产监督管理总局副局长、国家煤矿安全监察局局长赵铁锤回忆自己当矿长时的情景，对带班下井记忆尤为深刻："那时候，领导带班下井，一星期下几次，一个月下几次，大家都知道"。"可别小看这个领导干部带班下井制度"；这矿长要是在井下蹲着，队长就会老老实实不能升井，肯定不敢动；队长没走，班组长肯定不能动；班组长不敢动，职工就会坚守岗位。"

在实现多年安全生产的湖南南阳煤业公司，于 20 纪 90 年代中期，时属白沙矿务局的南阳煤矿为了保障井下安全和提升产能，就制定并实施了区队干部、班组长带班下井，矿领导每月下井不少于 3 天的制度。从 2004 年开始，南阳公司更加严格执行了领导干部和管理人员下井带班制度，要求每小班至少有 1 名矿领导带班下井，特殊时期实行双领导带班，区队干部和班组长则必须现场带班，并做到与工人同时下井同时升井，每班必须在井下待足 8 小时。矿领导带班下井对于贵州盘江煤电集团老屋基矿来说是件平常事，从 1997 年开始，该矿就坚持执行矿领导带班下井制度，不仅换来了良好的安全效益和经济效益，更拉近了干部和职工的心，助推企业持续向好发展。2007 年至今，该矿未发生一起重伤以上安全事故。

2010 年国务院出台 23 号文件《关于进一步加强企业安全生产工作的通知》（以下简称《通知》），明确要求强化生产过程管理的领导责任。相关行政人员可以针对企业的主要负责人和领导班子成员，为其制定相应的工作表，轮流地去进行带班，而煤矿、非煤矿山的矿领导更要以身作则，不仅带班还要与工人同时下井、升井，指导工作。并对无企业负责人带班下井或该带班而未带班的，对发生事故而没有领导现场带班的，对企业主要负责人和有关带班领导依法追究责任做了明确规定。为了严肃认真，不折不扣地执行好有关煤矿领导带班下井的要求，总局、煤监局研究制定了具体的《煤矿领导带班下井以及安全监督检查的规定》（以下简称《规定》），这是细化《通知》的配套性的制度性的规定。

《规定》共 5 章 26 条，包括总则、带班下井、监督检查、法律责任和附则等内容。《规定》对煤矿企业，县级以上地方人民政府煤炭行业管理部门、煤矿安全监管部门、煤矿安全监察机构职责界定更加明确。煤矿、施工单位（以下统称煤矿)是落实领导带班下井制度的责任主体。煤矿的主要负责人对落实领导带班下井制度全面负责。煤矿集团公司应当加强对所属煤矿领导带班下井的情况实施监督检查。煤炭行业管理部门是落实煤矿领导带班下井制度的主管部门,负责督促煤矿抓好有关制度的建设和落实。煤矿安全监管部门负责对煤矿领导带班下井进行日常性的监督检查,对违反规定的行为依法做出现场处理或者实施行政处罚。煤矿安全监察机构负责对煤矿领导带班下井实施国家监察,对违反规定的行为依法做出现场处理或者实施行政处罚。

监督更加有力。对煤矿领导带班下井实行群众监督、舆论监督、企业监督、部门监督和社会监督。对监督检查方式、监督检查次数、监督检查内容、中央企业所属煤矿的监督检查都提出了明确要求,针对性和可操作性很强。任何单位和个人均有权举报和报告煤矿领导未按照规定带班下井或者弄虚作假的行为。煤矿带班下井领导姓名要在井口明显位置公示。煤矿领导月度带班下井完成情况,要在煤矿公示栏公示,接受群众监督。煤矿没有领导带班下井的,煤矿从业人员有权不下井作业。煤矿不得因此降低从业人员工资、福利等待遇或者解除与其订立的劳动合同。煤炭行业管理部门、煤矿安全监管部门、煤矿安全监察机构要建立举报制度,公开举报电话、信箱或者电子邮件地址,受理有关举报。煤矿领导带班下井执行情况要在当地主要媒体向社会公布,接受社会监督。煤炭行业管理部门应当加强对煤矿领导带班下井的日常管理和督促检查。煤矿安全监管部门,每季度至少对所辖区域煤矿领导带班下井执行情况进行一次监督检查。煤矿安全监察机构要制订监察执法计划,每年至少进行两次专项监察或者重点监察。

处罚更加严厉。根据"对无企业负责人带班下井或该带班而未带班的,对有关责任人按擅离职守处理,同时给予规定上限的经济处罚。发生事故而没有领导现场带班的,对企业给予规定上限的经济处罚,并依法从重追究企业主要负责人的责任"的要求,《规定》对以下情形细化了严厉的法律责任:煤矿有十八条列举情形之一的,给予警告,并处 3 万元罚款。对煤矿主要负责人处 1 万元罚款(第十八条)。煤矿领导未按照规定带班下井,或者带班下井档案虚假的,责令改正,并对该煤矿处以 15 万元的罚款,对违反规定的煤矿领导按照擅离职守处理,对煤矿主要负责人处 1 万元的罚款(第十九条)。对发生事故而没有煤矿领导带班下井的煤矿,依法责令停产整顿,暂扣或者吊销煤炭生产许可证和煤矿安全生产许可证,根据事故等级,分别处 20 万元(一般事故),50 万元(较大事故),200 万元(重大事故),500 万元(特别重大事故)的罚款。情节严重的,提请有关人民政府依法予以关闭(第二十条)。对发生事故而没有煤矿领导带班下井的煤矿,对其主要负责人依法暂扣或者吊销其安全资格证和矿长资格证,并分别处以上一年年收入30%(一般事故),40%(较大事故),60%(重大事故),80%(特别重大事故)的罚款(第二十一条)。对重大、特别重大生产安全事故负有主要责任的煤矿,其主要负责人终身不得担任任何煤矿的矿长(第二十一条)。

三、领导带班下井是煤矿安全监督的重要政策

公共政策是实现公共意志、满足社会需要的公共理性和公意选择,是规范、引导社会公众和社群的行动指南或行为准则,是由特定的机构制定并由社会实施的有计划的活动过程。价值是客观事物对人的意义,它标志着人和客观事物之间需要和被需要的关系。公共政策的价值在政策制定中受到广泛注意,并得到人们越来越多的重视。政策行为也属于人的一种选择行为,任何人的选择行为难免受到价值的操控。正如戴维·伊斯顿在1951年出版的《政治系统——政治学情况探讨》一书中对"公共政策"是这样定义的"公共政策是对一个社会进行的权威性价值分配"。任何一项公共政策的出台,都必然包含了政策主体依据特定的伦理标准进行价值选择,公共政策最本质的规定性也就是他的价值取向性。在社会主义和谐社会,公平正义是其核心价值取向。因公共政策具有利益协调的功能,其将成为和谐社会构建的重要工具和手段。

按照马克思主义国家起源理论,国家是阶级矛盾不可调和的产物,是经济上占统治地位的阶级获得了镇压和剥削被压迫阶级的新手段。国家不是从来就有的,只有阶级形成后,当两个对立的阶级的矛盾达到不可调和时才出现了国家。在我国社会主义国家,无产阶级占据统治地位,人们当家作主,因此国家的任何一项政策都是以民为先的。

在我国,任何一项公共政策的制定势必要体现公平正义这一核心价值取向。带班下井政策的核心内容是领导要与工人同时下井升井,体现了国家在制定这项政策时,充分体现了人与人之间的平等性。体现了在煤矿安全生产领域的国家在场。正如访谈中一位矿长所说,集团规定的很严格,第一,要根据企业的相关规定签到上岗,并与前一班的领导进行工作交接;第二,在领导的井下值班期间,要完全掌握安全生产的动态变化,一经发现存在问题或安全隐患,要及时组织相关部门,并亲临现场指挥,保证安全生产;第三,对于上级的有关安全指示或指令,要及时送达,保持其有效性,并认真落实贯彻上级的指示;第四,对

于班内所提出的建议或问题,要指导相关人员及时解决;第五,对于各类突发或重大事件,在事件紧迫的前提下,由带班领导或值班领导负责应急抢险指挥;最后,必须与职工共同进工作现场不允许有脱岗或提前离开的现象,一切按规定严格处理。实行这种制度是转变工作作风的具体体现,通过实行使得一些隐患能够及时得到整改,提高工作效率,在确保安全生产的同时也使得干部和职工之间的距离拉近。调研中,一位中层干部表示,矿领导带班下井,可以明显减少事故的发生;即便是发生了事故,只要指挥有方,处置得当,就可以将人员伤亡损失降到最低限度。也就是说,矿领导带班下井,不是去"陪死",而是与矿工"共生";是为了维护煤矿安全,珍视每一个生命。

第二节 煤矿安全监督政策扭曲

在整个公共政策过程中,公共政策的执行是实现政策目标和解决政策问题的直接有效途径,是非常重要的环节之一。所谓政策的执行,指政策执行者通过建立组织机构,运用各种政策资源,采取解释、宣传、实验、实施、协调与监控等各种行动,将政策观念形态的内容转化为实际效果从而使既定的政策目标得以实现的动态过程[①]。任何一项公共政策如果只是做出了决策而没有真正采取行动加以实施,那么这项公共政策的制定就毫无意义了。正如美国政策学家艾利森所说的:"在实现政策目标的过程中方案确定的功能只占10%,而其余的90%取决于有效的执行"[②]。政策的实施是要把政策规范的内容应用于实践过程中,是一个精心操作的过程。关于政策执行扭曲的表现,宁国良教授总结为六种形式:象征式政策执行、选择式政策执行、观潮式政策执行、替代式政策执行、照搬式政策执行、附加式政策执行[③]。郑州大学霍海燕教授在研究政策执行中的问题与对策时同样指出,政策执行中的问题为:替代执行、象征执行、选择执行、附加执行、机械执行[④]。另外,还有的学者提出政策执行中产生偏差的原因还有暴力执行、强制执行等观点。这主要是由于政策执行主体对政策的理解

---

① 丁煌.政策执行阻滞机制及其防治对策——壹项基于行为和制度的分析[M].北京:人民出版社,2002:25.

② 朱忠泽,唐俊辉.浅论公共政策执行的影响因素[J].湘潭大学学报(哲学社会科学版),2005(S1):56-57.

③ 宁国良.论公共政策执行偏差及其矫正[J].湖南大学学报(社会科学版),2000(3):95-98.

④ 霍海燕.当前我国政策执行中的问题与对策[J].理论探讨,2004年(4):87-90.

和使用不当造成,因而与政策的初衷产生偏差。从调研的结果和国家煤矿安全监察局网站公布数据来看,我国煤矿安全监督政策的整体执行效果是较好的,但是在执行中仍然存在一些问题。

一、煤矿安全监督政策的落实难以保证

按照煤矿安全监督的规定要求,带班下井的煤矿领导,是指煤矿的主要负责人、领导班子成员和副总工程师。建设矿井的领导,是指从事煤矿建设的施工单位的主要负责人、领导班子成员和副总工程师。各煤矿所建立的带班下井制度要明确带班下井人员、每月带班下井的个数、在井下工作时间、带班下井的任务、职责权限、群众监督和考核奖惩等内容。煤矿的主要负责人每月带班下井不得少于 5 个。煤矿领导执行"带班下井规定"的态度见表 6-15 所示,按时到岗与下井开采井统计见图 6-2 所示。

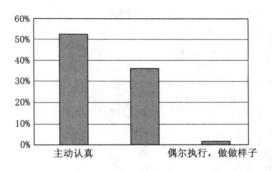

图 6-1　煤矿领导执行"带班下井规定"的态度

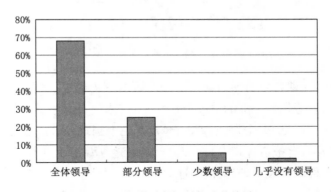

图 6-2　按时到岗与下井升井统计

从图中可以看出,在单位的主要负责人、领导班子成员、副总工程师中,全体领导都能够按照"带班下井规定"的要求按时到岗,与矿工共同下井、升井的占 68%,部分领导能够做到的占 25%,少数领导做到的占 5%,2% 的单位几乎没有领导能做到。在访谈的过程中,有位矿工如是说,领导下井带班,只是安全管理工作中的一环,应该重视,但不应过于追求形式。安全管理的能级原理,是强调安全管理的分级管理,分工负责,将军不能一直站在士兵的岗位上,他该有他的位置,应该在他的位置上发挥作用。

二、煤矿安全监督政策的替代性执行

正所谓上有政策,下有对策,据报道"带班下井规定"公布执行后,广西河池朝阳煤矿为应对此政策,突击提拔了 7 名矿长助理,提高了相应的待遇,并全部脱产盯岗值班。而矿长、副矿长等 5 名主要领导却稳坐在办公室里。按照"规定"的要求,矿长助理并不属于带班领导的序列,该矿这样做,无非是想出个花样,替换执行政策罢了。但领导却颇有托词,任务繁忙,脱不开身亲自下井。"规定"出台后突击提拔矿领导情况见图 6-3 所示。

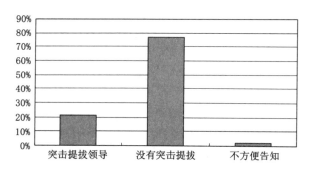

图 6-3 "规定"出台后突击提拔矿领导情况

如图所示,在课题组所做的第一部分调研中,在"规定"出台后,21% 的单位有提拔矿长助理等领导干部的情况,77% 的单位未出现此情况,2% 的的答案是无可奉告。显而易见,突击提拔领导干部,不是个别现象。还存在有制造带班下井假象的情况,有报道称,2011 年 11 月,云南省师宗县私庄煤矿发生矿难,多名目击者和当班矿工表示,当天的私庄煤矿值班领导正在矿上睡觉并未带班下井。事故发生后,他不是去救人,而是匆忙下井,并从煤矿小斜井跑出,伪装从井下逃生的假象。有矿工表示,每个煤矿都有多个工作面和掘进头,一个矿领

导跟班解决不了根本问题,还是要加大投入改善条件、规范管理、规范操作、规范监管才能解决煤矿安全问题。另外,要区别煤老板和煤矿管理人员。

三、煤矿安全监督政策的考核不完善

在我国,由于煤矿众多,专职的安监工作人员队伍小,人员少,而且有的人可能身兼数职,从事的工作量也很大,所以对于带班下井这项政策的实施而言,完全依靠上级监督,是不现实的。在调研中,针对煤矿安全监察机构对这项政策的执行情况所进行的检查,经常监督检查和检查过的占大多数,没检查过的单位也是存在的。可见,政策的执行完全依赖上级检查并不可行。"规定"执行检查情况见图 6-4 所示。

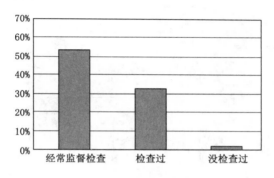

图 6-4 "规定"执行检查情况

"规定"第十三条中要求煤矿领导带班下井执行情况应当在当地主要媒体向社会公布,接受社会监督。在互联网高速发展的时代,为消息的传播提供了良好的平台,那么也就为大众了解舆情、进行社会监督建立了良好的媒介。自带班下井政策出台后,新闻媒体曝光了不少没较好执行该政策的案例。但这种监督也具有局限性,往往是对出现事故或暴露了问题的煤矿给予了报道,在监督上难免存在片面性。

"规定"第十二条指出,煤矿没有领导带班下井的,煤矿从业人员有权拒绝下井作业。煤矿不得因此降低从业人员工资、福利等待遇或者解除与其订立的劳动合同。矿工监督应该成为带班下井政策的监督主力,但据调研的情况来看,矿工监督的作用发挥的并不理想。从两次调研的数据中可以看出,在遇到没有领导带班下井的时候,矿工依然下井的情况不在少数。带班下井政治执行情况见如图 6-5 至图 6-7 所示。

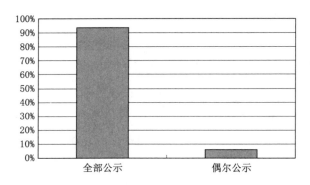

图 6-5 煤矿领导带班下井的公示情况

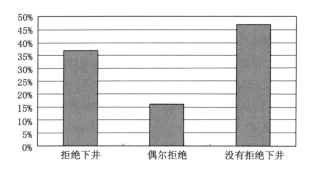

图 6-6 没有领导带班的矿工态度

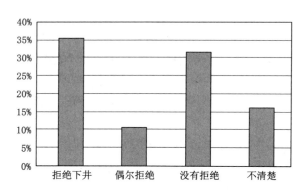

图 6-7 无领导带班下井时矿工下井统计

第三节　煤矿安全监督政策难言之困

缺乏制度理性与全面构架的矿业安全制度安排，犹如哈丁"公地悲剧"，失败是所有各方奔向的目的地。创新与完善煤矿安全监督的制度安排，减少或杜绝公职人员运用公共权力和公共资源谋取私利的行为，是有效控制煤矿安全监督问题的有效选择。但是，煤矿安全生产过程中的自身复杂性和人为因素，在多种因素的影响下形成了煤矿安全监督的难言之困。

一、行业自身的危险性

抵触与恐惧是不愿下井的直接表现。按照美国心理学家亚伯拉罕·马斯洛于 1943 年在《人类激励理论》论文中提出的人的需求从低到高分别为：生理上的需求，安全上的需求，情感和归属的需求，尊重的需求，自我实现的需求。作为人的基本需求之一的安全需求是每个人都需要的。从目前我国的煤矿安全生产状况来看，由于各方面的原因，要达到井下 100％的安全是不可能的，因此，在面临可能的生命危险的时候，人的本能反应是拒绝的。在进行调研的过程中，一位工作多年的矿长是这样描述的：在几十年的工作中，所在的单位基本是执行带班下井制度的，即使是在领导带班下井的监督规定出台之前，带班下井本身就是领导很重要的工作组成，深入井下一方面对一线工作有全面的了解，另一方面对现场管理很有必要。但是虽然这样，无论是领导还是矿工，从意愿来讲是不愿意下井的，这是人的对死的一种恐惧，如果大家都到井下看看，了解下面的工作环境，那么从情感上对这个心态就会理解了。人求生的本能促成了对带班下井的抵触与恐惧，归根到底还是由于我国煤矿生产的危险性导致的。由于矿井自然条件差，加上众多的人为因素，使煤矿在我国成为了高危行业。主要存在的问题从需求的层面来看，我国煤炭需求量仍然不断加大，这无疑将会对安全生产形成较大的压力；从开采条件来看，我国适应露天开采条件的煤矿十分有限，现有的井工矿井逐步向深部、高温、高压、高瓦斯、大倾角、特厚、特薄等条件转移，难度不断加大，灾害治理难度也不断加大；从科技攻关角度看，煤与瓦斯（二氧化碳）突出，冲击地压等重大课题没有得到根本解决；从生产力水平层面看，全国发展极不平衡，一方面世界上最现代化的煤矿在中国，另一方面，最原始、最落后的小煤矿中国也存在，而且落后生产力水平的小煤矿数量占总量的 80％以上；从法制观念层面看，不少煤矿业主法制意识不强，有的地区监管不到位、非法生产的现象屡禁不止;从煤矿瓦斯治理、兼并重组、整合技改、在建矿井等领域看,治理难度很大;从办矿发展趋势来看,跨地区、跨行业办矿企业明显增多,技术、人才、管理经验缺乏的问题突出。

二、利益驱动的侥幸心理

侥幸心理是指忽略了事物本身的性质,无视事物发展的本质规律,对维护事物发展而制定的规则也背道而行,只想按照自己的需要或者好恶来行事就能使事物按着自己的愿望发展,一直到获得自己期望的结果。按照《现代汉语词典》以及心理学中的解释,是指偶然地、意外地获得利益,或者躲过不幸。引申为人们贪求不止,企求非分,意外获得成功或免除灾害的心理活动,如侥幸过关、心存侥幸等。通过心理学的研究证实,侥幸心理反应在人的各种思维活动中,属于人的本能意识,一般情况下,它以潜意识的状态存在,不足以支配人的行为活动,只有当这个人自控能力较差,潜意识的状态孕育膨胀以后,就会影响到人的行为活动。

在众多煤矿生产企业,煤炭的开采量和经济增长量是作为衡量业绩的唯一标准,而且即使不完全按照安全生产标准开采,即使没有领导带班下井,事故也不是总会发生的,面对巨大的经济利益,侥幸心理产生的源动力出现了,致使很多领导认为带不带班,该开采还是要开采的。自身事务又多且繁忙,监管部门也不会随时都下来检查,如果没有领导带班就不进行开采,会影响整个的经济效益,所以,无论如何将开采放到了第一位。在中小煤矿,经济利益更是争相追逐的动力,很多投资者的素质低、法律意识淡薄、决策管理不规范、不民主,对国家的相关法律规定视而不见。很多的县级煤矿矿主参与矿厂的投资完全出于眼前利益考虑,只顾"占地为王"勾结当地腐败官员,从中谋取高额利润。他们安全意识、法律意识淡薄,通常不顾矿工的生死,经常进行违规生产,一点也不重视安全生产的重要性,带班下井对于他们来讲更像走个过场,甚至连过场都不走,形同虚设。

三、安全监督政策执行的复杂性

"国家监察、地方监管、企业负责"是我国煤矿安全生产的工作格局。但是从目前的现状来看,国家监察的力量还是较为薄弱的。《煤矿安全监察条例》中第十三条规定,地区煤矿安全监察机构、煤矿安全监察办事处应当每15日分别向国家煤矿安全监察机构、地区煤矿安全监察机构报告一次煤矿安全监察情况。由于工作任务的繁重，人员的不足，使得一些煤矿安全监察机构的工作人员只选择熟悉的煤矿做一些低水平的重复监察，而对偏远、交通欠发达的地区疏于管理，不闻不问，或者以罚款代替监察，敷衍了事，造成山高皇帝远等难以管控的局面。在地方监管的这一部分，存在着政企不分、职能交叉、多头管理等方面的不足。更为严重的是地方的监管难以摆脱当地政府的制约。在我国煤炭资源丰富的贫困地区，煤矿成为了拉动当地 GDP 的主力军，对于促进经济增长，带动相关产业发展、提供就业等起到了至关重要的作用，因此，为了追求政绩，地方保护主义严重，对煤矿安全监管工作持"睁一只眼闭一只眼"的态度，不仅不重视煤矿安全生产，不增加煤矿安全投入，对应该整改或者关闭的煤矿也是放任自流。更有甚者官煤勾结，吃干股，腐败滋生，使煤矿安全监管工作难上加难。日积月累，这种"雷声大雨点小"式的监管就失去了煤矿安全监察监管的意义。

在西方国家，新闻媒介被认为是除行政、立法、司法三大权力之外的"第四种权力"，这就强调了新闻媒介在西方国家发展中有着重要的舆论监督作用。在我国的学术界也认同新闻媒介在"舆论监督"方面的重要作用。但是大众媒介并不只有"舆论监督"的作用，也在社会这个大舞台上扮演着各种不同的角色，正如莎士比亚曾在《人间喜剧》第二幕第七场中这样生动地描述这种状态："世界是一个舞台，所有的男人女人不过是一些演员，他们都有上场的时候，也有下场的时候，一个人一生扮演着许多角色。"大众媒介有着多重的角色，传播信息、对社会各种事件进行关注、为公众提供切实的指导、对各种新闻的提供等等。但这只是对接受观众的角色进行总结。在特定的社会环境中，在具体的新闻事件中，媒介针对不同的事件主体有着不同的角色要求，对事件中的各方的当事人进行互动，并形成针对不同的当事人有着不同的权利和义务。因此，媒介在对新闻进行报道时会受到不同的角色要求来进行叙述，扮演着多重的角色，从而完成事件报告和建构一个让大众更加了解的现实。煤矿安全生产事故作为突发的公共事件，媒介对其的报道则会毫无置疑的面临着更负责的环境和利益斗争，远远超过普通的政治新闻、经济新闻、社会新闻。当矿难事件发生时，各种不同的利益团体都会为了保全自身的利益，从自身出发展开角逐，而关系就会越来越复杂，而大众媒介有着巨大的影响力，在一定程度上能够决定事件的进程，因此也会不可避免的与各种力量发生各种各样的关系，也会成为关系网络中的重要一员。因为"新闻并不是一种纯净、透明的话语，而是一种再现、建构的话语（representation dis-course）。因而，新闻话语中的事实，甚至对世界的叙述皆是由特定理念、立场所塑造。新闻中所谓的真实事件是一个经'选择'和'塑造'后的结果，是根据不同背景的意识形态所建构出来的"。透过媒体的观点和立场对文本进行分析，在矿难安全事故中扮演的不同角色决定了他不能够完全成为一项政策执行情况的主要监督力量。

身在生产一线的煤矿工人本应该成为带班下井政策执行的监督主力，但在中国从事这个行业的工人，大部分还是因生活所迫才选择的，不像在美国有"矿工世家"的传统。在调研中我们也发现，很多一线的矿工对于是否出台带班下井政策和是否有领导带班下井并不感兴趣，受到文化水平的限制和煤矿关于政策的宣传不到位的影响，很多矿工对《规定》的具体内容并不了解，即使没有领导带班下井，他们仍然要下井工作，因为这涉及到他们自身的经济利益，他们的要求很简单，要生活，要多挣点钱过日子，他们对自身应当享有的权力，如监督的权力等，并没有太多的关心。由此可见，要使煤矿领导带班下井制度很好的执行，对领导提出要求只是一方面，从另一方面来看还要赋予矿工权力，激发矿工的主观能动性。我们设想一下，每到下井的时间，矿工们都在井口等候，等领导来了与领导共同下井，如果领导不来或者不下井，矿工也不下井，那么这项政策就一定能够被很好的执行。当然，这样做要有个前提条件就是赋予矿工拒绝下井的权利，要以保障工人的工资不会受影响为前提，如果工人的待遇受到了影响，连养家糊口都成问题了，哪还有可能去监督领导带不带班下井呢？下井的危险，对于从事这个行业的人来说，人尽皆知，但是为了生存，很多人只能选择从事，因此正是由于相关的制度空白，导致了矿工对带班下井这样的监督政策成为了一纸空谈。

第四节　煤矿安全监督政策的保障

加强政府部门、煤炭企业对煤矿生产的安全投入，清理煤炭安全的历史欠账，对煤矿安全展开综合性治理，要进行煤矿安全预防和生产技术改造、制度建设和文化培养，更重要的是保证煤矿安全监督政策的规划和实施，强调政府在煤矿安全公共管理中的责任，从而遏制和减少矿难的发生。

一、提升安全技术是监督政策顺利实施的硬约束

实行煤矿安全监督政策有助于提高煤炭企业的领导以及员工的安全生产意识，但是仅仅依靠领导带班下井等安全监督政策，并不能杜绝煤矿事故的发

生。分析近年来的矿难,可以看出,煤矿事故频发的煤矿中既有国有大中型煤矿,也有私营小型煤矿,煤矿安全生产技术的落后是其中的一个重要方面。

行业的危险性造成了对带班下井的抵触与恐惧。从我国目前的情况来看,据统计,我国煤矿机械化采煤的比例仅为40%,由此可见,煤炭开采技术和装备的总体水平还不高。虽然国有大中型重点煤矿的煤炭开采装备水平较先进,但是由于大部分煤矿开采时间较长,设备老化的现象较多,程度也比较严重;更不用说小型矿井,存在的问题更多,如装备水平落后、生产技术水平极低、开采工艺落后、井下作业人员密集等状况比比皆是。正是由于技术装备的落后,矿工们的井下作业始终处于安全不保的状态,他们不得不把下井当做挺进鬼门关来看待。就我国的煤矿安全生产现状来说,由于技术、环境等方面的原因,要达到井下100%的安全是不可能的,所以无论是领导还是矿工,从意愿来讲是不愿意下井的。鉴于我国煤矿安全技术落后的现状,我国煤矿安全上存有较大的技术提高空间,提高煤矿安全生产技术是减少煤矿事故的重要途径,煤矿安全生产技术提高也可以降低煤矿的领导和矿工对煤矿安全政策执行的抵触情绪与行为。提高煤矿安全生产技术是煤炭安全管理的相关政策,包括"带班下井"等安全监督政策顺利执行的重要保障。

1. 加大煤矿企业安全生产专项投入

加强对煤矿企业生产安全的费用是否足额提取和有效使用的监督和检查,完善煤矿企业关于安全生产方面所需要的财务管理制度,相关的部门也要在调研分析的结果上,适当提高煤矿企业安全生产费用的提取下限标准。煤矿企业实行全员安全生产风险抵押金制度。以人为本,时刻督促着煤炭企业在关注员工生命财产安全方面的工伤保险制度,积极地推行对于煤矿安全生产方面的当发生事故时的责任保险制度。

2. 加强煤矿企业安全生产技术管理

成立煤矿企业安全生产技术管理机构,强化煤矿企业安全生产技术管理机构的安全职能。煤矿企业要积极引进和培养安全技术人员,因事设岗。对于安全生产技术管理方面,煤矿企业要实行一把手负责制,煤矿企业要赋予安全生产技术主要负责人的安全技术决策和指挥权。完善煤矿企业安全生产技术管理责任追究制度,对于在安全生产技术管理方面,如果是因为技术管理的问题没有解决或者解决的不够彻底,因此而导致巨大安全隐患的,要严格按照相关规定对煤矿的主要领导人或对安全生产技术管理的负责人给予相应的经济和行政处罚;对于发生安全生产事故的,则要依法追究责任。

3. 对先进的适用煤矿安全生产技术装备要强制推行并使用

各级政府和相关行业部门要严格要求煤矿企业按照相关管理规定制定和实施煤矿安全生产技术装备标准,安装煤矿安全生产的基础技术装备,如煤矿井下作业环境和安全生产的监测监控系统、煤矿井下人员定位装置等;安装安全生产事故情况下的相关自救和施救技术装备,如在进行如何进行紧急避险的相关系统、压风自救系统和在井下如何进行通讯的系统等。现代社会信息技术飞速发展,煤矿企业也要与时俱进,积极的推行煤矿安全生产管理方面的信息化系统,提高煤矿的安全技术管理水平,给工作人员提供一个更加安全的环境。各级政府和相关行业部门要对煤矿企业煤矿安全生产技术装备情况进行监督检查,对于未按要求安装相关技术装备的企业,要依法采取暂扣安全生产许可证、生产许可证等形式予以处罚。

4. 强制淘汰落后煤矿生产技术产品

在煤矿企业的生产中,难免会存在不符合安全生产标准、安全性不高、存在巨大安全隐患、会危及矿工生产安全等落后的相关生产技术、设备和工艺要列入煤矿行业安全生产技术调整目录,强制煤矿企业予以淘汰和调整。各级政府要制订所辖区域煤矿行业安全生产技术调整目录,并制定强制淘汰的相关制度和措施。对于有效消除煤矿生产重大安全隐患的技术改造项目,各级政府和行业管理部门要予以大力支持。对于存在安全隐患多和安全生产技术水平低的煤矿有关项目的建设和发展等要给予坚决的遏制。而有些煤矿企业的生产技术设备相对落后,有些则对煤矿安全生产具有重大的安全隐患,对于这些煤矿企业,要及时对社会进行公布,加强监管力度,责令其对存在落后的生产技术装备等等进行整改,而对于未能在规定时间期限内没有进行整改的企业,就要依法予以关闭。

5. 加快煤矿安全生产技术研发

在煤矿企业中,安全技术的研发占有重要地位,在企业的年度财务中必须要有必要的安全技术研发经费,加强对煤矿安全生产技术的研发。要鼓励煤矿企业与高校、科研院所合作开展煤矿安全生产领域的科技研发,推进煤矿安全生产领域的产学研合作,加快煤矿安全生产的关键技术、工艺和装备的升级换代。政府和行业管理部门要加大煤矿安全生产技术研发的投入力度,进一步落实《国家中长期科学和技术发展规划纲要(2006~2020 年)》等文件要求,加大对煤矿行业安全生产技术、装备、工艺和产品研发的投入和支持力度,积极引导煤矿企业提高生产的机械化和自动化水平,合理控制井下工作人员数量。对于能够提升我国煤矿生产领域安全生产保障能力的关键技术和装备项目,政府和行业管理部门要重点组织攻关力量进行研发。

二、重视安全监督政策执行中人为因素

人是政策执行中的决定性因素。能否认真贯彻煤矿领导"带班下井"政策,带班领导能否认真履行安全职责,做好安全指导和监督管理工作,很大程度上依赖于煤矿领导的责任意识和安全意识。"带班下井规定"指出,煤矿没有领导带班下井的,煤矿从业人员有权拒绝下井作业,矿工监督应该成为带班下井政策的监督主力,但据调研的情况来看,矿工监督的作用发挥的并不理想;另外,相关行业和政府部门的安全监管人员能否认真履行职能,对政策的实行进行考核和监督,也是煤矿领导"带班下井"政策能否有效实施的重要方面。

（一）加强安全监督政策执行的责任意识

首先,强化煤矿领导的安全责任教育。要认真贯彻煤矿领导"带班下井"等政策,就必须要对煤矿领导的安全责任进行教育和培训,使煤矿领导加强对煤矿领导"带班下井"政策的背景和目的理解,对煤矿领导带班的制度要求、煤矿领导带班下井时应当履行的职责、档案管理、交接班制度进行教育和培训,对煤矿领导带班下井制度的监督检查的规定、带班领导的法律责任进行教育和培训。通过强化煤矿领导的安全责任教育和培训,提高煤矿领导严格执行带班下井政策的意识,规范煤矿领导带班下井的程序和管理,从而促进煤矿领导"带班下井"政策的有效实施。其次,强化对煤矿领导的安全知识和技能培训。加强对煤矿领导的安全知识和安全技能的培训,并强化对煤矿领导安全方面的严格考核,按国家有关规定持职业资格证书上岗。只有煤矿领导掌握了安全管理的相关知识和技能,才能在煤矿领导带班管理的执行过程中,用专业的安全管理视野发现煤矿生产中的安全隐患和"三违"操作;才能够用专业的安全管理方法预防煤矿事故的发生,处理所发现的安全隐患;才能够对煤矿员工的安全规范作业进行科学指导。再次,严格落实煤矿领导安全目标考核。明确制定煤矿企业年度生产安全事故控制指标,并制定细则,分解煤矿各级领导的安全生产责任,细化煤矿各级领导的安全目标考核标准,特别是明确带班领导的安全生产责任和安全目标考核标准。

根据煤矿企业完成年度生产安全事故控制指标情况,以及煤矿各级领导的安全目标考核标准,在企业内部要建立约束机制,定期对煤矿领导进行相关的考核。特别要加强对有关安全生产基础的相关考核和对带班领导中的安全生

产工作的考核,切实构建煤矿安全生产的长效机制,从源头上遏制重特大煤矿安全事故的发生。

然后,对事故煤矿的企业负责人特别是领导要加大对其的责任追究力度。

建立健全对带班煤矿领导的煤矿安全生产事故责任认定和追究制度。在安全事故中,对于发生安全生产事故的煤矿企业要积极探索其责任分解机制,明确带班煤矿领导所要承担的安全生产责任。对于发生安全责任事故的煤矿企业,除追究发生事故的煤矿企业主要负责人的责任以外,还要认定带班领导需要承担的责任,并严肃追究带班煤矿领导的相关责任;触犯法律的,除了依法追究发生安全生产事故的煤矿企业主要负责人的法律责任外,特别还要依法追究带班领导的法律责任。对于由于带班领导责任心不强、安全生产意识淡薄、玩忽职守的,或者由于带班领导安全生产知识不足、安全管理措施不当所造成的煤矿安全生产责任事故,则要加大对带班领导的惩罚力度。

最后,对于发生安全事故的煤炭企业要加大处罚和整顿力度。

若煤矿企业发生重大或特别重大的安全生产事故,或一段时间内多次发生较大安全生产责任事故的煤矿企业,或者对于检查中发现的存在重大隐患而整改不力的煤矿企业,相关行业主管部门以及相关安全生产监管监察部门要加大对煤矿企业的处罚力度。同时还要加强对相关煤矿企业安全生产管理制度和政策的制定、执行和保障工作进行专项检查和整顿,包括对相关煤炭企业领导"带班下井"政策的执行情况、带班领导的安全责任意识、安全生产知识培训等情况进行专项检查,对发现的问题进行认真整顿,切实保证相关煤矿企业的安全生产管理制度和政策的有效落实,并对其他煤矿企业起到警戒作用。

(二)强化煤矿领导带班下井政策的矿工参与意识

煤矿领导带班下井政策能否有效实施,还依赖于矿工的群众监督,矿工监督应该成为带班下井政策的监督主力。《规定》明确指出,井下没有煤矿领导带班下井的,煤矿矿工有权拒绝下井作业。但据调研的情况来看,我国煤矿企业中矿工监督的作用发挥的并不理想,究其原因主要有:由于宣传和培训不够,矿工煤矿领导"带班下井"对政策不了解;由于矿工的收入与劳动量挂钩,在没有领导带班下井的情况下,矿工仍然必须下井工作,以保证收入来源;煤矿企业公示领导带班下井情况的方式和方法单一,往往通过板报或数字化屏幕进行公示和说明,矿工对信息的掌握不全面。

1. 加强对矿工的政策宣传和培训

通过各种渠道向矿工宣传煤矿领导带班下井等相关安全生产政策,并利用班前会、集中培训相结合的方法，使矿工了解煤矿领导"带班下井"政策的背景和目的；详细了解带班下井的相关制度要求、带班领导在下井应当履行哪些职责、带班的档案如何管理、交接班有哪些要求等；了解对煤矿领导带班下井制度的监督检查的规定、带班领导的法律责任；特别要通过培训，使矿工对于法律和法规赋予自己的对煤矿领导"带班下井"执行情况进行监督的权力、能够采取的措施有清楚的了解。

通过加强对矿工进行的相关政策宣传和培训，可以提高矿工参与监督政策执行的积极性，营造煤矿领导"带班下井"等相关政策受到群众监督的良好氛围。

2. 强化煤矿从业人员安全知识和技能培训

强化煤矿从业人员安全知识和技能培训，不仅可以促进煤矿矿工掌握安全生产的相关知识和技能，从而用专业的安全管理思想发现煤矿生产中的安全隐患，处理所发现的安全隐患，杜绝"三违"操作，预防煤矿事故的发生；而且可以促进矿工从专业视角监督煤矿领导"带班下井"政策的实施，对带班领导的责任心不强、安全生产意识淡薄、玩忽职守，或者安全生产知识不足、安全管理措施不当等行为具有一定得识别能力。

需要对煤矿企业安全生产管理人员、井下工作人员进行安全管理知识和安全技能的培训，所有职工在培训之后经过考核合格之后才能上岗。煤矿企业要依据劳动法的相关规定与从业人员签订劳动合同，对于不经过培训上岗和无证上岗的从业人员要坚定的杜绝此种状况的出现。

平时要通过各种渠道，对煤矿在编从业人员进行经常性的安全知识和安全技能培训和宣传，充分利用板报、文化长廊、电子屏、广播等形式进行安全生产知识和技能方面的宣传工作，充分利用班前会、例会、专门会议等形式定期开展安全生产知识和技能的培训工作，促使安全生产意识深入人心，强化煤矿从业人员对安全生产知识和技能的掌握。

煤矿企业要扩大安全生产和管理方面专业人才的培养，积极与相关高校和培训机构合作，可以通过积极参与校企合作办学、订单式培养、对口单招等形式为煤矿安全生产和管理方面引进人才，相关部门要出台政策去鼓励高校、职业学校对于煤矿安全生产相关的安全、采矿、通风、地质等相关专业的设置，逐年扩大学生规模，加快培养煤矿安全生产方面的专业人才。

3. 保障矿工监督权力的有效实施

现实中，矿工参与监督煤矿领导"带班下井"政策执行情况不理想的一个重要方面是,矿工受雇于煤矿企业,依靠煤矿企业发放的劳动报酬维持自己和家庭的生计,一旦失去这份工作,生活将会更加困难。即使出现井下没有煤矿领导带班下井的,煤矿矿工也不敢拒绝下井作业。归根结底,《规定》中的煤矿矿工监督煤矿领导"带班下井"的权力虽然明确,但是矿工的监督权力没有得到相关部门的保护,矿工监督政策执行情况的群众举报渠道也不畅通,使这条规定形同虚设。

相关行业主管部门以及相关安全生产监管监察部门要出台相关配套的规章制度,明确煤矿矿工在监督煤矿领导"带班下井"等政策执行情况中的权力,并明确对矿工监督权的保障措施,确保行使监督权的矿工的权益不受侵犯;要设立简便的、多渠道的群众举报方式,方便矿工行使监督权,充分发动群众优势,确保"带班下井"等政策的落到实处。

4. 多渠道公开煤矿领导带班下井信息

要多渠道公开煤矿领导带班下井的信息,扩大煤矿领导带班下井信息的公开程度,主动接受煤矿职工的监督。

除了利用板报、电子屏等公示煤矿领导带班下井的信息外,还要通过班前会、定期的相关会议通报煤矿领导带班下井政策执行情况的信息;除了公开煤矿领导带班下井的人员、时间等信息外,还要公开煤矿领导带班下井的路线、具体工作、发现的安全隐患、井下作业人员安全生产情况、相关情况的处理意见等具体的详细的信息,方便矿工监督。

（三）完善政府和行业监管部门和人员的考核和监督

煤矿领导"带班下井"等相关政策能否有效实施,与政府和行业监管部门和人员的监管力度密切相关,从这个意义上来讲,需要加强对政府和行业监管部门人员的考核和监督,完善奖惩制度和责任追究制度,提高政府和行业监管部门和人员的责任心和监管工作的积极性,督促相关政策的有效实施。

1. 推行政府和行业监管部门与人员安全目标考核

明确制定各地区、各相关部门年度生产安全事故控制指标,并制定细则,分解各级政府和行业监管部门与人员的安全生产责任,细化政府和行业监管部门与人员的安全目标考核标准。根据各地区、各相关部门完成年度生产安全事故控制指标情况,以及各级政府和行业监管部门与人员的安全目标考核标准,对对各级政府和行业监管部门与人员进行严格考核,并建立科学的明确的奖惩机制机制。加大对重特大煤矿安全生产责任事故的考核权重。

通过制定各级政府和行业监管部门与人员的安全目标责任制,强化安全目标考核和奖惩,可以加强政府和行业监管部门与人员的安全生产责任意识,认真履行安全生产的监管职责,积极督促煤矿领导"带班下井"政策的实施。

2. 加大对政府和行业监管部门与人员事故责任追究力度

除了要建立健全煤矿领导的事故责任认定和追究制度外,还要建立健全政府和行业监管部门与人员事故责任认定和追究制度。对于发生安全责任事故的煤矿企业,除追究发生事故的煤矿企业主要负责人的责任以外,还要认定政府和行业监管部门与人员的责任,触犯法律的,还要依法追究监管人员的法律责任。对于由于政府和行业监管人员责任心不强、玩忽职守的,或者由于安全监管人员指导措施不当所造成的煤矿安全生产责任事故,更要从重追究监管人员的相关责任。

对于煤矿员工与当地群众举报、上级政府或监管部门监督检查、相关部门或人员日常例行检查中发现的严重安全隐患的煤矿企业,甚至是存在非法生产行为的煤矿企业,当地政府和行业监管部门与人员没有采取有效措施予以查处、整改,致使存在严重安全隐患或存在非法生产行为的煤矿企业存在的,对所在政府主要领导、相关监管部门责任人以及相关监管人员,根据情节轻重,给予降级、免职、撤职直至开除的行政纪律处分,涉嫌违法犯罪行为的,应依法移交相关部门追究刑事责任。

3. 加强对政府和行业监管部门与人员奖励力度

除了加大对政府和行业监管部门与人员的事故责任追究力度外,对于工作责任心强、安全监管措施到位、安全监管成效显著的政府和行业监管部门与人员,要从经济上、职务升迁等方面予以表彰和奖励。对于在煤矿安全监管工作中表现突出的政府和行业监管部门与人员,要广泛宣传其先进事迹,树立典型。注意总结先进的、成效显著的安全监管方法和措施,并积极做好推广交流工作。

三、完善煤矿安全监督政策的检查机制

监管成效决定政策执行成效。一个政策能否受到重视并得以有效贯彻执行,与能否建立起科学的、全方位的监督体系密切相关。对实行群众监督、舆论监督、企业监督、部门监督和社会监督相结合的全方位监督;对煤矿领导带班下井执行情况的监督检查方式、监督检查频次、监督检查内容都应该制定明确的要求,对不同性质的煤矿企业煤矿领导带班下井执行情况的监督检查方式方法的规定要有针对性和可操作性。

(一)构建政府—行业部门—职工—社会全方位监督机制

1. 强化各级政府和相关管理部门的监督

政府和行业管理部门应当加强对煤矿领导带班下井政策执行情况进行日常管理和监督检查。各级煤矿安全生产监管部门,要定期对所辖区域煤矿领导带班下井政策执行情况进行监督检查。煤矿安全生产监察部门要详细制定煤矿领导带班下井政策执行情况的监察执法计划,定期开展煤矿领导带班下井政策执行情况专项或者重点监察工作。各级政府和相关管理部门要重点加强对安全基础薄弱、安全技术和安全管理水平相对落后以及曾经发生安全责任事故的煤矿企业的日常管理、监督检查和监察执法工作。煤炭行业管理部门、煤矿安全监管部门、煤矿安全监察机构要建立煤矿领导带班下井政策执行情况的举报制度,公开举报电话、信箱、电子邮件,及时受理有关举报,并及时将举报处理结果反馈给举报人,并以适当方式向社会公布。

2. 强化煤矿从业人员的监督

政府部门和相关行业管理部门要出台相关配套的规章制度,明确煤矿矿工在监督煤矿领导"带班下井"等政策执行情况中的权力,并采取切实措施保障矿工行使监督权,确保行使监督权的矿工的权益不受侵犯。要加强宣传和培训教育工作,提高煤矿职工的安全生产意识,增强煤矿职工对煤矿领导带班下井政策参与的积极性,形成煤矿员工全员参与政策执行情况监督的良好氛围。

3. 建立和完善社会力量监督煤矿领导带班下井的机制

按照《规定》的要求,任何单位和个人均有权举报和报告煤矿领导未按照政策要求带班下井或者在带班下井政策执行过程中存在弄虚作假的行为。要积极构建社会力量监督煤矿领导带班下井的机制。

通过媒体、社区板报等各种渠道向社会煤矿领导"带班下井"等相关安全生产政策,使社区居民和媒体对于法律和法规赋予自己的对煤矿领导"带班下井"执行情况进行监督的权力有充分的了解,充分调动社会力量的积极性,来监督煤矿领导带班下井执行情况。将煤矿领导带班下井的信息定期向社会公开公布,构建信箱举报、电话举报、媒体监督等多渠道的社会监督举报途径,方便社区群众和媒体参与到煤矿领导带班下井政策执行情况监督工作。

(二)完善对煤矿领导带班下井政策执行情况监督的内容及方式方法

首先,对带班下井政策执行情况信息公开的内容进行不断的充实。现行的煤矿领导带班下井政策执行情况信息公开的做法主要是通过板报或井口电子屏简单公开带班下井的领导姓名、时间等信息。煤矿员工和社会力量对煤矿领导带班下井信息掌握较少,这样不利于煤矿员工和社会力量对煤矿领导带班下井政策的监督作用的发挥。政府和相关行业部门要在现有相关规定的基础上，详细规定煤矿领导带班下井政策执行情况信息公开的内容。公开的内容除了包括带班下井的领导姓名、时间等信息外，还要包括煤矿领导带班下井和升井时间、路线、下井过程中的工作内容、发现的安全隐患、井下作业人员安全生产情况、相关情况的处理意见等具体的详细信息，方便煤矿员工和社会力量监督。

其次，完善煤矿领导带班下井政策执行情况信息公开的方式方法。目前，煤矿公示煤矿领导带班下井的信息的方式主要是利用企业板报、井口电子屏等，手段单一。对于公开执行带班下井情况的信息，要采取多渠道，多角度的形式，方式方法不能过于单一，要多种方式交替配合而行。对于煤矿员工，除了利用企业板报、井口电子屏等公开信息外，还要通过班前会、定期的相关会议通报煤矿领导带班下井政策执行情况的信息；另外，煤矿领导月度、季度、年度带班下井任务完成情况，要在通过煤矿公示栏、班前会议、内部简报等各种形式公示，接受群众监督。对于社会群众，要在煤矿所在当地社区设立专门信息公示栏，定期公示煤矿领导带班下井政策执行情况的信息；要充分利用媒体的力量，煤矿领导带班下井执行情况要经常在当地主要媒体向社会公布，接受社会监督。对于政府和相关行业部门，煤矿企业要以报告、简报等形式定期向政府和相关行业部门报告领导带班下井政策执行情况的信息。政府和相关行业部门与人员也要经常深入企业、深入群众，主动了解情况，掌握真实的、准确的信息。

参 考 文 献

[1] 王帅,张金隆.中国煤矿安全监察激励机制设计研究[J].中国行政管理,2010(6).

[2] 张美玲.乡镇煤矿安全监察的法律困境与对策[J].中国矿业,2008(1).

[3] 杨树民.探索提升煤矿安全监察效能的新模式[J].能源技术与管理,2007(1).

[4] 苏志东,赵云胜.煤矿安全文化建设及其业绩指标探讨[J].煤矿安全,2005(9).

[5] 张树良,赵广兴,王国际.煤矿安全管理[M].徐州:中国矿业大学出版社,2007.

[6] 傅思明.突发事件应对法与政府危机管理[M].北京:知识产权出版社,2008.

[7] 郭济主编.中央和大城市政府应急机制建设[M].北京:中国人民大学出版社,2005.

[8] "安全生产规范化管理丛书"编委会.煤矿企业安全生产管理制度规范[M].北京:中国劳动社会保障出版社,2007.

[9] 郭济.政府应急管理务实[M].北京:中共中央党校出版社,2004.

[10] 麻宝斌,王郅强等.政府危机管理——理论与对策研究[M].长春:吉林大学出版社,2008.

[11] 李经中.政府危机管理[M].北京:中国城市出版社,2003.

[12] 董华,张吉光等.城市公共安全应急与管理[M].北京:化学工业出版社,2006.

[13] 薛澜,张强,钟开斌.危机管理——转型期中国政府面临的挑战[M].北京:清华大学出版社,2003.

[14] 阎梁.社会危机事件处理理论与实践[M].北京:中共中央党校出版社,2003.

[15] 黄顺康.公共危机管理与危机法制研究[M].北京:中国检察出版社,2006.

[16] 朱德武.危机管理:面对突发事件的抉择[M].广州:广东经济出版社,2002.

[17] 房宁.突发事件中的公共管理[M].北京:中国社会科学出版社,2005.

[18] 张小明.公共部门危机管理[M].北京:中国人民大学出版社.2006.

[19] 李位民,吴向前,盛春海.煤矿安全预控之道[M].徐州:中国矿业大学出版社,2009.

[20] 平川.危机管理[M].北京:当代世界出版社.2005.

[21] 计雷等.突发事件应急管理[M].北京:高等教育出版社,2006.

[22] 庄越,雷培德.安全事故应急管理[M].北京:中国经济出版社,2009.

[23] 李程伟.公共危机管理理论与实践探索[M].北京:中国政法大学出版社,2006.

[24] 张玉波.危机管理智囊[M].北京:机械工业出版社,2004.

[25] 徐伟新.国家和政府的危机管理[M].南昌:江西人民出版社,2003.

［26］秦启文. 突发事件的管理与应对［M］. 北京:新华出版社,2004.

［27］孙斌. 公共安全应急管理［M］. 北京:气象出版社,2007.

［28］张小明. 公共部门危机管理［M］. 北京:中国人民大学版社,2006.

［29］吴江. 公共危机管理能力［M］. 北京:国家行政学院出版社,2005.

［30］李程伟. 公共危机管理理论与实践探索［M］. 北京:中国政法大学出版社,2005.

［31］劳伦斯·巴顿,符彩霞译. 组织危机管理［M］. 北京:清华大学出版社,2002.

［32］任生德,谢冰,王智猛,邹蓝. 危机处理手册［M］. 北京:新世界出版社,2003.

［33］中国行政管理学会课题组. 政府应急管理机制研究［J］. 中国行政管理,2005(1).

［34］唐钧. 建设完整规范的政府应急管理框架［J］. 中国行政管理,2004(4).

［35］薛克勋. 政府紧急事件相应机理研究［J］. 中国行政管理,2004(2).

［36］张成福. 公共危机管理全面整合的模式与中国的战略选择［J］. 中国行政管理,2003(7).

［37］郭晓来. 危机管理系统建设中的几个问题［J］. 中国行政管理,2004(2).

［38］薛克勋. 政府紧急事件响应机理研究［J］. 中国行政管理,2004(2).

［39］薛澜,朱琴. 危机管理的国际借鉴以美国突发公共卫生事件应对体系为例［J］. 中国行政管理,2003(8).

［40］邓征. 危机管理中的五大误区［J］. 中国行政管理,2003(10).

［41］武萍. 社会保障危机预警亟待走出的五大误区［J］. 中国行政管理,2006(7).

［42］李习彬. 改进和完善中国政府危机管理的几个建议［J］. 中国行政管理,2003(11).

［43］薛澜,张强. SARS 事件与中国危机管理体系建设［J］. 清华大学学报,2003(4).

［44］周敏,夏青,肖忠海. 煤炭企业生产安全监察模式的优化［J］. 中国矿业,2006(10).

［45］李霞. 中国政府危机管理与危机管理能力研究综述［J］. 行政论坛,2007(2).

［46］张争,韩明. 煤矿安全监察队伍长效机制的建设［J］. 中国煤炭工业,2009(2).

［47］唐钧,陈淑伟. 全面提升政府危机管理能力,构建城市安全和应急体系［J］. 探索,2005(4).

［48］唐钧. 从国际视角谈公共危机管理的创新［J］. 理论探讨,2004(11).

［49］唐小松,唐平. 权力危机与安全悖论［J］. 国际观察,2005(5).

［50］吴白乙. 欧盟的国际危机管理转变与理论视角［J］. 世界经济与政治,2007(9).

［51］杨超. 论公共危机管理能力的提升［J］. 求实,2004(12).

［52］张立荣,方塑. 公共危机与政府治理模式变革［J］. 北京行政学院学报,2008(2).

［53］叶国文. 预警和救治:从"9·11"事件看政府危机管理［J］. 国际论坛,2002(3).

［54］江文熙. 全面整合的政府危机管理模式的实践性思考［J］. 学术论坛,2005(12).

［55］杨妍. 现代化进程中地域主义与国家认同危机［J］. . 兰州大学学报:社科版,2007(3).

［56］董立人. 提升政府危机管理能力探析［J］. 现代管理科学,2005(9).

［57］黄舜康. 公共危机预警机制研究［J］. 西南师范大学学报,2006(1).

［58］张春梅. 从四川地震看政府的危机管理［J］. 云南行政学院学报,2009(1).

［59］肖鹏英. 当代公共危机管理研究的现状及发展趋势［J］. 贵州社会科学,2006(4).

［60］刘助仁. 危机管理:国际经验的审视与启示［J］. 四川行政学院学报,2004(1).

［61］徐磊. 中国政府危机管理中存在的问题及对策［J］. 理论前沿,2007(6).

［62］温志强. 社会转型期中国公共危机管理预防准备机制研究［D］. 天津:天津师范大学博士学位论文,2006.

［63］光晓丽. 完善中国公共危机管理机制的路径探息［D］. 上海:中共上海市委党校硕士学位论文,2007.

［64］王玲. 突发公共卫生事件危机管理体系构建与评测研究［D］. 天津:天津大学博士学位论文,2004.

［65］任国顺. 煤炭企业危机管理与危机预警机制研究［D］. 天津:天津大学硕士学位论文,2009.

［66］康隆. 论完善中国政府公共危机管理机制［D］. 北京:首都经济贸易大学硕士学位论文,2010.

［67］修晓霖. 中国政府公共危机预防机制研究［D］. 乌鲁木齐:新疆大学硕士学位论文,2010.

［68］张克峰. 政府公共危机管理体系存在的问题及对策研究［D］. 乌鲁木齐:新疆大学硕士学位论文,2009.

［69］胡国清. 中国突发公共卫生事件应对能力评价体系研究［D］. 天津:中南大学硕士学论文,2006.

［70］Burton,John. Conflict:resolution and prevention［M］. Londen:Macmillian Press,1990.

［71］Brecher,Micheal. Crisis,conflict and instability［M］. Oxford:Pergamon Press,1989.

［72］Frank, Andre Gunder. Crisis in the Third World［M］. New York:Holmes & Meier publisher,1981.

［73］D avid L,Weimer, Aidan R. Vining. Policy Analysis-con-pept and practice［M］. New Jersey:Prentice—Hall Inc,1989.

［74］Rand. The Global Threat of New and Reemerging infectious diseases Reconeiling U. S. National Security and Publie Health Policy,2003.

［75］Kathleen-BankS. Crisis Communications:A Casebook APProach,1996.

［76］Robert ChaPman. The role of dynamics in understanding the imPact of chanok within construction Project,International Project Management,1998.

［77］John McCormiek. Understadig the European Union,Palgrave,NewYork,1999.

［78］Neil Nugent. the govemment and politics of the Union,The Maemillan Press LTD, London,1999.

［79］Hermann. Charles F. , ed. International Crises:insights Fron Bhavioral Research New York:Free Press,1972.

［80］ Steven Fink, Crisis Manangement: Planning for the Invisible, New York: American Manangement Association,1986.

［81］ AlanA. Mikolaj. StressManagementforTheEmergenceeareProvider, UPPer Saddle, NJ: PrentieeHall,1996.

［82］ W. Timothy, Coombs. Ongoing: CrisisCommunication-Planning, Managing, And Responding. New York: Sage Publications. Inc. ,1999.

［83］ Mike Seymour and Simon Effective Crisis Management : Worldwide Principles and Practice,Cassel,2000.

［84］ Caroline Sapriel. Effeetive crisis management: Tools and best Practice for the new Millennium. Journal of Communieation Management,2003. 7.

［85］ Frank de Bakker,Andre Nijhof. ResPonsible chain management:a capability assessment framework. Business Strategy and the Environment,2002. 2.

［86］ Goerge Yarrow. Regnlatory Frameworks and Tools for Public Service Delivery in China. ComParative Studies. 2005. l.

［87］ Timothy Besley and Robin Burgess. Can Labor Regulation Hinder EeonomicPerformanee? Evidence from India. Comparative Studies. 2006. 9.

［88］ Richard Gilbert. Industry Regulation: Paradigm and Political conomy. ComParative Studies. 2004.

［89］ Andrei shleifer. Underdtanding Regulation. ComParative Studies. 2005. l.

后　记

　　煤矿生产领域中的安全局势近年来虽有松缓但仍然严峻。煤矿安全事故一旦发生常常造成群死群伤的局面，社会影响巨大。因此，煤矿安全治理一直是党和政府以及社会大众高度关注的最为重要话题之一，也是工程技术领域和社会科学研究的一个重要前沿论题。从公共管理的视域出发，煤矿安全治理已然超出了安全科学工程和技术保障的范围，陷入了市场失灵、产权纠纷、政府失效和文化阙如等方面的治理缺陷或制度供给不足的困境，演化成了社会公共安全问题。只有秉持高度社会复杂性的问题视角，全面构架煤矿安全治理的各种社会机制并协调联动，才能从宏观视域和源头细部进行有效预防和强力遏制，由此，运用公共管理学、政治学、政策分析科学等学科交叉的方法，在分析煤矿安全公共治理概念范畴和框架基础之上，深入挖掘当前中国煤矿安全公共治理存在的危机管理意识缺失、安全监管绩效不高、安全文化建设不足、安全监管制度阙如等问题，提出煤矿安全生产领导责任意识淡薄、行业自身的危险性、经济利益的魔力驱动和煤炭安监复杂性等是造成煤矿安全治理困境的主要原因。在借鉴国外煤矿安全公共治理的法律规制健全、加强新技术应用、重视安全教育培训建设的经验基础上，提出只有加强安全法律体系建设、健全安全绩效评估体系、强化安全危机管理观念、加强安全文化建设投入和完善安全监管公共政策等方面，才能有效地实现煤矿安全有效治理，实现国家和社会的和谐与长治久安。

　　常言道"靠山吃山，靠水吃水"。任教于中国矿业大学，煤矿方面的研究自然成为了每一位矿大教师彰显学术研究特色或安身立命的一个重要论域。而且，中国矿业大学公共管理博士点一级学科作为省级重点学科，为本学科研究人员的教学科研提供了一个资源丰富、实力雄厚的研究平台。煤矿安全公共治理是煤矿安全研究和行政管理研究的一个最佳结合点，也是本学科行政管理专业研究人员在中国矿业大学教学科研过程中不断摸索着力凝聚而达成的一项共识。本书研究内容是以本人负责的一项教育部人文社会科学基金项目"中国矿难应急管理行政体制改革研究"（10YJC810048）为基础，课题组成员围绕煤矿安全公共治理的主题,从危机管理、系统分析、绩效评估、文化建设和监督监察等多视角进行研究的成果。写作内容上有所交叉或共同完成但各有侧重,章节分工为第一章(王义保、亓蒙)、第二章(贾小杰)、第三章(王义保 渠承浩)、第四章(王义保 朱玉伟)、第五章(王义保 谢菁)、第六章(闫莹),全书由王义保统稿、贾小杰校对,从而呈现给大家一本文科研究者论著工科领域问题的尝试性著作,若有疏漏之处,敬请批评指正。

值得感谢的是,本书的出版得到江苏高校人文社会科学校外研究基地"江苏省公共安全创新研究中心"项目资助,也得到江苏省高校"青蓝工程"中青年学术带头人项目的经费支持。

王义保

2017 年 7 月于南湖校区